材料結構模擬　癲癇腦波預警　基因表達分析

解決傳統AI算力瓶頸，重構未來產業版圖

U0546080

未來算力 量子AI技術與應用

金賢敏，胡俊杰 著

量子運算與人工智慧融合的嶄新視野

走進次世代科技，掌握跨領域競爭優勢

一書在手，擁抱計算科學新紀元

目錄

前言

在20世紀中葉，量子論的建立和不斷修正帶來了技術的重大突破，耳熟能詳的半導體、雷射、核能等都是這一次量子技術革命的產物。在摩爾定律和登納德縮放定律都逐漸失效的同時，高級應用程式很難再直接受益於晶片效能的快速提升。另外，資訊化不斷融入社會的每一個角落，以及科學技術的進步，都在不斷地產生資料，並產生算力的需求。在這些新增的算力需求中，以執行人工智慧程式為代表的智慧算力占據著主要角色。這一項趨勢也帶來了電腦系統架構的革新，為特定領域語言設計特定領域處理器，以軟硬一體的方式帶來應用程式執行效率的提升。其中，Google的TPU及許多同產業的AI晶片不約而同地選擇了對神經網路在晶片上的執行進行最佳化。接下來的十年會是晶片架構設計的黃金時期，這是領域同行的共識。半導體積體電路工藝對AI晶片算力的提升再一次助推智慧算力需求，相應地，CPU演算法持續提升的瓶頸也是矽電半導體AI處理器的難題。目前正在發生的第二次量子技術革命，產生的量子電腦和量子處理器是摩爾定律瓶頸的有效解決方案。解鈴還須繫鈴人，自然界背後的量子理論定律產生的算力提升難題，只有深刻地理解並加以利用，以物理計算邏輯的革新解決量子物理的限制，才可以真正地再次帶來算力快速提升的黃金時代，而智慧算力的極速擴張仍然會是許多年之後社會經濟和科學研究的主要訴求，量子人工智慧是迎合以上需求的開端。

量子人工智慧是以量子物理底層晶片的執行邏輯嘗試重新描述人工智慧演算法和應用。量子電腦已經在特定的問題上表現出相較於傳統演算法和傳統電腦的絕對優勢，傳統電腦也在這些案例的啟發下進一步改善了演算法。科學進步帶來的技術發展過程中的曲折，並不影響描述自然規律的語言所揭示的技術方向。量子人工智慧是銜接最具潛力的硬體技術與最迫切算力需求情境的必要嘗試，也是用新的工具提升現有人工智慧方法的有意義的措施。在這個過程中，來自這個領域的專家學者們迫切地希望能夠尋找或是開發出新的、更有效的量子演算法、AI 架構或者更有意義的深入融合。量子人工智慧不論在學術界還是工業界都是一顆冉冉升起的新星。

在這裡，不乏會有一些讓高材生或者高級專業技術人員望而卻步的難題。軟體分層和極簡主義的設計風格是一個普適性的解決方案。透過量子神經網路的封裝和實現方式的開源，一個受歡迎的量子人工智慧框架需要做到易用性和專業性的平衡。易用性是一個因人而異的問題，對於一個量子物理專家，難的或許是人工智慧演算法，而對於深度學習的開發者，量子糾纏或許又會成為一些人腦袋中的死結，這樣看來易用性本身是一個與受眾群體有關的詞彙。相較於量子運算程式設計，深度學習開發者已經頗具規模並形成了自己的生態，PyTorch 更是其中的佼佼者，重新開發一個深度學習工具包並不是最難的，難的是已經形成的開放原始碼和開發者技能、習慣的培養並不是一時能夠改變的。在量子運算領域也有類似的現象，當大家提及量子程式設計時第一時間想到的、能接觸到的專業資料很大機率會是 IBM 的 Qiskit。同時我們也期待其他深度學習工具的使用者生態能夠不斷進步。在現階段，基於 PyTorch 開發環境建構 Qiskit 風格的量子神經網路開發工具，毫無疑問可以使更大規模的群體從正在進行的開源專案中獲益。

以晶片最終要應用於產業情境的觀點出發，業內使用者和量子算力的解決方案是最終的訴求。以 AI 作為橋梁，量子運算可以使用更成熟的人工智慧應用邏輯，解決更廣泛的實際問題。作為在深度學習模型中加入量子運算模組，並用於多項領域通用解難器的範例，我們策劃的開源專案中包含了冠狀病毒 RNA 序列變異預測、太陽能光電裝置中的吸光材料結構相變搜尋、藥物設計中的蛋白質靶點結合能力預測，以及基因表達用於分子設計等模組揭示量子運算可以在解決實際問題中發揮效用的一些可能性。我們也希望這些開源專案能夠成為興趣愛好者了解量子人工智慧演算法設計和應用的便捷路徑，啟發更多想法和方案的誕生，促進量子人工智慧乃至量子運算產業的蓬勃發展。

本書主要包括以下內容：

第 1 章介紹量子運算和人工智慧的背景。

第 2 章介紹量子運算的基礎框架和量子物理知識。

第 3 章介紹古典自編碼網路、變分自編碼網路、量子自編碼網路和案例分析。

第 4 章介紹卷積神經網路、量子卷積神經網路和量子圖循環神經網路。

第 5 章介紹注意力機制，主要包括注意力機制背景、量子注意力機制、量子注意力機制程式碼執行，以及圖注意力機制和程式碼執行。

第 6 章介紹量子對抗網路，主要包括古典生成對抗網路演算法、量子對抗自編碼網路和完全監督的對抗自編碼網路演算法等。

第 7 章介紹強化學習的概念與理論，包括什麼是強化學習、強化學習方法和基於參數化量子邏輯閘的強化學習方法。

第 8 章介紹量子機器學習的模型評估。

第 9 章介紹基於 TorchScript 的量子運算元編譯，包括術語、類型、類型注釋、TorchScript 編譯量子模型、自動求導機制和量子運算元編譯原理等。

第 10 章介紹古典的 StyleGAN 模型、量子 QuStyleGAN 模型及程式碼、生成表現。

第 11 章介紹強化學習的案例。

第 12 章介紹蛋白質靶點親和能力預測案例。

第 13 章介紹基因表達的案例分析。

附錄部分主要介紹建構人工神經網路模型的基礎知識。

編者

第 1 章　量子運算與人工智慧

追溯當今文明的起源，技術進步中總是伴隨著計算工具的革新。無論是出現在中、西方早期文明中的易學術數和神祕學占星術，還是近代歐洲數學家發明的乘法電腦機械裝置，都能看到借用可觀測、可控的自然系統的規律演化來推演那個時代生活中的大小事情。小到計算時間，大到部落戰爭，或是生產製造，可觸及的角落不缺算術和計算工具的影子。

21 世紀以來，科技的發展大步邁入資訊時代新技術革命的巔峰，人工智慧是湧現出的眾多新興科技中最讓人興奮的，引人無限遐思。過去十年，卷積神經網路在圖像分類上的成功應用使深度學習受到矚目，生成對抗網路的提出又再次擴展了大家對人工智慧處理邊界問題的了解，深度強化學習模型 AlphaGo 系列與專業棋手博弈中的勝利更是使人工智慧成為目前社會最流行的科技詞彙之一 [1]。在那之後，AI 技術席捲各個領域，不但被用於自動駕駛、設計新藥物和新材料、交通規劃、金融交易等領域，GPT-3 和 AlphaFold 更是在自然語言處理和類似情境下獲得了成功並已經顛覆了特定的技術產業。這其中也有新提出的 Transformer 模型和注意力機制發揮作用，而這兩者的潛在應用將不只局限在傳統自然語言處理任務。

隨著經濟社會生活資訊化程度的不斷提高，大量使用者資料及多樣性的需求都在以超越指數的方式進行迭代，這些是人工智慧的溫床，卻導致了支撐這一大座廈的根基 —— 傳統電子位元受到挑戰。在過去這些年，積體電路晶片提供的算力一直隨著半導體製造技術的提升以摩爾定律不斷迭代。0-1 電子位元需要經由電子能量的控制確定性區分半導體裝置的不同狀態，隨著三星和台積電等先進半導體企業的製造技術進入 1nm 及以下，製造技術和晶片運作的能耗提升，更為重要的是，原子半徑通常在埃（1/10nm）的尺度下，當製造技術接近原子半徑極限時，量子效應將發揮關鍵作用，挑戰傳統物理運作規律，0-1 不再是確定性保持的傳統數位訊號，反而會轉換為糾纏在一起的量子態的線性疊加。

量子物理誕生於 20 世紀，是舉世矚目眾多科學家集體智慧的結晶。大自然的微觀物理機制被進一步揭示，經過多次科學論證，量子理論成為當代物理學的基礎之一。「二戰」後大量優秀科學家在匯聚於美國，其中猶太裔天才物理學家理查 · 費曼（Richard Feynman）在一次報告中最早提出，用量子物理演化過程模擬目標物理系統概念，這被廣泛認為是量子運算的原型。量子位元作為高維布洛赫球面上的態向量，在希爾伯特空間下產生了更強的針對資料的表現能力，透過量子態在包含可控參數下的演化，使量子程式高度並行。在某些問題上，遵循量子規律對資訊進行計算處理，即使用量子電腦，將擁有大幅超越傳統電腦的表現。量子運算真正廣為人知是在彼得 · 秀爾（Peter Shor）提出質因數分解演算法之後，Shor 質因數分解演算法相較於傳統演算法的指數加速及其在密碼學上廣泛而重大的現實意義，使該演算法的提出成為量子運算的里程碑 [1]。

量子電腦的基礎理論早已成熟，並基於電腦系統架構發展了一系列的程式設計和量子軟體編譯工具。近年來以 IBM 和 Google 公司的超導量子電腦為代表，使量子運算逐漸受到矚目。理性看待量子運算展現的量子運算優勢，並比較不同取向目前的局限性，能夠更好地挖掘有潛力的技術方向。

1.1　量子電腦系統各項進展

當前主流量子電腦均採用量子線路模型，量子線路的核心是量子位元（qubit）與量子閘（Quantum Gate）的設計與運作。人們研究了許多可能作為量子運算載體的物理系統，如超導線路、離子阱、光晶格、固態自旋、量子點、腔量子電動力學系統、線性光學系統等，但截至目前，超導體系統是較成功並廣為接受的量子運算物理系統，緊追其後的則是展現了高保真度閘操作、較大線路深度的離子阱系統。在量子電腦的硬體實務層面，超導體系統與離子阱系統成為先鋒。

目前量子電腦硬體已進入 NISQ（Noisy Intermediate Scale Quantum）時代，即無檢錯糾錯、中等尺寸（幾十個量子位元）的量子電腦，但 NISQ 距離實際應用尚有距離，使用量子電腦解決實際問題所要求的線路深度，相較於當前量子閘的保真度而言，仍顯得太大。當前各個物理系統兩位元閘的保真度勉強做到大於 99%，這意味著，倘若需要處理一個實際問題，線路深度將導致量子閘的誤差逐層累計，最終導致結果的正確率低得不可接受。以 Google 公司 2019 年展現「量子霸權」的懸鈴木量子電腦為例，該超導體系統的量子電腦以小於 1%的兩位元閘錯誤率執行深度為 20 的量子線路，最終結果的正確率不到五百分之一。Google 公司的科學研究人員必須重複執行線路數百萬次以獲取結果的統計分布，才能從中統計出正確結果。

首先，量子電腦面臨的最大問題是退相干（Decoherence），即環境噪音與量子位元的耦合。相干時間（Coherence Time）是衡量一個物理系統抵抗外界噪音的能力，即系統中的量子位元在噪音影響下退相干之前能維持多久的時間。相干時間與量子閘運作耗時的比值，直接決定了量子閘線路的深度規模。其次，還需要考慮量子閘操作的保真度，一般而言，單位元閘保真度大於兩位元閘保真度，技術層面需要關心的往往是兩位元閘保真度，下文的保真度預設為兩位元閘保真度。由於量子閘誤差隨著線路深度的累積，當確定了最終結果的正確率要求時，量子線路深度越大，對閘的保真度的要求就越高；或者說，閘的保真度越低，能執行的線路深度就越小。量子閘操作的保真度和最終結果的正確率要求間接地限制了量子閘線路的深度規模。最後，也是最基本的技術問題 —— 量子位元的可延伸性，即最多能製備多少個完整連線或至少鄰近連線的量子位元，這裡所謂的「量子位元的連線」是指能在這兩個量子位元之間運作兩位元閘。綜上所述，接下來將從可延伸性、相干時間、量子閘保真度、量子閘執行耗時這幾方面衡量幾個主流的量子運算物理系統。

(1) 超導體系統：作為當前最流行的實務方案之一，IBM 和 Google 公司已經分別完成了 65 量子位元和 54 量子位元的超導量子電腦，如圖 1-1 所示。為了減少環境噪音，超導體系統必須藉助稀釋製冷機將超導線路的環境溫度冷卻到約 20mK[2]，其相干時間為 50 至 200μs[3]，閘操作的執行耗時為 10 至 50ns，保真度最高可達 99.4% [4]。Google 的 54 量子位元超導量子電腦只能在陣列中相鄰量子位元之間執行兩位元閘 [4]，屬於最近鄰連線的結構，在鄰近連線的意義上可延伸性很好。

圖 1-1　封裝好的 Google 懸鈴木 54 量子位元超導量子電腦

(2) 離子阱系統：美國 IonQ 公司和奧地利 AQT 公司分別研發出 79 量子位元和 20 量子位元的離子阱量子電腦。離子，如鈣離子 $^{40}Ca^{+}$，以一維離子鏈的形式被束縛在線性 Paul 勢阱中，將每個離子外層價電子的兩個長壽命態組成一個量子位元，這種量子位元的相干時間約為 50s。藉助離子振動模式之間耦合，以約 99.9%的保真度完成任意兩個量子位元之間的兩位元操作，耗時為 3 至 50μs，但這種完整連線兩位元閘只在離子鏈長度不太長時成立。

(3) 矽量子位元：也稱為半導體量子點系統，建立在已經高度成熟的 CMOS 半導體技術基礎上，目前已實驗簡單的兩位元系統，相干時間可達秒量級 [6]，並且完成了保真度約為 90%、耗時約為 800ps 的快速兩位元交換閘 [5]。得益於半導體領域成熟的微納製造技術，半導體量子位元有著極佳的擴展性，但在閘的保真度方面仍需進一步探索。

(4) 光量子系統：利用光子作為量子位元，光子天然適合用於量子資訊處理，因光子難以與其他粒子耦合，並且便於遠距離傳輸，而整合光子學技術使光量子系統具有更好的可延伸性，目前已成功在矽基光量子整合線路中完成了保真度 98%的受控非閘 [7]，但文獻 [7] 中的方案需要的分束器、移相器數目會隨著量子位元數呈指數增長，因此只適用於中、小規模量子線路。雖然光子自身的性質帶來了更長的相干時間，但代價是光量子系統的兩位元閘難以執行，往往要藉助光學非線性晶體或者採用輔助光子測量後選擇的方案，而非線性晶體對光子的吸收是損害保真度的一大因素，採用測量後選擇方案又需要大量的輔助光子。最後，現有技術下的單光子探測器量子效率並不算高，這將降低量子資訊的讀出成功率。綜合看來，光量子系統仍有許多技術難題急待解決。

(5) 拓撲量子運算系統：尚停留在理論層面，由於理論結果顯示了其強大的抗干擾能力，預計量子閘操作保真度可達約 99.9999%，人們一直在尋找合適的物理系統以實現拓撲量子運算，其中馬約拉納費米子是有望率先實現該理論方案的系統。

展望未來幾十年，一方面，量子運算的發展目標將是依託各種技術進步，發展量子檢錯糾錯、抗干擾技術，逐步發展容錯量子運算（FTQC），這個過程可能會十分漫長，甚至耗費數十年；另一方面，也將在現有技術水準的限制下，努力尋找量子運算的應用情境，讓 NISQ 量子電腦也能最大化地發揮作用。

1.2　量子線路介紹

HHL 演算法〔以 3 位演算法發明人阿拉姆 · 哈羅（Aram Harrow）、阿維納坦 · 哈希丁（Avinatan Hassidim）與塞斯 · 勞埃德（Seth Lloyd）命名〕致力於利用量子資訊處理的方式求解 $\boldsymbol{Ax}=\boldsymbol{b}$ 形式的方程式。求解同樣的問題，已知最佳的傳統演算法複雜度為 O（$N\log N$），而 HHL 演算法將問題對映到量子態空間 $\boldsymbol{A}|\boldsymbol{x}\rangle = |\boldsymbol{b}\rangle$ 形式的方程式，僅需要 O（（$\log N$）^{2}）步的量子操作。HHL 演算法的核心思想是建構演化運算元 e^{iAt}，作用於 $|\boldsymbol{b}\rangle$，隨後結合量子相位估計演算法，提取 $\boldsymbol{A}$ 的特徵值資訊。再透過受控旋轉閘，將特徵值編碼到輔助量子位元中，最後使用相位估計逆變換得到 $|\boldsymbol{x}\rangle$。

除了在機器學習中直接應用量子演算法，使用參數化量子線路（Parameterized Quantum Circuit，PQC）代替傳統神經網路、進行監督學習是近年來又一大發展方向。人們相信傳統的神經網路結構結合大量訓練資料，能夠擬合任意的對映關係。同時，人們發現簡單的量子線路可以產生極其複雜的輸出 [8]，那麼簡單的量子線路是否有足夠的複雜度擬合任意的對映關係呢？參數化量子線路因此被提出。

「量子神經網路」一詞越來越多地用於指代變分或參數化的量子線路。雖然在數學上與神經網路的內部工作原理有很大不同，但這個類比突顯了線路中量子閘的「模組化」性質，以及在參數化量子線路的最佳化過程中廣泛使用的古典訓練神經網路的技巧。

典型的參數化量子線路由三部分組成，即編碼線路模組、變分線路模組與測量模組。編碼線路模組負責將訓練集輸入的資料編碼到量子態中，有兩種編碼方式：一是機率幅編碼 (Amplitude Encoding)，即將一組資料歸一化為 $\{x_j\}$，然後製備 $|\varphi_x\rangle=\sum_{j=1}^{2n}x_j|j\rangle$，優點是 n 個量子位元可以編碼 2^n 個輸入資料，適合輸入資料很多時使用；缺點是製備 $|\varphi_x\rangle$ 的量子線路較複雜，並且無法學習關於 x_j 的非線性對映。二是動力學編碼 (Dynamic Encoding)，又叫哈密頓編碼 (Hamiltonian Encoding)，即將輸入的資料編碼到量子位元的動力學演化過程中，演化運算元作用於初始態，進而把資料編碼到量子態上。優點是量子線路簡單，可以學習非線性對映；缺點是所需的量子位元數往往正比於輸入資料的維度，在輸入資料維度很大時不適合使用。

變分線路模組包含了所有待訓練參數，一個線路的表達能力和糾纏能力相當程度上依賴於變分線路的結構。變分線路的典型結構是一個單位元旋轉層加若干糾纏層，糾纏層使用固定結構的兩位元閘和參數化的單位元閘在不同量子位元之間生成複雜糾纏。變分線路的參數數量一般不超過 $O(n^2L)$，L 為糾纏層層數，n 為量子位元數，這些參數自然不可能執行 2^n 維希爾伯特空間的任意酉變換。希望在有限的參數下，線路的酉變換可以近似任意酉變換，輸出的末態可以近似任意量子態，這是所謂的線路表達能力。

最後，選擇一個合適的力學量，將力學量期望值作為模型預測。考慮到不同力學量的本徵基底可以用一個酉變換互相轉換而本徵值不變，力學量的本徵值則直接決定了期望值的上限，所以在選擇合適的力學量時，要注意選擇合適的力學量本徵值，使模型預測值與標籤值範圍匹配。

以上簡單描述了典型的參數化量子線路的結構。相較於傳統的神經網路監督學習，參數化量子線路展現了參數數量小、抗干擾能力強、訓練收斂速度快、不容易過度擬合等諸多優點。由此可見，除了尋找指數加速的量子演算法，即使規模不大的量子線路，也能在機器學習中發揮價值。

目前量子運算與人工智慧的結合受限於硬體技術，只能以小規模、模組嵌入的方式輔助機器學習。人們希望隨著量子運算技術的進步，有朝一日能夠直接在通用量子電腦上完整地進行人工智慧模型演算法的設計、執行。相信到那時，量子電腦指數級加速的威力將被完全發揮出來。

1.3　量子神經網路及其應用

量子神經網路（參數化量子線路）與古典神經網路一樣可以進行學習，一種顯而易見的做法是將它們融合。混合了量子神經網路的古典深度學習演算法往往具有更少的參數，並且在學習過程中能更快地收斂至穩定狀態。

Deep Quantum 框架按照這一項邏輯對當前各個領域最先進的深度學習演算法進行了最佳化，融入了量子神經網路模組。在自然語言處理（NLP）領域，古典閘控循環單元（Gated Recurrent Unit，GRU）的線性變換層被參數化量子線路替代，Transformer 的評分、加權、求和機制已經使用參數化量子線路執行。在電腦視覺領域，古典的循環神經網路

(CNN) 中的卷積核也可以由量子線路近似；古典生成對抗網路 (GAN) 中的判別器被參數化量子線路替換，使 GAN 的訓練更加穩定。在材料領域，強化學習環境的建立需要考慮量子效應，量子強化學習可以很好地解決這一個問題。

本書將提出一些生物醫藥、新材料領域量子人工智慧融合演算法的具體應用。2019 年年末新型冠狀病毒感染疫情爆發，嚴重阻礙了經濟的發展，影響了每個人的生活。量子 GAN 可以辨識病毒變異位點，預測病毒變異方向，做到未雨綢繆。同時，量子 GRU 能夠有效地捕獲病毒 RNA 序列的依賴關係，協助製造易儲存、易運輸的 mRNA 疫苗。上班族每天工作非常忙碌，加上生活的壓力也很大，經常產生焦慮，因為這些問題導致睡眠品質不好，會嚴重影響身體健康。基於量子 Transformer 的模型可以被用來處理睡眠產生的腦電圖和心電圖，準確預測深度睡眠時間，提高睡眠品質。量子卷積網路可以分析醫療圖像資料，減輕醫生的負擔，降低看病成本。偶然發現的青黴素在二戰期間立下了赫赫戰功，將大量傷員從死亡線上拉了回來。量子人工智慧可以大幅地加快新藥物的發現，使人類不再依靠運氣發現藥物。在醫藥研發產業鏈中最重要的一個環節是確定藥物分子蛋白質靶點之間的結合位點及親和力。量子 Transformer、量子卷積網路和量子對抗自編碼器都可以被應用在親和力預測任務上。

採用 1h 癲癇資料對量子 Transformer 和古典 Transformer 進行測試，對比如圖 1-2 所示。

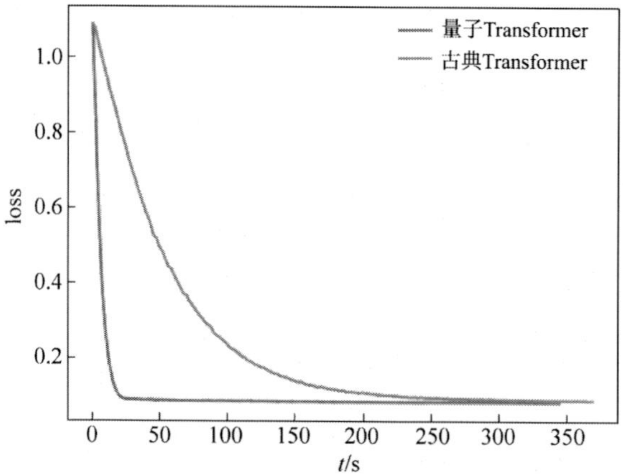

圖 1-2　量子 Transformer 和古典 Transformer 對比

對比量子 Transformer 和古典 Transformer，在執行時間上，量子 Transformer 在 25s 左右 loss 收斂平穩，古典 Transformer 在 260s 左右 loss 收斂平穩，量子 Transformer 比古典 Transformer 加速了 10 倍多。

參考文獻

［1］SILVER D, et al. Mastering the Game of Go with Deep Neural Networks and Tree Search [J]. Nature, 2016, 529: 484-489.

［2］DEVORET M H, MARTINIS J H. Implementing Qubits with Superconducting Integrated Circuits [J]. Experimental Aspects of Quantum Computing, 2005: 163-203.

［3］KELLY J, et al. State Preservation by Repetitive Error Detection in a Superconducting Quantum Circuit [J]. Nature, 2015, 519: 66-69.

［4］ARUTE F, et al. Quantum Supremacy Using a Programmable Superconducting Processor [J]. Nature, 2019, 574: 505-510.

[5] HE Y, et al. A Two-qubit Gate Between Phosphorus Donor Electrons in Silicon [J]. Nature, 2019, 571: 371-375.

[6] KANE B E. A Silicon-based Nuclear Spin Quantum Computer [J]. Nature, 1998, 393: 133-137.

[7] QIANG X, etal. Large-scale Silicon Quantum Photonics Implementing Arbitrary Two-qubit Processing [J]. Nature Photonics, 2018, 12 (9) : 534-539.

[8] MICHAEL J B, ASHLEYM, etal. Achieving Quantum Supremacy with Sparse and Noisy Commuting Quantum Computations [J]. Quantum, 2017, 1: 8.

第 2 章　量子運算的基礎框架

2.1　量子運算基本概念

量子運算基於量子力學原理，而量子系統可以用一個複希爾伯特空間（完備的複內積空間）表示。

2.1.1　複內積空間

設 L 是複數域 C 上的線性空間。如果對於 L 中的任意兩個向量 $\boldsymbol{x}$ 和 $\boldsymbol{y}$，都對應著一個複數，則記為 $\langle \boldsymbol{x}, \boldsymbol{y} \rangle$，並且滿足以下條件：

(1) 共軛對稱性，對 L 中的任意兩個向量 $\boldsymbol{x}$ 和 $\boldsymbol{y}$，有 $\langle \boldsymbol{x}, \boldsymbol{y} \rangle = \langle \boldsymbol{y}, \boldsymbol{x} \rangle^*$（* 表示共軛）。

(2) 可加性，對 L 中的任意 3 個向量 $\boldsymbol{x}$，$\boldsymbol{y}$，$\boldsymbol{z}$，有

$$\langle \boldsymbol{x} + \boldsymbol{y}, \boldsymbol{z} \rangle = \langle \boldsymbol{x}, \boldsymbol{z} \rangle + \langle \boldsymbol{y}, \boldsymbol{z} \rangle \tag{2-1}$$

(3) 齊次性，對 L 中的任意兩個向量 $\langle \boldsymbol{x}, \boldsymbol{y} \rangle$ 及複數 α，有

$$\langle \boldsymbol{x}, \alpha \boldsymbol{y} \rangle = \alpha \langle \boldsymbol{x}, \boldsymbol{y} \rangle \tag{2-2}$$

(4) 正定性，對 L 中的任意向量 $\boldsymbol{x}$，有 $\langle \boldsymbol{x}, \boldsymbol{x} \rangle \geq 0$，並且 $\langle \boldsymbol{x}, \boldsymbol{x} \rangle = 0$ 的充分必要條件是 $\boldsymbol{x} = 0$，則 $\langle \boldsymbol{x}, \boldsymbol{y} \rangle$ 稱為 L 中 $\boldsymbol{x}$ 和 $\boldsymbol{y}$ 的一個內積。定義了內積的複線性空間稱為複內積空間。

2.1.2　狄拉克符號

狄拉克符號是量子力學的基本符號。狄拉克 (Dirac) 符號又稱作 bra-ket 符號，是於 1939 年由保羅 · 狄拉克 (Paul Dirac) 提出的。它有兩種類型，一種是右矢 $|\cdot\rangle$，表示列向量；另一種是左矢 $\langle\cdot|$，表示行向量。在此基礎上，還可以表示內積、外積、Kronecker 積運算，見表 2-1。

表 2-1　狄拉克符號

符　號	說　明
$\|\psi\rangle$	右矢，可表示量子態
$\langle\psi\|$	左矢，$\|\psi\rangle$的共軛裝置
$\langle\zeta\|\psi\rangle$	$\|\zeta\rangle$和$\|\psi\rangle$的內積
$\|\zeta\rangle\langle\psi\|$	$\|\zeta\rangle$和$\|\psi\rangle$的外積
$\|\zeta\rangle\|\psi\rangle$	$\|\zeta\rangle$和$\|\psi\rangle$的Kronecker積

需要注意的是，內積空間也可在實數域上定義，這裡在複數域上作定義是為了後文描述量子系統。

2.1.3　量子位元

在傳統計算中，資訊是以位元 (bit) 來儲存和計算的。一個位元的狀態是一個確定的離散值 0 或 1。量子運算的基本單元是量子位元 (qubit)，又稱量子位。量子系統的狀態稱為量子態 (Quantum State)，數學上可以用向量形式表示。

量子態空間假設說明，希爾伯特空間中的歸一化向量，完備地描述了封閉量子系統的狀態。具體而言，一個單量子位元的量子態可以由二維希爾伯特空間 H^2 上的一組標準正交基線性表示。

空間 H^2 的標準計算基為

$$|0\rangle=\begin{bmatrix}1\\0\end{bmatrix},\quad |1\rangle=\begin{bmatrix}0\\1\end{bmatrix} \tag{2-3}$$

任意單量子位元的量子態可表示為標準計算基的線性組合，即

$$|\boldsymbol{\psi}\rangle = \alpha|0\rangle + \beta|1\rangle \tag{2-4}$$

其中，α 和 β 為複數，並且滿足歸一性 $\langle\boldsymbol{\psi}|\boldsymbol{\psi}\rangle = 1$，即 $|\alpha|^2 + |\beta|^2 = 1$。複數 α 和 β 被稱作機率幅 (Probability Amplitude)。

封閉量子系統指的是跟外界沒有能量交換和物質交換的量子系統，它的量子態是一個純態。根據量子力學測量原理，當測量量子態 $|\boldsymbol{\psi}\rangle$ 時，量子態將會以 $|\alpha|^2$ 的機率塌縮到狀態 $|0\rangle$，以 $|\beta|^2$ 的機率塌縮到狀態 $|1\rangle$。量子電腦無法準確測量並得到量子位元的 α 和 β 值。

根據係數的歸一性，單量子位元上的量子態也可表示為

$$|\boldsymbol{\psi}\rangle = \mathrm{e}^{\mathrm{i}\omega}\left(\cos\frac{\theta}{2}|0\rangle + \mathrm{e}^{\mathrm{i}\varphi}\sin\frac{\theta}{2}|1\rangle\right) \tag{2-5}$$

其中，ω、θ 和 φ 都為實數。

由於在態向量的定義中 $\mathrm{e}^{\mathrm{i}\omega}$ 是一個沒有物理意義的全域性相位，不具有任何可觀測效應，所以可以將括號外的 $\mathrm{e}^{\mathrm{i}\omega}$ 省略，於是可以將式 (2-5) 改寫成如下的形式：

$$|\boldsymbol{\psi}\rangle = \cos\frac{\theta}{2}|0\rangle + \mathrm{e}^{\mathrm{i}\varphi}\sin\frac{\theta}{2}|1\rangle \tag{2-6}$$

透過式 (2-6)，單量子位元可以視覺化為三維單位球面上的一個點，如圖 2-1 所示，這個球被稱為 Bloch 球。Bloch 球是單量子位元狀態的幾何表示法，不能用於描述多量子位元上的狀態。在這樣一個球體上經典位只能位於「北極」或「南極」，分別位於 $|0\rangle$ 和 $|1\rangle$ 的位置，Bloch 球表面的其餘部分是經典位所無法接近的。一個純量子位狀態 (簡稱純態) 可以用表面上的任何一點來表示。例如，純態 $(|0\rangle + \mathrm{i}|1\rangle)/\sqrt{2}$ 位於正 y 軸的球體赤道上。

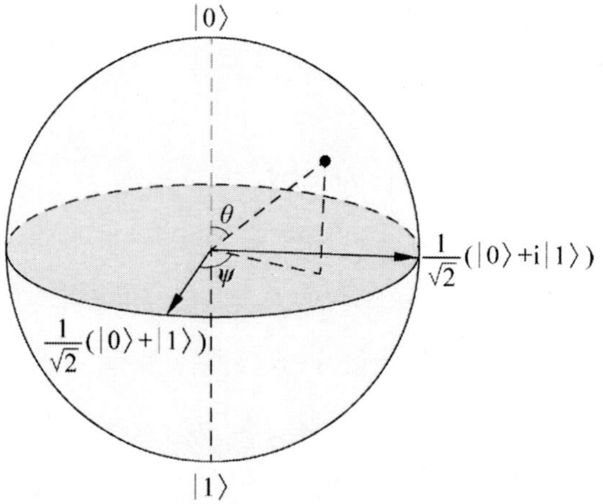

圖 2-1　Bloch 球

一個 n 量子位元的量子態通常可表示為

$$|\boldsymbol{\psi}\rangle = \sum_{x\in\{0,1\}^n} \alpha_x |x\rangle \tag{2-7}$$

其中，$\alpha_x \in C$ 且 $\sum_{x\in\{0,1\}^n} |\alpha_x|^2 = 1$。

狀態 $|\boldsymbol{\psi}\rangle$ 可表示為一個列向量 $\boldsymbol{\psi} = [\psi_i]$，並且 $\psi_i = \alpha_x$，其中 i 是 x 的十進位制表示。

例如，雙量子位元系統具有一組正交基 $\{|00\rangle, |01\rangle, |10\rangle, |11\rangle\}$，該系統上任一量子態 $|\boldsymbol{\psi}\rangle$ 可以表示成 $|\boldsymbol{\psi}\rangle = \alpha_{00}|00\rangle + \alpha_{01}|01\rangle + \alpha_{10}|10\rangle + \alpha_{11}|11\rangle$，其中 α_{00}，α_{01}，α_{10}，$\alpha_{11} \in C$，並且 $\sum_{x\in\{0,1\}^2} |\alpha_x|^2 = 1$。

2.2　矩陣的張量積

對於 n 階矩陣 $\boldsymbol{A}=\{a_{\mathrm{ij}}\}$ 和 m 階矩陣 $\boldsymbol{B}=\{b_{\mathrm{kl}}\}$，可定義矩陣的張量積（又稱 Kronecker 積）為

$$\boldsymbol{A}\otimes\boldsymbol{B}=\begin{bmatrix}a_{11} & \cdots & a_{1n}\\ \vdots & \ddots & \vdots\\ a_{n1} & \cdots & a_{nn}\end{bmatrix}\otimes\begin{bmatrix}b_{11} & \cdots & b_{1m}\\ \vdots & \ddots & \vdots\\ b_{m1} & \cdots & b_{mm}\end{bmatrix}=\begin{bmatrix}a_{11}\boldsymbol{B} & \cdots & a_{1n}\boldsymbol{B}\\ \vdots & \ddots & \vdots\\ a_{n1}\boldsymbol{B} & \cdots & a_{nn}\boldsymbol{B}\end{bmatrix} \tag{2-8}$$

（1）Kronecker 積運算滿足雙線性和結合律：若 $\boldsymbol{A}$ 與 $\boldsymbol{B}$ 是相同維數的矩陣，則有

$$(\boldsymbol{A}+\boldsymbol{B})\otimes\boldsymbol{C}=\boldsymbol{A}\otimes\boldsymbol{C}+\boldsymbol{B}\otimes\boldsymbol{C} \tag{2-9}$$

（2）Kronecker 積運算具有混合乘積性質：若在 4 個矩陣 $\boldsymbol{A}$、$\boldsymbol{B}$、$\boldsymbol{C}$ 和 $\boldsymbol{D}$ 中，矩陣乘積 $\boldsymbol{AC}$ 和 $\boldsymbol{BD}$ 都存在，則有

$$(\boldsymbol{A}\otimes\boldsymbol{B})(\boldsymbol{C}\otimes\boldsymbol{D})=(\boldsymbol{AC})\otimes(\boldsymbol{BD}) \tag{2-10}$$

假設 $\boldsymbol{C}$ 取 $\boldsymbol{A}^{-1}$，$\boldsymbol{D}$ 取 $\boldsymbol{B}^{-1}$，則有

$$(\boldsymbol{A}\otimes\boldsymbol{B})^{-1}=\boldsymbol{A}^{-1}\otimes\boldsymbol{B}^{-1} \tag{2-11}$$

例如，對於一個相互獨立的雙量子位元系統（沒有糾纏），各自作用一個么正算符，有

$$\begin{aligned}(\boldsymbol{U}_1\otimes\boldsymbol{U}_2)\,|\,00\rangle&=(\boldsymbol{U}_1\otimes\boldsymbol{U}_2)(|\,0\rangle\otimes|\,0\rangle)\\&=(\boldsymbol{U}_1\,|\,0\rangle)\otimes(\boldsymbol{U}_2\,|\,0\rangle)\end{aligned} \tag{2-12}$$

（3）Kronecker 積轉置運算子合分配律：若 $\boldsymbol{A}$ 和 $\boldsymbol{B}$ 是兩個矩陣，則有

$$(\boldsymbol{A}\otimes\boldsymbol{B})^{\mathrm{T}}=\boldsymbol{A}^{\mathrm{T}}\otimes\boldsymbol{B}^{\mathrm{T}} \tag{2-13}$$

2.3　封閉量子系統中量子態的演化（么正算符）

在傳統計算中，連線和邏輯閘構成了傳統電腦線路，其中邏輯閘負責處理資訊，將資訊從一種形式轉換為另一種形式。類似地，在量子運算中，量子閘用來處理量子態的演化。量子運算是透過在量子位上應用量子閘來執行。根據量子力學量子態演化假設，封閉量子系統的狀態隨時間演化的過程是么正（Unitary）的。封閉量子系統指的是跟外界沒有能量交換和物質交換的量子系統。形式上，量子閘可以用么正運算元（或者叫么正算符）$\boldsymbol{U}$ 來表示，即滿足 $\boldsymbol{U}^{\dagger}\boldsymbol{U}=\boldsymbol{I}$，其中 $\boldsymbol{U}^{\dagger}$ 為么正矩陣 $\boldsymbol{U}$ 的共軛轉置，$\boldsymbol{I}$ 為單位矩陣。酉性重要的特性是可逆性，從而量子態是可逆的，因此量子運算是可逆計算。

$$|\boldsymbol{\psi}'\rangle=\boldsymbol{U}|\boldsymbol{\psi}\rangle \tag{2-14}$$

2.4　量子閘

一般使用的單量子位元閘有 Pauli-X 閘、Pauli-Y 閘、Pauli-Z 閘、Hadamard 閘等，其中 Pauli-X 閘用於翻轉量子位元的當前狀態，Pauli-Z 閘用於改變數子位元的部分相位，Hadamard 閘用於將量子位元置為疊加態，它們的矩陣表示如下。

$$\boldsymbol{X}=\begin{bmatrix}0 & 1\\1 & 0\end{bmatrix},\quad \boldsymbol{Y}=\begin{bmatrix}0 & -1\\1 & 0\end{bmatrix},$$
$$\boldsymbol{Z}=\begin{bmatrix}1 & 0\\0 & -1\end{bmatrix},\quad \boldsymbol{H}=\frac{1}{\sqrt{2}}\begin{bmatrix}1 & 1\\1 & -1\end{bmatrix} \tag{2-15}$$

除了作用於單量子位元的量子閘外，也有多量子位元閘。受控閘（CNOT 閘）是常用的雙量子位元閘，它有兩個輸入量子位，一個是控制

量子位；另一個是目標量子位。控制量子位的狀態決定對目標量子位執行何種操作。當控制量子位是 $|0\rangle$ 時，目標量子位不變；當控制量子位是 $|1\rangle$ 時，目標量子位翻轉。CNOT 閘的矩陣表示如下。

$$\mathrm{CNOT}=\begin{bmatrix}1&0&0&0\\0&1&0&0\\0&0&0&1\\0&0&1&0\end{bmatrix}\tag{2-16}$$

CNOT 閘可以看作古典互斥或閘的推廣，使 $|\boldsymbol{A},\boldsymbol{B}\rangle\rightarrow|\boldsymbol{A},\boldsymbol{A}\oplus\boldsymbol{B}\rangle$，即控制量子位和目標量子位做異或操作，並將操作結果存放在目標量子位。

2.5　量子電路

量子電路是由作用在量子位元上的一系列量子閘連結而成的結構。量子電路用平行的橫線表示，每一條橫線表示一個量子位元；用方框表示量子閘，將方框置於對應的橫線上表示量子閘作用於量子位。

Hadamard 閘和 CNOT 閘的電路如圖 2-2 和圖 2-3 所示。

圖 2-2　Hadamard 閘

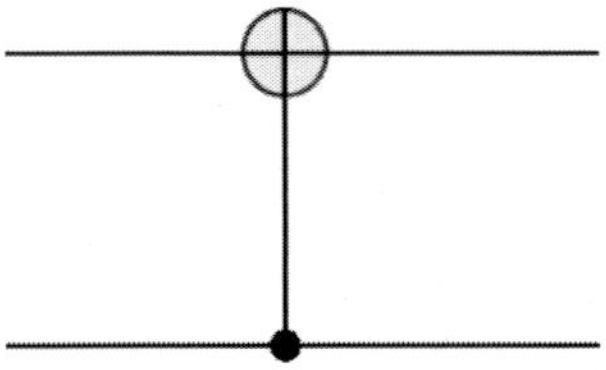

圖 2-3　CNOT 閘

一個簡單的量子電路如圖 2-4 所示，表示的是 Bell 態的製作。假設輸入的量子態是 $|00\rangle$，則輸出的量子態為

$$(\text{CNOT} * (\boldsymbol{H} \otimes \boldsymbol{I}))|00\rangle = \text{CNOT}\left(\frac{|00\rangle + |10\rangle}{\sqrt{2}}\right)$$
$$= \frac{|00\rangle + |11\rangle}{\sqrt{2}} := \beta \tag{2-17}$$

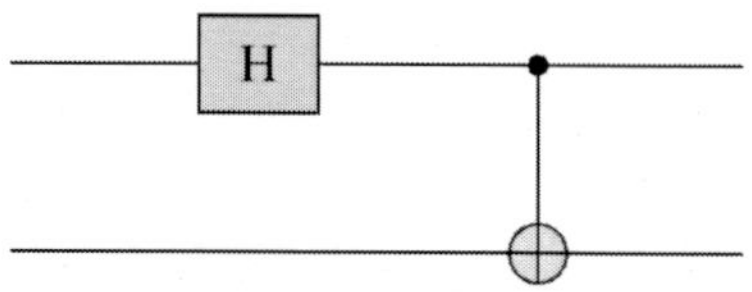

圖 2-4　由 Hadamard 閘和 CNOT 閘組成的一個簡單量子電路

2.6　量子測量

量子測量由一組測量運算元 $\{\boldsymbol{M}_m\}$ 描述，其中，測量運算元滿足歸一性方程式：

$$\sum_m \boldsymbol{M}_m^\dagger \boldsymbol{M}_m = \boldsymbol{I} \tag{2-18}$$

這些運算元作用在被測系統狀態空間上，角標 m 表示實驗中可能的測量結果。若在測量前，量子狀態為 $|\psi\rangle$，則結果 m 發生的可能性由

$$p(m) = \langle \boldsymbol{\psi} | \boldsymbol{M}_m^\dagger \boldsymbol{M}_m | \boldsymbol{\psi} \rangle \tag{2-19}$$

給出，測量後得到的狀態為

$$\frac{\boldsymbol{M}_m |\boldsymbol{\psi}\rangle}{\sqrt{\langle \boldsymbol{\psi} | \boldsymbol{M}_m^\dagger \boldsymbol{M}_m | \boldsymbol{\psi} \rangle}} \tag{2-20}$$

歸一性方程保證了所有可能發生的結果的機率和為 1，即

$$
\begin{aligned}
\sum_m p(m) &= \sum_m \langle \boldsymbol{\psi} \mid \boldsymbol{M}_m^\dagger \boldsymbol{M}_m \mid \boldsymbol{\psi} \rangle \\
&= \langle \boldsymbol{\psi} \mid \sum_m \boldsymbol{M}_m^\dagger \boldsymbol{M}_m \mid \boldsymbol{\psi} \rangle \\
&= \langle \boldsymbol{\psi} \mid \boldsymbol{\psi} \rangle \\
&= 1
\end{aligned} \tag{2-21}
$$

2.7 密度運算元

密度運算元是量子態的另外一種表示，能表示混合態

$$
\rho = \mid \boldsymbol{\psi} \rangle \langle \boldsymbol{\psi} \mid \tag{2-22}
$$

密度運算元為不完全已知的量子態提供了一種表示方式，設可能的量子態為 $\{\psi_i\}$，量子系統以機率 p_i 處在量子態 ψ_i，其密度運算元表示為

$$
\rho = \mid \boldsymbol{\psi} \rangle \rho = \sum_i p_i \mid \psi_i \rangle \langle \psi_i \mid \langle \boldsymbol{\psi} \mid \tag{2-23}
$$

其中，$\sum_i p_i = 1$。

可以用密度運算元描述量子態的演化。設有一個么正算符 $\boldsymbol{U}$ 作用在密度運算元 ρ 上，其演化為

$$
\begin{aligned}
\rho = \sum_i p_i \mid \psi_i \rangle \langle \psi_i \mid &\rightarrow \sum_i p_i \boldsymbol{U} \mid \psi_i \rangle \langle \psi_i \mid \boldsymbol{U}^\dagger \\
&= \boldsymbol{U} \rho \boldsymbol{U}^\dagger
\end{aligned} \tag{2-24}
$$

也可以用密度運算元描述量子態的測量。設有一組測量運算元 $\{\boldsymbol{M}_m\}$，可以計算從初態 $|\psi_i\rangle$ 得到結果 m 的機率為

$$
\begin{aligned}
p(m \mid i) &= \langle \psi_i \mid \boldsymbol{M}_m^\dagger \boldsymbol{M}_m \mid \psi_i \rangle \\
&= \mathrm{tr}(\boldsymbol{M}_m^\dagger \boldsymbol{M}_m \mid \psi_i \rangle \langle \psi_i \mid)
\end{aligned} \tag{2-25}
$$

得到的量子態為

$$\frac{\boldsymbol{M}_m \mid \boldsymbol{\psi} \rangle}{\sqrt{\langle \psi_i \mid \boldsymbol{M}_m^{\dagger} \boldsymbol{M}_m \mid \psi_i \rangle}} \tag{2-26}$$

因此，由全機率公式 $P(A)=\sum_{i=1}^{n} P(A \mid B_i)P(B_i)$ 測量 ρ 得到結果 m 的機率為

$$\begin{aligned} p(m) &= \sum_i p_i p(m \mid i) = \sum_i p_i \operatorname{tr}(\boldsymbol{M}_m^{\dagger} \boldsymbol{M}_m \mid \psi_i \rangle\langle \psi_i \mid) \\ &= \operatorname{tr}\Big(\boldsymbol{M}_m^{\dagger} \boldsymbol{M}_m \sum_i p_i \mid \psi_i \rangle\langle \psi_i \mid\Big) \\ &= \operatorname{tr}(\boldsymbol{M}_m^{\dagger} \boldsymbol{M}_m \rho) \end{aligned} \tag{2-27}$$

測量後，得到相應的密度運算元 ρ_{m} 為

$$\rho_m = \frac{\boldsymbol{M}_m \rho \boldsymbol{M}_m^{\dagger}}{\operatorname{tr}(\boldsymbol{M}_m^{\dagger} \boldsymbol{M}_m \rho)} \tag{2-28}$$

一個運算元 ρ 定義為密度運算元，當且僅當滿足以下條件時：

(1) ρ 的跡等於 1，即 tr $(\rho) = 1$。

(2) ρ 是半正定運算元，即 ρ 的特徵值都大於或等於 0。

證明：首先證明必要性。由於 ρ 是密度運算元，有

$$\begin{aligned} \operatorname{tr}(\rho) &= \operatorname{tr}\Big(\sum_i p_i \mid \psi_i \rangle\langle \psi_i \mid\Big) \\ &= \sum_i p_i \operatorname{tr}(\mid \psi_i \rangle\langle \psi_i \mid) = \sum_i p_i = 1 \end{aligned} \tag{2-29}$$

設 $|\boldsymbol{\varphi}\rangle$ 是狀態空間中任意一個向量，有

$$\begin{aligned} \langle \boldsymbol{\varphi} \mid \rho \mid \boldsymbol{\varphi} \rangle &= \sum_i p_i \langle \boldsymbol{\varphi} \mid \psi_i \rangle\langle \psi_i \mid \boldsymbol{\varphi} \rangle \\ &= \sum_i p_i \mid \langle \psi_i \mid \boldsymbol{\varphi} \rangle \mid^2 \geqslant 0 \end{aligned} \tag{2-30}$$

必要性得證；其次，證明充分性。因為 ρ 是半正定運算元，所以 ρ 有譜分解：

$$\rho = \sum_i \lambda_i \mid \boldsymbol{v}_i \rangle \langle \boldsymbol{v}_i \mid \tag{2-31}$$

其中，λ_i 是 ρ 的特徵值；$|\upsilon_i\rangle$ 是 λ_i 對應的特徵向量。由 tr（ρ）＝ 1，可知 ρ 的特徵值之和為 1，即有 $\sum_i \lambda_i = 1$。可以將 $\{\lambda_i, |\upsilon_i\rangle\}$ 看作 ρ 的某個可能的初態及其對應的機率，以機率 λ_i 處於狀態 $|\upsilon_i\rangle$，因此 ρ 是密度運算元。

判斷一個量子態 ρ 是純態還是混合態，只需計算 tr（ρ^2）。若 tr（ρ^2）＝ 1，則 ρ 是純態；若 tr（ρ^2）＜ 1，則 ρ 是混合態。

$$\begin{aligned} \mathrm{tr}(\rho^2) &= \mathrm{tr}\Big(\sum_i p_i \mid \psi_i \rangle\langle \psi_i \mid\Big)^2 \\ &= \mathrm{tr}\Big(\sum_i p_i^2 \mid \psi_i \rangle\langle \psi_i \mid\Big) = \sum_i p_i^2 \end{aligned} \tag{2-32}$$

由於 $\sum_i p_i = 1$，因此由 $\mathrm{tr}(\rho^2) = \sum_i p_i^2 = 1$ 可以推算出存在一個 k。使 $p_k = 1$，此時 $\rho = |\psi_k\rangle\langle\psi_k|$，可知 ρ 是純態。

2.8　含參數的量子閘表示

基於 Pauli 運算元，定義 3 種常用的帶參數的么正算符。關於 $\hat{x}$、$\hat{y}$ 和 $\hat{z}$ 軸角度為 θ 的旋轉運算元 (Rotation Operator)，定義如下：

$$R_x(\theta) \equiv e^{-i\theta X/2} = \cos\left(\frac{\theta}{2}\right) I - i\sin\left(\frac{\theta}{2}\right) X \tag{2-33}$$

$$R_y(\theta) \equiv e^{-i\theta Y/2} = \cos\left(\frac{\theta}{2}\right) I - i\sin\left(\frac{\theta}{2}\right) Y \tag{2-34}$$

$$R_z(\theta) \equiv e^{-i\theta Z/2} = \cos\left(\frac{\theta}{2}\right) I - i\sin\left(\frac{\theta}{2}\right) Z \tag{2-35}$$

設$\hat{\boldsymbol{n}}=(n_x, n_y, n_z)$為三維空間中的實單位向量，可將上述定義推廣為關於$\hat{\boldsymbol{n}}$角度為$\theta$的旋轉運算元，定義如下：

$$R_{n^\wedge}(\theta) \equiv \mathrm{e}^{-\mathrm{i}\theta \boldsymbol{n}^\wedge \cdot \boldsymbol{\sigma}/2} = \cos\left(\frac{\theta}{2}\right) I - \mathrm{i}\sin\left(\frac{\theta}{2}\right)(n_x X + n_y Y + n_z Z) \qquad (2\text{-}36)$$

其中，$\boldsymbol{\sigma}$ 表示 Pauli 運算元的三元向量 $(X，Y，Z)$。

任意一個單量子位元么正算符都可以表示成

$$\boldsymbol{U} = \exp(\mathrm{i}\alpha) R_{n^\wedge}(\theta) \qquad (2\text{-}37)$$

其中，α 和 θ 是兩個實數；$\hat{\boldsymbol{n}}$ 是三維實單位向量。

單量子位元的 z-y 分解：設 $\boldsymbol{U}$ 是單量子位元上的么正算符，則存在實數 α，β，γ 和 δ，使

$$\boldsymbol{U} = \mathrm{e}^{\mathrm{i}\alpha} R_z(\beta) R_y(\gamma) R_z(\delta) \qquad (2\text{-}38)$$

由此可定義廣義旋轉閘 $\boldsymbol{U}_3$ $(\theta，\phi，\varphi)$

$$\boldsymbol{U}_3(\theta, \phi, \varphi) = R_z(\phi) R_y(\theta) R_z(\varphi) \qquad (2\text{-}39)$$

其矩陣表示為

$$\boldsymbol{U}_3(\theta, \phi, \varphi) = \begin{bmatrix} \cos\frac{\theta}{2} & -\mathrm{e}^{\mathrm{i}\varphi}\sin\frac{\theta}{2} \\ \mathrm{e}^{\mathrm{i}\phi}\sin\frac{\theta}{2} & \mathrm{e}^{\mathrm{i}(\phi+\varphi)}\cos\frac{\theta}{2} \end{bmatrix} \qquad (2\text{-}40)$$

2.9　約化密度運算元

約化密度運算元是描述複合量子系統的有效工具。假設有兩個量子系統 Q 和 R，其狀態由 ρ^{QR} 表示，針對量子系統 Q 的約化密度運算元定義為

$$\rho^{Q} = \mathrm{tr}_{R}(\rho^{QR}) \qquad (2\text{-}41)$$

其中，tr_R 是一個運算元對映，稱為系統 R 上的偏跡。偏跡定義為

$$\begin{aligned} tr_R(\rho^{QR}) &= tr_R(|q_1\rangle\langle q_2| \otimes |r_1\rangle\langle r_2|) \\ &= |q_1\rangle\langle q_2| \, tr_R(|r_1\rangle\langle r_2|) \\ &= \langle r_2 | r_1\rangle \, |q_1\rangle\langle q_2| \end{aligned} \quad (2\text{-}42)$$

以一個不平凡的例子 Bell 態為例。Bell 態位於雙量子位元系統，其密度運算元表示為

$$\begin{aligned} \rho^{QR} &= \frac{|00\rangle + |11\rangle}{\sqrt{2}} \cdot \frac{\langle 00| + \langle 11|}{\sqrt{2}} \\ &= \frac{|00\rangle\langle 00| + |00\rangle\langle 11| + |11\rangle\langle 00| + |11\rangle\langle 11|}{2} \end{aligned} \quad (2\text{-}43)$$

對該密度運算元關於第二量子位元做偏跡運算，得到對第一量子位元的約化密度運算元為

$$\begin{aligned} \rho^{Q} &= tr_R(\rho^{QR}) \\ &= \frac{tr_R(|00\rangle\langle 00|) + tr_R(|00\rangle\langle 11|) + tr_R(|11\rangle\langle 00|) + tr_R(|11\rangle\langle 11|)}{2} = \frac{I}{2} \end{aligned} \quad (2\text{-}44)$$

由於 $tr\left(\left(\frac{I}{2}\right)^2\right) = \frac{1}{2}$，該狀態是一個混合態。這表示雖然 Bell 態的狀態是純態，但對於其中某個量子位元而言，其狀態是混合態，並非完全已知。這個奇特性質，即系統的聯合狀態完全已知，而子系統卻處於混合態，這是量子糾纏現象的一個特點。

2.10 量子資訊的距離度量

在古典資訊理論中，用基於事件發生的機率定義資訊，用基於條件的機率定義相互資訊，用隨機變數的機率分布來定義資訊熵。

在定義量子態之間的距離之前，首先回顧傳統位元串之間的距離，以及兩個機率分布之間的距離。

可以用漢明 (Hamming) 距離來定量表示兩個傳統位元串間的距離。漢明距離被定義為兩個位元串之間不相等位元位的個數。舉個例子，位元串 001 和 100 之間的距離是 2。

在古典資訊理論中，資訊來源通常被視為為隨機變數。隨機變數有機率分布，那麼如何量化兩個隨機變數，或者說機率分布之間的距離呢？

設同一個指標集 $x \in X$ 下，兩個機率分布分別為 $\{\boldsymbol{p}_x\}$ 和 $\{\boldsymbol{q}_x\}$，它們的跡距離為 D $(\boldsymbol{p}_x, \boldsymbol{q}_x)$，又稱柯爾莫哥洛夫 (Kolmogorov) 距離，定義為

$$D(\boldsymbol{p}_x, \boldsymbol{q}_x) = \frac{1}{2}\sum_x |\boldsymbol{p}_x - \boldsymbol{q}_x| \tag{2-45}$$

當兩個機率分布越接近時，它們的跡距離越小；反之，則跡距離越大。

跡距離滿足非負性、對稱性和三角不等式。

(1) 非負性：D $(\boldsymbol{p}_x, \boldsymbol{q}_x) \geq 0$，其中，等號成立當且僅當對於指標集 X 中任意 x，有 $\boldsymbol{p}_x = \boldsymbol{q}_x$。

(2) 對稱性：D $(\boldsymbol{p}_x, \boldsymbol{q}_x) = D$ $(\boldsymbol{q}_x, \boldsymbol{p}_x)$。

(3) 三角不等式：設同一個指標集下有 3 個機率分布 $\{\boldsymbol{p}_x\}$、$\{\boldsymbol{q}_x\}$ 和 $\{\boldsymbol{r}_x\}$，則有 D $(\boldsymbol{p}_x, \boldsymbol{r}_x) \leq D$ $(\boldsymbol{p}_x, \boldsymbol{q}_x) + D$ $(\boldsymbol{q}_x, \boldsymbol{r}_x)$。

設同一個指標集 x 下，兩個機率分布分別為 $\{\boldsymbol{p}_x\}$ 和 $\{\boldsymbol{q}_x\}$，它們的保真度 F $(\boldsymbol{p}_x, \boldsymbol{q}_x)$ 定義為

$$F(\boldsymbol{p}_x, \boldsymbol{q}_x) = \sum_x \sqrt{\boldsymbol{p}_x \boldsymbol{q}_x} \tag{2-46}$$

當兩個機率分布越接近時，它們的保真度越大；反之，則保真度越小。當兩個機率分布完全相同時，可得 $F(\boldsymbol{p}_x, \boldsymbol{p}_x) = \sum_x \sqrt{\boldsymbol{p}_x \boldsymbol{p}_x} = 1$。幾何

意義上，保真度解釋為位於單位球上的向量$\sqrt{\boldsymbol{p}_x}$和$\sqrt{\boldsymbol{q}_x}$之間的內積。

保真度滿足非負性和對稱性，但不滿足三角不等式。

(1)非負性：F（$\boldsymbol{p}_x$，$\boldsymbol{q}_x$）≥ 0，其中，等號成立當且僅當向量化的$\sqrt{\boldsymbol{p}_x}$與$\sqrt{\boldsymbol{q}_x}$相互垂直。

(2)對稱性：D（$\boldsymbol{p}_x$，$\boldsymbol{q}_x$）$=D$（$\boldsymbol{q}_x$，$\boldsymbol{p}_x$）。

兩個量子態有多近？即，如何量化兩個量子態之間的距離？常用的量子距離包括量子跡距離和量子保真度，這是古典概念在量子領域的擴展。

設兩個相同位元數的量子態ρ和σ，它們的量子跡距離定義為

$$D(\rho,\sigma)=\frac{1}{2}\mathrm{tr}\mid\rho-\sigma\mid \tag{2-47}$$

其中，矩陣範數具體指$|\boldsymbol{A}|=\sqrt{\boldsymbol{A}^{\dagger}\boldsymbol{A}}$，因為$\boldsymbol{A}^{\dagger}\boldsymbol{A}$是半定矩陣，所以可以開平方根。

量子跡距離的度量性質滿足非負性、對稱性和三角不等式。

(1)非負性：D（ρ，σ）≥ 0，其中，等號成立當且僅當$\rho=\sigma$。

(2)對稱性：D（ρ，σ）$=D$（σ，ρ）。

(3)三角不等式：設有3個量子態ρ，σ和γ，且滿足D（ρ，γ）$\leq D$（ρ，σ）$+D$（σ，γ）。

開放量子系統相對於封閉量子系統，展現在可能存在環境噪音而對主系統產生一定影響。一個開放量子系統的行為可定義為

$$\varepsilon(\rho)=\sum_k E_k\rho E_k^{+} \tag{2-48}$$

其中，運算元E_k滿足$\sum_k E_k^{+}E_k\leqslant I$。如果量子運算保跡，即tr（$\varepsilon$（$\rho$））$=1$，則等號成立。原因如下：

$$\forall \rho, \mathrm{tr}(\varepsilon(\rho)) = \mathrm{tr}\left(\sum_k E_k \rho E_k^+\right) = \mathrm{tr}\left(\sum_k E_k^+ E_k \rho\right) = 1$$
$$\Leftrightarrow \sum_k E_k^+ E_k = I \qquad (2\text{-}49)$$

設 ε 為保跡量子運算，ρ 和 σ 為兩個密度運算元，量子跡距離的壓縮性（保跡量子運算具有壓縮性）表示為

$$D(\varepsilon(\rho), \varepsilon(\sigma)) \leqslant D(\rho, \sigma) \qquad (2\text{-}50)$$

其中，保跡量子運算指對任意密度運算元 ρ 都有 $\mathrm{tr}(\varepsilon(\rho)) = 1$，即 $\sum_k E_k^+ E_k = I$。

設兩個相同位元數的量子態 ρ 和 σ，它們的量子保真度定義為

$$F(\rho, \sigma) = \mathrm{tr}\sqrt{\rho\sigma} \qquad (2\text{-}51)$$

兩個量子態越相似，它們的保真度越大；反之，則保真度越小。

量子保真度有一個重要定理 —— Uhlmann 定理：設 ρ 和 σ 為量子系統 Q 的狀態，現引入另一量子系統 R，則有

$$F(\rho, \sigma) = \max_{|\boldsymbol{\psi}\rangle, |\boldsymbol{\varphi}\rangle} |\langle \boldsymbol{\psi} | \boldsymbol{\varphi} \rangle| \qquad (2\text{-}52)$$

其中，$|\boldsymbol{\psi}\rangle$ 和 $|\boldsymbol{\varphi}\rangle$ 表示 ρ 和 σ 在複合系統 RQ 中的純化。

證明過程需要知道矩陣的極分解、關於 Hilbert-Schmidt 內積的 Cauchy-Schwarz 不等式、跡的循環性質和 Schmidt 分解，還需要了解引入額外系統後，原量子態在複合系統上的純化。

上述定理能直觀地得到量子保真度的一些性質。①對稱性：$F(\rho, \sigma) = F(\sigma, \rho)$。②上下界範圍：$0 \leq F(\rho, \sigma) \leq 1$。若 $\rho = \sigma$，則 $F(\rho, \sigma) = 1$；若 $\rho \neq \sigma$，則 ρ 和 σ 的任一純化 $|\boldsymbol{\psi}\rangle$ 和 $|\boldsymbol{\varphi}\rangle$，都有 $|\boldsymbol{\psi}\rangle \neq |\boldsymbol{\varphi}\rangle$，所以 $F(\rho, \sigma) < 1$。$F(\rho, \sigma) = 0$，當且僅當 ρ 和 σ 具有正交支集。

跡距離和保真度是密切相關的。在純態下，跡距離和保真度是等

價的。設兩個純態分別為 $|0\rangle$ 和 $\cos\theta|0\rangle + e^{i\varphi}\sin\theta|1\rangle$，對應的密度運算元是 $|0\rangle\langle 0|$ 和 $\cos^2\theta|0\rangle\langle 0| + e^{i\varphi}\cos\theta\sin\theta|0\rangle\cdot\langle 1| + e^{i\varphi}\cos\theta\sin\theta|1\rangle\langle 0| + e^{2i\varphi}\sin^2\theta|1\rangle\langle 1|$。它們的保真度是 $|\cos\theta|$；它們的跡距離是

$$
\begin{aligned}
D(\rho,\sigma) &= \frac{1}{2}\mathrm{tr}(\rho-\sigma) = \frac{1}{2}\mathrm{tr}\left(\sqrt{(\rho-\sigma)^{\dagger}(\rho-\sigma)}\right) \\
&= \frac{1}{2}\mathrm{tr}\left(\sqrt{\begin{bmatrix} 1-\cos^2\theta & -e^{-i\varphi}\cos\theta\sin\theta \\ -e^{i\varphi}\cos\theta\sin\theta & -\sin^2\theta \end{bmatrix}\begin{bmatrix} 1-\cos^2\theta & -e^{-i\varphi}\cos\theta\sin\theta \\ -e^{i\varphi}\cos\theta\sin\theta & -\sin^2\theta \end{bmatrix}}\right) \\
&= \frac{1}{2}\mathrm{tr}\left(\sqrt{\begin{bmatrix} (1-\cos^2\theta)^2+\cos^2\theta\sin^2\theta & 0 \\ 0 & \sin^4\theta+\cos^2\theta\sin^2\theta \end{bmatrix}}\right) \\
&= |\sin\theta| = \sqrt{1-F(\rho,\sigma)^2}
\end{aligned}
\qquad (2\text{-}53)
$$

由此可知在純態下，跡距離和保真度是等價的。一般情況下，跡距離和保真度的關係是

$$
1-F(\rho,\sigma) \leqslant D(\rho,\sigma) \leqslant \sqrt{1-F(\rho,\sigma)^2} \qquad (2\text{-}54)
$$

2.11 古典的量子演算法和工具

Deutsch 問題：阿姆斯特丹的 Alice，在從 0 到 2^n-1 的數中選擇一個數 z，將此數寄信給波士頓的 Bob，Bob 計算出某個函式值 f，不是 0 則是 1，並把它寄回給 Alice。Bob 保證只用兩類函式之一：或者 $f(x)$ 對所有的 x 是常數函式；或是 $f(x)$ 是平衡的 (balanced)，即恰好有一半基數的 x 使函式為 1，另一半使函式取 0。Alice 的目的是使用盡可能少的通訊，確定 Bob 用的是常數函式還是平衡函式。她能做到多快？

通常 Alice 需要問 $2^{n-1}+1$ 次才能得出結論，但 Deutsch 演算法能更高效率地求解以上問題。在兩量子位元系統上執行 Deutsch 演算法的量子電路如圖 2-5 所示。

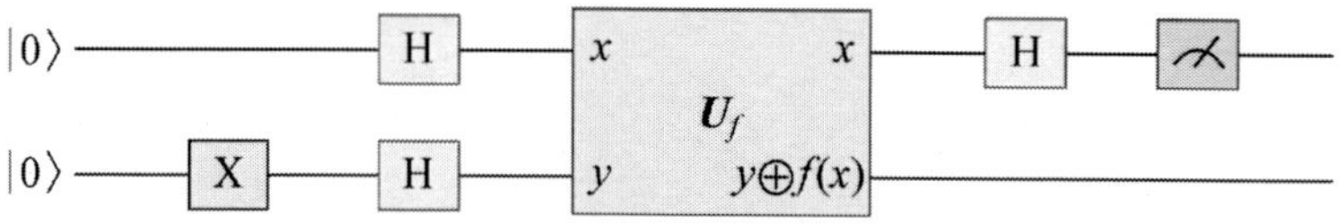

圖 2-5　兩量子位元系統執行 Deutsch 演算法的量子電路

判斷該函式是常數函式還是平衡函式，古典方法需要計算 $2^{n-1}+1$ 次，Deutsch 演算法僅需計算 n 次。

以兩量子位元系統為例，設初始態為 $|00\rangle$，

$$
\begin{aligned}
&|0\rangle|0\rangle \xrightarrow{I\otimes X} |0\rangle|1\rangle \\
&\xrightarrow{H\otimes H} \frac{|0\rangle+|1\rangle}{\sqrt{2}} \otimes \frac{|0\rangle-|1\rangle}{\sqrt{2}} \\
&\xrightarrow{U_f} \frac{(-1)^{f(0)}|0\rangle+(-1)^{f(1)}|1\rangle}{\sqrt{2}} \otimes \frac{|0\rangle-|1\rangle}{\sqrt{2}} \\
&\xrightarrow{H\otimes H} \pm|f(0)\oplus f(1)\rangle \otimes \frac{|0\rangle-|1\rangle}{\sqrt{2}} \qquad (2\text{-}55)
\end{aligned}
$$

當 $f(0)=f(1)$ 時，測量得到 $|0\rangle$，函式為常數函式；當 $f(0)\neq f(1)$ 時，測量得到 $|1\rangle$，函式為平衡函式。

判斷一個函式的類型，古典方法需要計算 2 次，Deutsch 演算法僅需計算 1 次。

第 3 章　量子化自編碼網路

神經網路中的參數與連接網路內部的權重直接相關，通常採用梯度下降法的方式在整個訓練集上完成演算法的最佳化過程。自編碼網路 (Autoencoder Network) 由編碼和重構兩個過程組成。其中，編碼過程對應編碼器 (Encoder)，它將輸入對映為內部表示；重構過程對應解碼器 (Decoder)，它將內部表示對映到輸出。自編碼網路有助於減弱傳統機器學習模型對特徵工程的依賴。早期機器學習任務中的特徵工程為了提取更有效的特徵，需要在專業領域有深入的理解來提取用於演算法學習的特徵，增加了對專業演算法和特徵工程的依賴。一方面，自編碼網路能夠在不依賴資料標注的情況下，對資料內容的組織形式進行一定程度的學習，頻繁出現的特徵容易被提取出來；另一方面，它經由內部的多層隱藏層能夠達成特徵的逐層抽象，從而建構高階特徵。自編碼網路常用於學習資料集的降維表示，從而提供輸入資料更高效的表示方式。在結構上，它的輸入層和輸出層含有相同的單元個數，並且，可以直接從無標注的資料開始進行無監督機器學習，並經由回饋訊號來更新自編碼網路自身的權重值。

在量子線路下建構自編碼網路，可以藉助量子電腦相較於傳統電腦的優勢，來改善自編碼網路的學習過程。類似於傳統電腦中的自編碼網路，量子自編碼網路也可以分為編碼器和解碼器兩部分。當量子編碼器將輸入對映到內部表示時，依賴偏跡運算來輸入資料進行降維。當評估輸入態與重構態之間的差異時，涉及保真度的概念。輸入態與輸出態之間的保真度將作為構成量子自編網路損失函式的基礎。本章關注古典自編碼網路的運作、量子自編碼器相關的基礎知識及量子線路自編碼網路的執行方案。

3.1　古典自編碼網路

古典自編碼網路的結構如圖 3-1 所示，輸入層由 5 個節點組成，並以全部連接的方式依次輸到 4 節點層和 2 節點層，它們構成了整個網路的前半部分，也是自編碼網路的編碼器 (Encoder)；相應地，後半部分層與層之間的連結構成了解碼器 (Decoder)。層與層之間的連結對應的權重值構成了自編碼網路的參數，這些參數常常依賴梯度下降過程進行最佳化。自編碼網路的解碼器則依次從 2 節點層用全部連接的方式連結到 4 節點層和 5 節點層。輸出層代表擁有同輸入層相同的節點個數，而中間部分相對較少的節點個數對應更低的資料維度，這樣便組成了一個類似瓶頸的結構，達成輸入高維資料的先壓縮再解壓，同時達到高階抽象特徵提取的目的和資訊的合理表達。

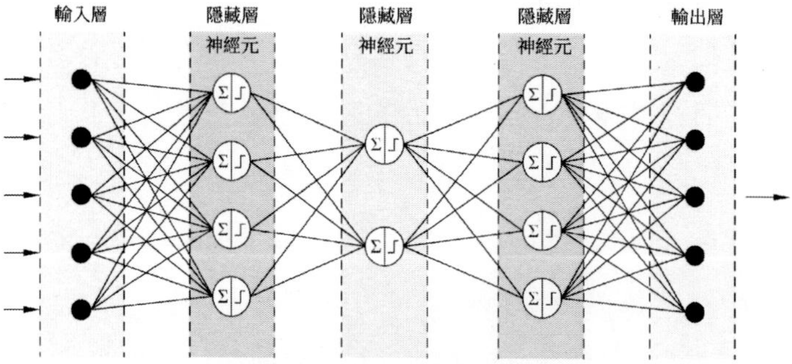

圖 3-1　古典自編碼網路結構

接下來，根據 PyTorch 框架執行圖 3-1 所示的自編碼網路。

首先，進入 conda 安裝路徑的 bin 目錄下，用以下命令激勵機器學習的 Python 環境：

```
# 啟用環境
$ conda activate "YOUR_ENV_NAME"        # 將引號中的內容替換為已建立的環境名稱
$ conda deactivate                      # 退出當前環境
```

在啟用環境後，進入工作目錄並啟動 Jupyter，便可在瀏覽器中開始 Python 環境：

```
# 啟動 Jupyter
$Jupyter Notebook
```

經由以下命令來載入環境中的 Torch 框架，其中，torch.nn 中包含了不同神經網路模型的基礎函式；torch.autograd 提供了模型最佳化需要的梯度下降機制。該計算依賴 Torch 的變數類型，在處理資料時需要注意 NumPy 資料類型與 Torch 資料類型的轉換。

```
# 匯入庫檔案
import torch



import torch.nn as nn
from torch.autograd import Variable
import numpy as np
```

接著用 torch.nn 工具建立自編碼網路。首先，建立一個 nn.Module 的 AENet 自定義類，也是自編碼網路，並在建立函式中宣告輸入資料的維度 input_size。nn.Linear 包含兩個參數，分別是輸入維度 m 和輸出維度 n，並且定義了一個線性變換：

$$y = x\mathbf{A}^{\mathrm{T}} + b \tag{3-1}$$

在式 (3-1) 中，$\boldsymbol{A}^{\mathrm{T}}$ 是與輸入層和輸出層之間的連接相關的權重值。採用 nn.Linear 來建立自編碼網路的編碼器和解碼器，同時用 forward 模組定義不同層之間的資料流，程式碼如下：

```
# 第3章／3.1自編碼網路
# 自定義自編碼網路的類
class AENet(nn.Module):
# 定義建立函數進行結構初始化
    def __init__(self, input_size = (1,1,5)):
        super(AENet, self).__init__()
        # 定義編碼器網路
            self.encoder = nn.Sequential(
            # 定義一個輸入為5，輸出為4的全部連接
            nn.Linear(5,4),
            nn.Linear(4,2)
        )
        # 定義解碼器網路
        self.decoder = nn.Sequential(
            nn.Linear(2,4),
            nn.Linear(4,5)
        )
    # 定義資料流
    def forward(self,x):
      # 資料x經過編碼器輸出為x_encode
      x_encode = self.encoder(x)
      # 編碼器輸出x_encode作為輸入，輸出x_encode作為自編碼網路的輸出
      x_decode = self.decoder(x_encode)
      return x_encode, x_decode
```

在宣告 AENet 類後，採用新建立 AENet 類例項來處理一個隨機變數，以此來展示自編碼網路的資料處理過程，需要注意的是，在這裡目前沒有提及自編碼網路的回饋訓練。同時，考慮 Torch 的變數環境，宣告預設變數類型為 torch.float64，這一部分宣告的缺失和 NumPy 變數資料類型的轉換經常會導致模型的執行錯誤，程式碼如下：

```
# 第 3 章／ 3.1 自編碼網路
#Torch 模型變數類型宣告
torch.set_default_dtype(torch.float64)
# 自編碼網路例項
```

```
ae_instance=AENet()
# 初始化隨機樣本
sample01=np.ones(5)
# 改變陣列維度
sample01=np.asarray([[sample01]])
# 將 NumPy 變數轉換為 Torch 變數
sample01=Variable(torch.from_numpy(sample01),requires_
grad=True)
# 採用自編碼網路對隨機樣本進行處理，得到模型的輸出
s_encode,s_decode=ae_instance(sample01)
```

3.2　變分自編碼網路

變分自編碼 (Variational Autoencoder，VAE) 網路是由狄德里克 · P · 金瑪 (Diederik P. Kingma) 和馬克斯 · 威靈 (Max Welling) 等提出的。變分自編碼網路保留了初始演算法的絕大多數特徵，但是，VAE 的訓練機制與原自編碼網路有著顯著差異，因為其採用了機率化的方法進行前饋傳播，這一個過程可描述為資料樣本 X 來自未知的資料分布 $P(X)$，VAE 的目標則是學習取樣模型 P，使 P 和 $P(X)$ 盡可能相似。具體地，VAE 的演算法框架基於潛變數模型，這一類模型按照如下步驟處理問題：

首先，假定 z 是輸入隱空間 Z 的潛變數，並可根據機率密度函式 $P(Z)$ 進行取樣；其次，存在一個函式簇 $X'=f(z;\theta)$ 使潛變數能夠對映為資料 X'，在這裡 θ 是固定參數。同時，將模型的最佳化目標定義為經由調整參數 θ 最大化機率函式 $P(x)$。

當選擇高斯等分布建構潛變數模型時，模型可經由梯度下降過程進

行最佳化，此時構成自編碼網路；當不使用潛在量模型時，此模型等效為自編碼網路中的自編碼器模型。這兩者在結構上相似，但模型遵循的內部原理則明顯不同。在手寫數字資料集 MINST 中訓練 VAE 模型進行分類任務，程式碼如下：

```
# 第 3 章／ 3.2 變分自編碼網路
# 載入庫檔案
import torch
from torch import nn
from torch import tanh
import torch.nn.functional as F
from torch.autograd import Variable
from torch.utils.data import DataLoader
from torchvision.utils import save_image
from torchvision.datasets import MNIST
from torchvision import transforms as tfs
import os
import numpy as np
```

載入 MNIST 資料集，並將資料集劃分，程式碼如下：

```
# 第 3 章／ 3.2 變分自編碼網路
# 資料劃分
im_tfs=tfs.Compose([
  tfs.ToTensor(),
  tfs.Lambda(lambda x ： x.repeat(3,1,1)),
  tfs.Normalize([0.5,0.5,0.5],[0.5,0.5,0.5])])
```

```
train_set=MNIST('./data',transform=im_tfs,download=True)
train_data=DataLoader(train_set,batch_size=128,shuffle=True)
```

藉助 PyTorch 執行的 VAE 網路如圖 3-2 所示。

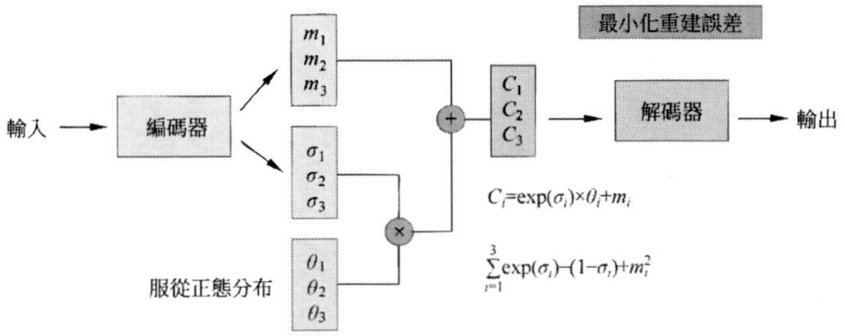

圖 3-2　變分自編碼網路

考慮到 MNIST 資料集中單個手寫數字樣本的尺寸為 1×28×28，建立了 VAENet 類以執行變分圖中的變分自編碼網路，在 VAE 的編碼器中採用，程式碼如下：

```
# 第 3 章／3.2 變分自編碼網路
# 宣告變分自編碼類
class VAENET(nn.Module)：
# 初始化
def__init__(self,input_size=(1,28,28))：
  super(VAENET,self).__init__()
  # 根據資料維度定義各個全連接層
  self.layer1=nn.Linear(28*28,256)
  self.layer2_a=nn.Linear(256,25)
  self.layer2_b=nn.Linear(256,25)
  self.layer3=nn.Linear(25,256)
  self.layer4=nn.Linear(256,784)
#VAE 的編碼器
```

```
def encode(self,x)：
  out=self.layer1(x)
  out=F.ReLU(out)# 激勵函數
  mu=self.layer2_a(out)
  logvar=self.layer2_b(out)
  return mu,logvar
# 潛變數模型參數
def reparametrize(self,mu,logvar)：
  eps=Variable(torch.randn(mu.size(0),mu.size(1)))
  z=mu+eps*torch.exp(logvar/2)
  return z
#VAE 的解碼器
def decode(self,z)：
  out=self.layer3(z)
  out=F.ReLU(out)
  out=self.layer4(out)
  out=tanh(out)
  return out
#VAE 的資料流
def forward(self,x)：
  mu,logvar=self.encode(x)
  z=self.reparametrize(mu,logvar)
  x_decode=self.decode(z)
  return x_decode,mu,logvar
```

進一步，抽取其中單個資料並載入到 VAENet 類例項中，結果及程式碼如下：

```
# 採用 VAENet 類的例項處理樣本
x,_=train_set[0]
x=x.view(x.shape[0],-1)
net=VAENET()
x=Variable(x)
a,b,c=net(x)
```

對於 VAE 的損失函式，採用交叉損失熵和 KL 散度。同時，呼叫 Adam 優化器對模型進行訓練，程式碼如下：

```
# 第3章/3.2變分自編碼網路
#採用VAENet類的實例處理樣本
#定義VAE的損失函式，包括交叉損失熵和KL散度
def loss_func(x_decode, x, mu, logvar):
    BCE = F.binary_cross_entropy(x_decode, x, size_average = False)
    KLD = -0.5 * torch.sum(1 + logvar - mu.pow(2) - logvar.exp())
    LOSS = BCE + KLD
    return LOSS
#進階設定工具選擇
optimizer = torch.optim.Adam(net.parameters(), lr = 1e-3)
#輸入圖片的格式轉化
def to_img(x):
    x = 0.5 * (x + 1.)
    x = x.clamp(0, 1)
    x = x.view(x.shape[0], 1, 28, 28)
    return x
#訓練部分
for epoch in range(5):
    #遍歷訓練集
    for i in range(len(train_set)):
        im, _ = train_set[i]
        im = im.view(im.shape[0], -1)
        im = Variable(im)
        a,b,c = net(im)
        loss = loss_function(recon_im, im, mu, logvar) / im.shape[0]
        optimizer.zero_grad()
        loss.backward()
        optimizer.step()
    #自編碼網路處理圖片效果的呈現
    if (e + 1) % 5 == 0:
        print('epoch: {}, Loss: {:.4f}'.format(e + 1, loss.item()))
        save = to_img(recon_im.cpu().data)
        if not os.path.exists('./vae_img'):
            os.mkdir('./vae_img')
        save_image(save, './vae_img/image_{}.png'.format(e + 1))
```

3.3 量子自編碼網路的量子資訊學基礎

量子自編碼網路在量子運算中執行高級應用程式，依賴量子程式等邏輯對基本的量子閘上的操作進行控制和管理。通用量子線路模型是目前量子運算平臺建構計算框架廣泛採用的模型之一。自編碼網路在學習過程中被更新的參數，在量子線路下對應為 Pauli 旋轉閘中的旋轉角。在通用量子線路下，量子編碼器將輸入態對映為內部表示或編碼的過程，依賴偏跡運算。偏跡運算的概念來自量子資訊學，透過損失函式在古典優化器輔助下的訓練過程，完成量子線路中旋轉角的學習和改善。需要注意的是，量子自編碼器的損失函式與保真度有關。本節將具體解釋量子資訊學中的偏跡運算和保真度。

3.3.1 量子資訊學中的偏跡運算

描述量子力學原理可以基於態空間的框架，而為了更好地解釋偏跡運算，需要藉助密度矩陣或密度算符。這兩者在數學上是相互等價的。當描述的量子系統以一定的機率 pi 處於量子態 $|\psi_i\rangle$ 時，純態系統可以定義為 $\{p_i，|\psi_i\rangle\}$，此時這一個系統的密度算符被定義為

$$\rho \equiv \sum_i p_i |\psi_i\rangle\langle\psi_i| \tag{3-2}$$

類似於基於態向量對量子系統的描述，也可以採用密度矩陣描述封閉量子系統的演化過程，演化算符為 $\boldsymbol{U}$，系統的初態為 $\{c_i|\psi_i\rangle，|c_i|^2=p_i\}$，演化後的系統為 $\{c_i\boldsymbol{U}|\psi_i\rangle，|c_i|^2=p_i\}$。根據密度算符的定義，系統再演化後可以表示為

$$\sum_i p_i \boldsymbol{U} |\psi_i\rangle\langle\psi_i| \boldsymbol{U}^\dagger = \boldsymbol{U}\rho\boldsymbol{U}^\dagger \tag{3-3}$$

3.3.2　保真度與量子自編碼網路的損失函式

量子自編碼網路的損失函式，依然需要對比原始輸入資料和自編碼網路重構的資料，這裡引入了保真度來衡量輸入態和輸出態的差異。保真度的計算公式如下：

$$\text{fidelity} = \mathrm{tr}(\rho\sigma) + \sqrt{1-\mathrm{tr}(\rho^2)} \times \sqrt{1-\mathrm{tr}(\sigma^2)} \tag{3-4}$$

其中，ρ 代表輸入態；σ 代表輸出態。

在其他一些情境下，也常採用 Uhlmann-Josza 保真度進行相似度的衡量。

3.4　量子自編碼網路

本節以 PyTorch 框架下的量子自編碼網路作為範例，呈現採用量子位元閘組成的量子線路執行自編碼網路的具體方案。透過量子自編碼網路壓縮和重構輸入量子態，需要用量子線路執行編碼器網路和解碼器網路。

如圖 3-3 所示，編碼器對輸入態壓縮的過程對應量子位元的測量操作。在編碼器中，對輸入的量子態進行壓縮，在編碼器壓縮的過程中一部分資訊編碼的量子位元被保留；在測量過程中，另一部分資訊編碼的量子位元被丟棄，最終得到壓縮後的量子態。解碼器需要引入與編碼器丟棄量子態相同維度的態，再透過解碼器解碼在編碼器保留壓縮的量子態和引入的量子態。最後希望輸出的量子態和輸入的量子態盡可能相似，用保真度來衡量它們之間的相似度。

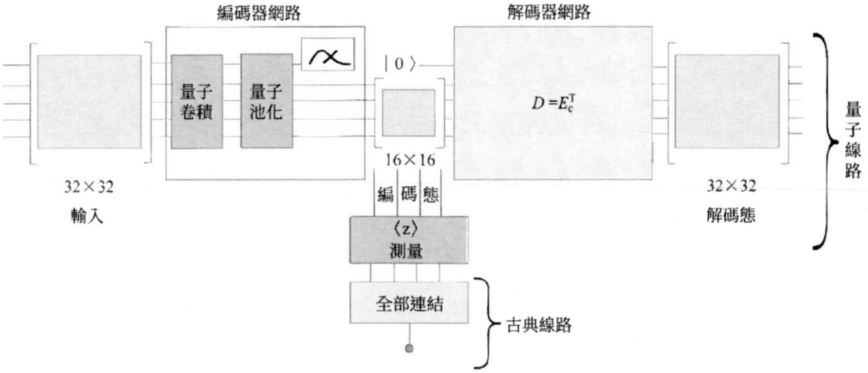

圖 3-3　量子自編碼網路

首先，透過程式碼載入執行量子自編碼網路的環境，程式碼如下：

```
# 載入庫檔案
from deepquantum.utils import dag,ptrace,encoding
from deepquantum import Circuit
```

然後，建立量子線路編碼器中的卷積層和池化層，程式碼如下：

```
# 第3章／3.4量子自編碼網路
# 量子卷積層的建立
class Q_Conv0(nn.Module):
    # 放置5個量子閘，即有5個參數
    def __init__(self, n_qubits,gain = 2 ** 0.5, use_wscale = True, lrmul = 1):
        super().__init__()
        # 定義卷積層和卷積層參數
        # 初始化參數
        he_std = gain * 5 ** (-0.5)
        if use_wscale:
            init_std = 1.0 / lrmul
```

```
            self.w_mul = he_std * lrmul
        else:
            init_std = he_std / lrmul
            self.w_mul = lrmul
        #nn.Parameter 對每一個Module的參數進行初始化
        self.weight = nn.Parameter(nn.init.uniform_(torch.empty(5), a = 0.0, b = 2 * np.pi) *
init_std)
        self.n_qubits = n_qubits
    def qconv0(self):
#定義參數
        w = self.weight * self.w_mul
        cir = Circuit(self.n_qubits)
        for which_q in range(0, self.n_qubits, 2):
            cir.rx(which_q, w[0])
            cir.rx(which_q, w[1])
            cir.ryy(which_q, which_q + 1, w[2])
            cir.rz(which_q, w[3])
            cir.rz(which_q + 1, w[4])
        U = cir.U()
        return U
#定義卷積層參數資料流
#對輸入 x 與 E_qconv0 做乘積運算
#qconv0_out 作為輸出
    def forward(self, x):
        E_qconv0 = self.qconv0()
        qconv0_out = dag(E_qconv0) @ x @ E_qconv0
        return qconv0_out
#建立量子線路中池化層
class Q_Pool(nn.Module):
#放置4個量子閘，即有2個參數
    def __init__(self, n_qubits, gain = 2 ** 0.5, use_wscale = True, lrmul = 1):
        super().__init__()
#定義池化層和池化層參數
#初始化池化層參數
        he_std = gain * 5 ** (-0.5)
        if use_wscale:
            init_std = 1.0 / lrmul
            self.w_mul = he_std * lrmul
        else:
            init_std = he_std / lrmul
            self.w_mul = lrmul
        self.weight = nn.Parameter(nn.init.uniform_(torch.empty(6), a = 0.0, b = 2 * np.pi) *
init_std)
        self.n_qubits = n_qubits
    def qpool(self):
```

```
        w = self.weight * self.w_mul
        cir = Circuit(self.n_qubits)
        for which_q in range(0, self.n_qubits, 2):
            cir.rx(which_q, w[0])
            cir.rx(which_q + 1, w[1])
            cir.ry(which_q, w[2])
            cir.ry(which_q + 1, w[3])
            cir.rz(which_q, w[4])
            cir.rz(which_q + 1, w[5])
            cir.cnot(which_q, which_q + 1)
            cir.rz(which_q + 1, -w[5])
            cir.ry(which_q + 1, -w[3])
            cir.rx(which_q + 1, -w[1])
        U = cir.get()
        return U
    def forward(self, x):
        E_qpool = self.qpool()
        qpool_out = E_qpool @ x @ dag(E_qpool)
        return qpool_out
```

接下來，建立編碼器網路，程式碼如下：

```
#第3章/3.4量子自編碼網路
#建立編碼器
class Q_Encoder(nn.Module):
    def __init__(self):
        super(Q_Encoder, self).__init__()
        #定義卷積層
        self.embed_drug = drug
        #對8位元量子進行卷積(注:需要根據資料規格選擇量子位元數量
        self.qconv1 = Q_Conv0(8)
        #對8位元量子進行一次池化
        self.pool = Q_Pool(8)
    def forward(self, x):
        #x為輸入資料，最終輸出作為後面解碼器的輸入
        x = self.embed_drug
        x = self.qconv1(x)
        x = self.pool(x)
        #偏跡運算，最終輸出作為解碼器的輸入
        x = ptrace(x, 7, 1)
        return x
```

再接下來是建立解碼器，在此之前需先建立解碼器的卷積層和池化層，程式碼如下：

```
#第3章／3.4量子自編碼網路
#建立解碼器的卷積層和池化層
class D_Q_Conv(nn.Module):
#放置5個量子閘，即有5個參數
    def __init__(self, n_qubits, gain = 2 ** 0.5, use_wscale = True, lrmul = 1):
        super().__init__()
        #初始化參數
        he_std = gain * 5 ** (- 0.5)
        if use_wscale:
            init_std = 1.0 / lrmul
            self.w_mul = he_std * lrmul
        else:
            init_std = he_std / lrmul
            self.w_mul = lrmul
        self.weight = nn.Parameter(nn.init.uniform_(torch.empty(5), a = 0.0, b = 2 * np.pi) *
init_std)
        self.n_qubits = n_qubits
    def de_qconv(self):
        w = self.weight * self.w_mul
        cir = Circuit(self.n_qubits)
        for which_q in range(0, self.n_qubits, 2):
            cir.rx(which_q, w[0])
            cir.rx(which_q, w[1])
            cir.ryy(which_q, which_q + 1, w[2])
            cir.rz(which_q, w[3])
            cir.rz(which_q + 1, w[4])
        U = cir.get()
        U = dag(U)
        return U
    def forward(self, x):
        E_qconv = self.de_qconv()
        qconv0_out = dag(E_qconv) @ x @ E_qconv
        return qconv0_out
#建立池化層
class D_Q_Pool(nn.Module):
        #放置4個量子閘，即有2個參數
#初始化參數
        def __init__(self, n_qubits, gain = 2 ** 0.5, use_wscale = True, lrmul = 1):
        super().__init__()
        he_std = gain * 5 ** (- 0.5)  #He初始化
        if use_wscale:
            init_std = 1.0 / lrmul
            self.w_mul = he_std * lrmul
        else:
            init_std = he_std / lrmul
```

```
            self.w_mul = lrmul
        self.weight = nn.Parameter(nn.init.uniform_(torch.empty(6), a = 0.0, b = 2 * np.pi) *
init_std)
        self.n_qubits = n_qubits

    def dequpool(self):
        w = self.weight * self.w_mul
        cir = Circuit(self.n_qubits)
        for which_q in range(0, self.n_qubits, 2):
            cir.rx(which_q, w[0])
            cir.rx(which_q + 1, w[1])
            cir.ry(which_q, w[2])
            cir.ry(which_q + 1, w[3])
            cir.rz(which_q, w[4])
            cir.rz(which_q + 1, w[5])
            cir.cnot(which_q, which_q + 1)
            cir.rz(which_q + 1, - w[5])
            cir.ry(which_q + 1, - w[3])
            cir.rx(which_q + 1, - w[1])
        U = cir.get()
        U = dag(U)
        return U
    def forward(self, x):
        E_qpool = self.dequpool()
        qpool_out = E_qpool @ x @ dag(E_qpool)
        return qpool_out
#建立解碼器
class Q_Decoder(nn.Module):
    def __init__(self):
        super(Q_Decoder, self).__init__()
        #對8位元量子進行卷積
        self.depool = D_Q_Pool(8)
        #對8位元量子進行池化
        self.deqconv = D_Q_Conv(8)
    def forward(self, x, y):
        #x: 編碼器編碼保留的量子態
        #y: 引入的量子態
        # 對x和y進行kron運算
        deinput = torch.kron(x, y)
        # 編碼器是先卷積、後池化的過程，而解碼器是以先池化、後卷積的操作進行資料升維
        out = self.depool(deinput)
        out = self.deqconv(out)
        return out
```

建構立好編碼器和解碼器後，對編碼器和解碼器進行聯合，程式碼如下：

```
# 第3章／3.4量子自編碼網路
# 定義量子自編碼網路的類
class Q_AEnet(nn.Module):
    def __init__(self):
        super(Q_AEnet, self).__init__()
        # 定義編碼器和解碼器
        self.encoder = Q_Encoder()
        self.decoder = Q_Decoder()
    def forward(self, x, y):
        # 輸入x，編碼器encoder_output作為解碼器的輸入，並引入y
        encoder_output = self.encoder(x)
        decoder_output = self.decoder(encoder_output, y)
        return decoder_output
```

類似於古典自編碼網路的結構，量子自編碼網路需要在編碼器線路的基礎上考慮解碼器及損失函式，量子線路與希爾伯特空間的緊密關係，使解碼器的建立變得更為直接。量子自編碼網路經由編碼器線路的共軛轉置運算來直接定義解碼器線路。保真度計算公式中輸入的是量子態，進一步考慮偏跡運算中基於向量和密度矩陣之間的對應關係，提供了基於密度矩陣進行保真度計算的方案。在具體的訓練過程中，量子自編碼網路旨在提高模型的保真度值，這就意味著需要透過調整參數化的量子線路，使在偏跡運算中丟棄的量子態與 $|0\ldots0\rangle$ 態盡可能相似。上述程式碼依次初始化了輸入混合態、量子線路的隨機參數、編碼器網路和解碼器網路，下面用程式碼執行量子自編碼網路的模型返回保真度、損失函式及偏跡運算。

偏跡運算的程式碼如下：

```
# 第 3 章／ 3.4 量子自編碼網路
# 偏跡運算
def ptrace(rhoAB,dimA,dimB)：
  #rhoAB：密度矩陣
  #dimA：保留的量子位元
  #dimB：要丟棄的量子位元
  mat_dim_A=2**dimA
  mat_dim_B=2**dimB
  #torch.eye() 生成的對角線全為 1，其餘部分全為 0
  #requires_grad=True，梯度反傳時對該 Tensor 計算梯度
  id1=torch.eye(mat_dim_A,requires_grad=True)+0.j
  id2=torch.eye(mat_dim_B,requires_grad=True)+0.j
  pout=0
  # 偏跡運算
  for i in range(mat_dim_B)：
    p=torch.kron(id1,id2[i])@rhoAB@torch.kron(id1,id2[i].re-
shape(mat_dim_B,1))
  pout+=p
return pout
```

測量保真度的程式碼如下：

```
#第3章／3.4量子自編碼網路
#保真度
def get_fid(true_sp, gen_sp):
#true_sp:輸入的資料,gen_sp:經過自編碼網路重建後的資料
  #根據公式計算保真度 : fidelity = tr(AB) + √(1 - tr(A²)) * √(1 - tr(B²))
    #A: rho_in 輸入資料
    #B: rho_out 經過自編碼網路的輸出資料
    rho_in = true_sp
    rho_out = gen_sp
    fid = (rho_in @ rho_out).trace() + torch.sqrt((1 - (rho_in @ rho_in).trace())) * \
       torch.sqrt((1 - (rho_out @ rho_out).trace()))
    return fid.real
```

定義損失函式：

$$\text{Loss} = 1 - \langle 0...0 \mid \rho\text{trash} \mid 0...0 \rangle \tag{3-5}$$

其中，ρtrash 是經過編碼後丟棄的量子態，即損失函式可以理解為 1-保真度。損失函式的程式碼如下：

```
#損失函式
def Loss(true_sp,gen_sp)：
  fid=get_fid(true_sp,gen_sp)
  loss=1-fid
  return loss.requires_grad_(True)
```

最後完成量子自編碼網路的訓練，程式碼如下：

```
#第 3 章／3.4 量子自編碼網路
#對自編碼網路完成訓練
#設定迭代次數
epochs=200
#載入資料
```

```
drug=smiles2qstate_test()
# 載入模型
model=Q_AEnet()
# 定義損失函式
loss_func=Loss
# 選擇優化器，設定學習率
optimizer=torch.optim.Adam(model.parameters(),lr=0.01)
for enpoch in range(epochs)：
    # 將資料輸入模型中，rho_C 為引入解碼器輸入
    output=model(drug,rho_C)
    # 計算 loss
    loss=loss_func(drug,output)
    # 建模三件組：梯度歸零、反向傳播計算梯度值及參數更新
    optimizer.zero_grad()
    loss.backward()
    optimizer.step()
    # 計算保真度
    fid=get_fid(drug,output)
    # 顯示損失值和保真度
    print('enpochs：',enpoch+1,'loss：','%.4f'%loss.detach().NumPy(),'fid：','%.4f'%
fid)
```

3.5 案例

以癲癇資料為例，訓練量子自編碼網路。癲癇 (Epilepsy) 是影響所有年齡層的一種由腦部神經元陣發性異常超同步電導致的慢性非傳染性疾病，是全球常見的神經性疾病之一。癲癇疾病的特徵是反覆發作，且有不可預測性。全球盛行率接近 1%，大約 30%的患者使用抗癲癇藥物依然難以治癒，損害人們的生活品質。癲癇的反覆發作對患者的精神認知功能會造成持續性的負面影響，甚至危及生命，因此對癲癇預測的研究有很重要的臨床意義。在癲癇預測的過程中，特徵提取階段可以利用量子自編碼網路提取特徵 [1]。

案例程式碼中運用癲癇腦電波資料 CHB-MIT 處理後的資料集對量子自編碼網路進行訓練。該資料集收集自波士頓兒童醫院，其中包括患有難治性癲癇發作的兒科患者的腦電圖紀錄。該頭皮腦電圖資料集由波士頓兒童醫院與麻省理工學院合作記錄，並在 pysionet.org 上公開，經由在癲癇患者頭皮上放置 23 個電極記錄資料集。該資料集收集自 22 名受試者，包括 17 名女性和 5 名男性，年齡不同，女性的年齡為 1.5 歲至 19 歲，男性的年齡為 3 歲至 22 歲。

在量子自編碼網路中，編碼器對輸入資料進行壓縮，在編碼器壓縮的過程中一部分資訊編碼的量子位元被保留；另一部分資訊編碼的量子位元被丟棄，最終得到壓縮後的量子態。解碼器需要引入與編碼器丟棄量子態相同維度的態，再透過解碼器作用在編碼器保留壓縮的量子態和引入的量子態進行解碼。最後希望輸出的量子態和輸入的量子態盡可能相似，用保真度來衡量它們之間的相似度。在載入癲癇資料時，擷取 256 長度癲癇資料作為輸入資料，輸入模型，用的量子位元數是 8 個。

匯入庫及載入資料集，程式碼如下：

```
# 第3章／3.5案例
# 導入庫
import torch
from torch import nn
import numpy as np
from NumPy import diag
from deepquantum import Circuit
from deepquantum.utils import dag, ptrace, encoding
import json
# 輸入資料
def data_test():
    path = "E:/data/preictal/chb01_01_time1.json"
    # 打開資料
    with open(path, "r") as f:
        data = json.load(f)
        # 定義一次截取的步長
        step = 256
        # 提取通道
        data_torch = data["FP1 - F7"]
        # 截取資料
        d = [data_torch[i:i + step] for i in range(0, len(data_torch), step)]
        data_torch = d[0]
        # 將資料轉換為tensor類型
        data_torch = torch.tensor(diag(data_torch))
        data_torch = data_torch.T @ data_torch
        # 編碼資料量子態
        out_data = encoding(data_torch)
    return out_data
```

建立網路，程式碼如下：

```
#第3章/3.5案例
#建立編碼器
class Q_Encoder(nn.Module):
    def __init__(self):
        super(Q_Encoder, self).__init__()
        #定義卷積層
        self.embed_drug = drug
        #對8位元量子進行卷積(注:需要根據資料規格選擇量子位元數量)
        self.qconv1 = Q_Conv0(8)
        #對8位元量子進行一次池化
        self.pool = Q_Pool(8)
    def forward(self, x):
        #x為輸入資料,最終輸出為後面解碼器的輸入
        x = self.embed_drug
        x = self.qconv1(x)
        x = self.pool(x)
        #偏跡運算,最終輸出作為解碼器的輸入
        x = ptrace(x, 7, 1)
        return x
#建立解碼器
class Q_Decoder(nn.Module):
    def __init__(self):
        super(Q_Decoder, self).__init__()
        #對8位元量子進行卷積
        self.depool = D_Q_Pool(8)
        #對8位元量子進行池化
        self.deqconv = D_Q_Conv(8)
    def forward(self, x, y):
        #x:編碼器編碼保留的量子態
        #y:引入的量子態
        #對x和y進行kron運算
        deinput = torch.kron(x, y)
        #編碼器是先卷積、後池化的過程,而解碼器是以先池化、後卷積的操作進行資料升維
        out = self.depool(deinput)
        out = self.deqconv(out)
        return out
#定義量子自編碼網路的類,聯合編碼器和解碼器
class Q_AEnet(nn.Module):
    def __init__(self):
        super(Q_AEnet, self).__init__()
        #定義編碼器和解碼器
        self.encoder = Q_Encoder()
        self.decoder = Q_Decoder()
    def forward(self, x, y):
        #輸入x,編碼器encoder_output作為解碼器的輸入,並引入y
        encoder_output = self.encoder(x)
        decoder_output = self.decoder(encoder_output, y)
        return decoder_output
```

訓練模型，程式碼如下：

```
# 第 3 章／ 3.5 案例
# 對自編碼網路完成訓練
# 設定迭代次數
epochs=200
# 載入資料
drug=data_test()
# 載入模型
model=Q_AEnet()
# 定義損失函式
loss_func=Loss
# 選擇優化器 Adma ／ SGD 等，設定學習率
optimizer=torch.optim.Adam(model.parameters(),lr=0.01)
for enpoch in range(epochs)：
  # 將資料輸入模型中，rho_C 為引入解碼器輸入
  output=model(drug,rho_C)
  # 計算 loss
  loss=loss_func(drug,output)
   # 建模三件組：梯度歸零、反向傳播計算梯度值和參
數更新
  optimizer.zero_grad()
  loss.backward()
  optimizer.step()
  # 計算保真度
  fid=get_fid(drug,output)
  # 顯示損失值，保真度
```

```
        print('enpochs：',enpoch+1,'loss：','%.4f'%loss.detach().
NumPy(),'fid：','%.4f'%
    fid)
```

在具體的訓練過程中，使用保真度作為模型的評估指標，量子自編碼網路旨在提高模型的保真度。視覺化保真度結果如圖 3-4 所示。

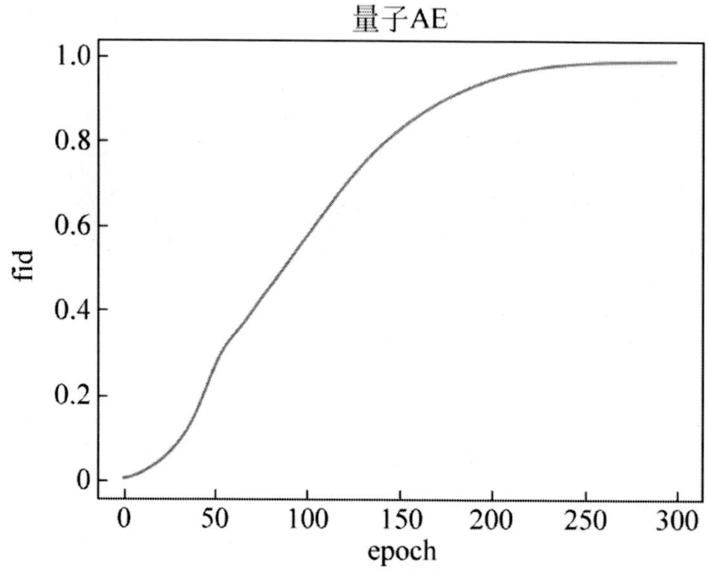

圖 3-4　保真度曲線

用於癲癇資料的完整程式碼如下：

```
# 第3章／3.5案例
# 完整程式碼
import json
import time
import numpy as np
import torch
import torch.nn as nn
from deepquantum import Circuit
from deepquantum.utils import dag, ptrace, encoding

# 量子卷積層的建立
class Q_Conv0(nn.Module):
    # 放置5個量子閘，即有5個參數
    def __init__(self, n_qubits,gain = 2 ** 0.5, use_wscale = True, lrmul = 1):

        super().__init__()
        # 定義卷積層和卷積層參數
        # 初始化參數
        he_std = gain * 5 ** (- 0.5)
        if use_wscale:
            init_std = 1.0 / lrmul
            self.w_mul = he_std * lrmul
        else:
            init_std = he_std / lrmul
            self.w_mul = lrmul
        # nn.Parameter 對每一個Module的參數進行初始化
        self.weight = nn.Parameter(nn.init.uniform_(torch.empty(5), a = 0.0, b = 2 * np.pi) *
init_std)
        self.n_qubits = n_qubits
    def qconv0(self):
        # 參數定義
        w = self.weight * self.w_mul
        cir = Circuit(self.n_qubits)
        for which q in range(0, self.n_qubits, 2):
        cir.rx(which_q,w[0])
        cir.rx(which_q,w[1])
        cir.ryy(which_q,which_q + 1,w[2])
        cir.rz(which_q,w[3])
        cir.rz(which_q + 1,w[4])
        U = cir.get()
        return U
    # 定義卷積層資料流
    # 對輸入x與E_qconv0進行乘法運算
```

```
    #qconv0_out作為輸出
    def forward(self, x):
        E_qconv0 = self.qconv0()
        qconv0_out = dag(E_qconv0) @ x @ E_qconv0
        return qconv0_out
#量子線路中池化層的建立
class Q_Pool(nn.Module):
    #放置4個量子閘，即有2個參數
    def __init__(self, n_qubits, gain=2 ** 0.5, use_wscale=True, lrmul=1):

        super().__init__()
        #定義池化層和池化層參數
        #初始化池化層參數
        he_std = gain * 5 ** (-0.5)
        if use_wscale:
            init_std = 1.0 / lrmul
            self.w_mul = he_std * lrmul
        else:
            init_std = he_std / lrmul
            self.w_mul = lrmul
        self.weight = nn.Parameter(nn.init.uniform_(torch.empty(6), a=0.0, b=2 * np.pi) *
init_std)
        self.n_qubits = n_qubits
    def qpool(self):
        w = self.weight * self.w_mul
        cir = Circuit(self.n_qubits)
        for which_q in range(0, self.n_qubits, 2):
            cir.rx(which_q, w[0])
            cir.rx(which_q + 1, w[1])
            cir.ry(which_q, w[2])
            cir.ry(which_q + 1, w[3])
            cir.rz(which_q, w[4])
            cir.rz(which_q + 1, w[5])
            cir.cnot(which_q, which_q + 1)
            cir.rz(which_q + 1, -w[5])
            cir.ry(which_q + 1, -w[3])
            cir.rx(which_q + 1, -w[1])
        U = cir.get()
        return U
    def forward(self, x):
        E_qpool = self.qpool()
        qpool_out = E_qpool @ x @ dag(E_qpool)
        return qpool_out
#建立解碼器的卷積層和池化層
class D_Q_Conv(nn.Module):
```

```
    # 放置5個量子閘，即有5個參數
    def __init__(self, n_qubits, gain = 2 ** 0.5, use_wscale = True, lrmul = 1):

        super().__init__()
        # 初始化參數
        he_std = gain * 5 ** (-0.5)
        if use_wscale:
            init_std = 1.0 / lrmul
            self.w_mul = he_std * lrmul
        else:
            init_std = he_std / lrmul
            self.w_mul = lrmul
        self.weight = nn.Parameter(nn.init.uniform_(torch.empty(5), a = 0.0, b = 2 * np.pi) *
init_std)
        self.n_qubits = n_qubits
    def de_qconv(self):
        w = self.weight * self.w_mul
        cir = Circuit(self.n_qubits)
        for which_q in range(0, self.n_qubits, 2):
            cir.rx(which_q, w[0])
            cir.rx(which_q, w[1])
            cir.ryy(which_q, which_q + 1, w[2])
            cir.rz(which_q, w[3])
            cir.rz(which_q + 1, w[4])
        U = cir.get()
        U = dag(U)
        return U
    def forward(self, x):
        E_qconv = self.de_qconv()
        qconv0_out = dag(E_qconv) @ x @ E_qconv
        return qconv0_out
# 建立池化層
class D_Q_Pool(nn.Module):
        # 放置4個量子閘，即有2個參數
        # 初始化參數
        def __init__(self, n_qubits, gain = 2 ** 0.5, use_wscale = True, lrmul = 1):
            super().__init__()
            he_std = gain * 5 ** (-0.5)
            if use_wscale:
                init_std = 1.0 / lrmul
                self.w_mul = he_std * lrmul
            else:
                init_std = he_std / lrmul
                self.w_mul = lrmul
            self.weight = nn.Parameter(nn.init.uniform_(torch.empty(6), a = 0.0, b = 2 * np.
pi) * init_std)
```

```
        self.n_qubits = n_qubits
    def dequpool(self):
        w = self.weight * self.w_mul
        cir = Circuit(self.n_qubits)
        for which_q in range(0, self.n_qubits, 2):
            cir.rx(which_q, w[0])
            cir.rx(which_q + 1, w[1])
            cir.ry(which_q, w[2])
            cir.ry(which_q + 1, w[3])
            cir.rz(which_q, w[4])
            cir.rz(which_q + 1, w[5])
            cir.cnot(which_q, which_q + 1)
            cir.rz(which_q + 1, - w[5])
            cir.ry(which_q + 1, - w[3])
            cir.rx(which_q + 1, - w[1])
        U = cir.get()
        U = dag(U)
        return U
    def forward(self, x):
        E_qpool = self.dequpool()
        qpool_out = E_qpool @ x @ dag(E_qpool)
        return qpool_out
# 建立編碼器
class Q_Encoder(nn.Module):
    def __init__(self):
        super(Q_Encoder, self).__init__()
        # 定義卷積層
        self.embed_drug = drug
        # 對8位元量子進行卷積(注:需要根據資料規格選擇量子位元數量)
        self.qconv1 = Q_Conv0(8)
        # 對8位元量子進行一次池化
        self.pool = Q_Pool(8)
    def forward(self, x):
        # X為輸入資料,最終輸出作為後面解碼器的輸入
        x = self.embed_drug
        x = self.qconv1(x)
        x = self.pool(x)
        # 偏跡運算,最終輸出作為解碼器的輸入
        x = ptrace(x, 7, 1)
        return x
# 建立解碼器
class Q_Decoder(nn.Module):
    def __init__(self):
        super(Q_Decoder, self).__init__()
        # 對8位元量子進行卷積
```

```
        self.depool = D_Q_Pool(8)
        #對8位元量子進行池化
        self.deqconv = D_Q_Conv(8)
    def forward(self, x, y):
        # x:編碼器編碼保留的量子態
        # y:引入的量子態
        #對x和y進行kron運算
        deinput = torch.kron(x, y)
        #編碼器是先卷積、後池化的過程,而解碼器是以先池化、後卷積的操作進行資料升維
        out = self.depool(deinput)
        out = self.deqconv(out)
        return out
#定義量子自編碼網路的類,聯合編碼器和解碼器
class Q_AEnet(nn.Module):
    def __init__(self):
        super(Q_AEnet, self).__init__()
        #定義編碼器和解碼器
        self.encoder = Q_Encoder()
        self.decoder = Q_Decoder()
    def forward(self, x, y):
        #輸入x,編碼器encoder_output作為編碼器的輸入,並引入y
        encoder_output = self.encoder(x)
        decoder_output = self.decoder(encoder_output, y)
        return decoder_output
#輸入資料
def data_test():
    path = "E:/data/preictal/chb01_01_time1.json"
    #打開資料
    with open(path, "r") as f:
        data = json.load(f)
        #定義一次截取的步長
        step = 256
        #提取路徑
        data_torch = data["FP1 - F7"]
        #截取資料
        d = [data_torch[i:i + step] for i in range(0, len(data_torch), step)]
        data_torch = d[0]
        #將資料轉換為tensor類型
        data_torch = torch.tensor(diag(data_torch))
        data_torch = data_torch.T @ data_torch
        #編碼資料量子態
        out_data = encoding(data_torch)
    return out_data
rho_C = torch.tensor(np.diag([1,0]))
#保真度
```

```
def get_fid(true_sp, gen_sp):
    # true_sp:輸入的資料 ,gen_sp: 經過自編碼網路重新建立後的資料
    # 根據公式計算保真    : fidelity = tr(AB) + √1 - tr(A²) * √1 - tr(B²)
    # A: rho_in 輸入資料
    # B: rho_out 經過自編碼網路的輸出資料
    rho_in = true_sp
    rho_out = gen_sp
    fid = (rho_in @ rho_out).trace() + torch.sqrt((1 - (rho_in @ rho_in).trace())) * \
       torch.sqrt((1 - (rho_out @ rho_out).trace()))
return fid.real
# 定義loss函數
def Loss(true_sp, gen_sp):
    fid = get_fid(true_sp,gen_sp)
    loss = 1 - fid
    # print(type(loss))
    return loss.requires_grad_(True)
torch.manual_seed(90)
# 完成自編碼網路訓練
# 設定迭代次數
epochs = 200
# 輸入資料
drug = data_test()
# 輸入模型
model = Q_AEnet()
# 定義損失函數
loss_func = Loss
# 選擇優化器 Adma/SGD 等,設定學習率
optimizer = torch.optim.Adam(model.parameters(), lr = 0.01)
for enpoch in range(epochs):
      # 將資料輸入模型中 ,rho_C 為引入解碼器輸入
      output = model(drug, rho_C)
      # 計算loss
      loss = loss_func(drug, output)
      #建立模組三件組: 建立模組三件組
      optimizer.zero_grad()
      loss.backward()
      optimizer.step()
      # 計算保真度
      fid = get_fid(drug, output)
      # 顯示損失值和保真度
      print('enpochs:', enpoch + 1, 'loss:', '%.4f' % loss.detach().NumPy(), 'fid:', '%.4f' %
fid)
```

參考文獻

[1] HUSSEIN A, DJANDJI M, MAHMOUD R A, et al. Augmenting DL with Adversarial Training for Robust Prediction of Epilepsy Seizures [J]. Journal of the ACM, 2020, 1（3）:18.

第 4 章

卷積、圖與圖神經網路相關演算法

4.1 卷積神經網路

卷積神經網路（Convolutional Neural Network，CNN）是一種專門用來處理具有類似網格結構資料的神經網路。卷積神經網路指至少在網路的一層中使用卷積運算替代一般的矩陣乘法運算的神經網路。

卷積神經網路一般由 5 個主要部分組成：輸入層、卷積層、激勵函數、池化層和全連接層。本章將介紹卷積神經網路的基本模組、古典卷積神經網路的執行、與量子卷積神經網路相關的基礎及執行方案。

4.1.1 古典卷積神經網路

首先了解一下神經網路的概念。

神經網路有兩個特點：第 1 個特點是層次的結構，分為輸入層、隱藏層和輸出層，中間的有向線段代表每兩層之間的權重參數，可以簡單用 $f=\boldsymbol{wx}+b$ 來表示；第 2 個特點，層與層之間的連結是非線性的，加入了激勵函數，激勵函數可以泛化模型結構，如果不用激勵函數，多層神經網路和一層神經網路就沒什麼區別了，經過多層神經網路的加權計算，都可以展開成一次的加權計算。總結來講，神經網路展現了一種特徵提取的方式，即發展出一組共享權重。卷積神經網路對一組樣本的學習過程，本質上是發展出一組共享權重，神經網路如圖 4-1 所示。

4.1.2 AlexNet

2012 年 AlexNet 的發表，成為深度學習爆發期的開端，那麼什麼叫深度學習呢？深度指的是網路的深度，層數越多表示網路越深。在 AlexNet 的基礎上，逐漸演化出了多種深度學習模型。這裡以 AlexNet 為例，介紹一下模型訓練過程中的幾個組成模組，如圖 4-2 所示。

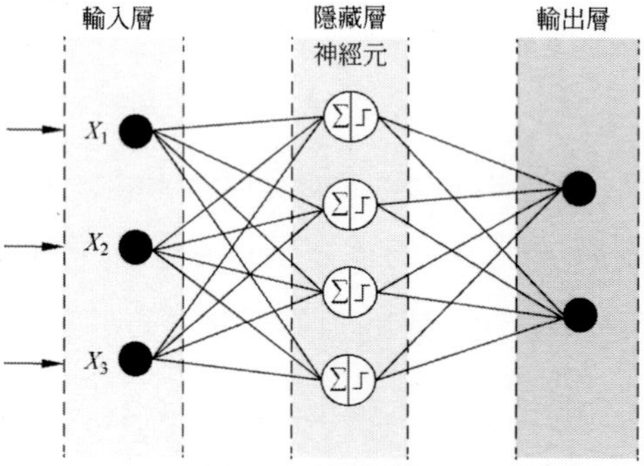

圖 4-1　神經網路

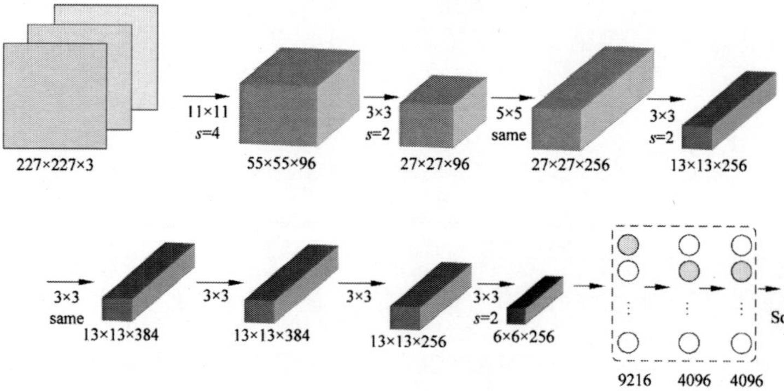

圖 4-2　AlexNet 網路

AlexNet 包含輸入層、卷積層、卷積層中涉及的激勵函數、池化層、全面連結層 5 個模組。

首先是輸入層，CNN 不僅可以處理簡單的單維資料，也可以處理複雜的多元資料，輸入可以是一維語音樣本、文字參數，也可以是二維灰度圖像，三維的 RGB 圖像等，如圖 4-3（a）所示的是一張圖片的原圖，它的 r 層、g 層、b 層是經過一次卷積呈現的效果，如圖 4-3（b）至圖 4-3（d）所示。

完成輸入之後，要進行卷積操作，卷積過程如圖 4-4 所示。

輸入一組二維特徵向量，取一個大小為 3×3 的卷積核（圖 4-4 中陰影部分大小）。將卷積核中的值和特徵向量對應位置的值計算點積，得到上面這個小特徵向量的第 1 個數值。隨後，卷積核向右移動，移動的長度叫做步長，再將對應位置的值計算點積，得到第 2 個值。以此類推，多次計算後，得到一組新的二維特徵向量，稱為特徵圖譜。得到一張新特徵圖譜的過程稱為卷積。

(a)原圖　(b)r層卷積　(c)g層卷積　(d)d層卷積

圖 4-3　圖像卷積效果

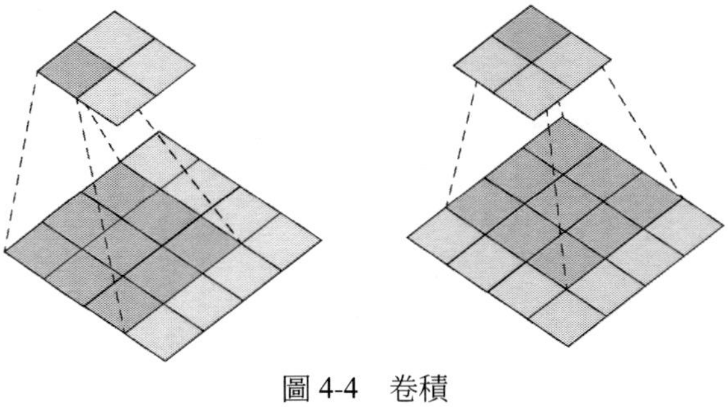

圖 4-4　卷積

這裡涉及輸入和輸出的通道數概念。用一個三通道輸入為例，例如彩色圖片有 r、g、b 三層輸入。經過一個卷積核計算，綜合成為一張特徵圖譜，在這個卷積層中一共使用了 4 個卷積核，最終得到 4 張特徵圖譜，這 4 張特徵圖譜成為下一層的輸入，是一個四通道輸入，如圖 4-5 所示。

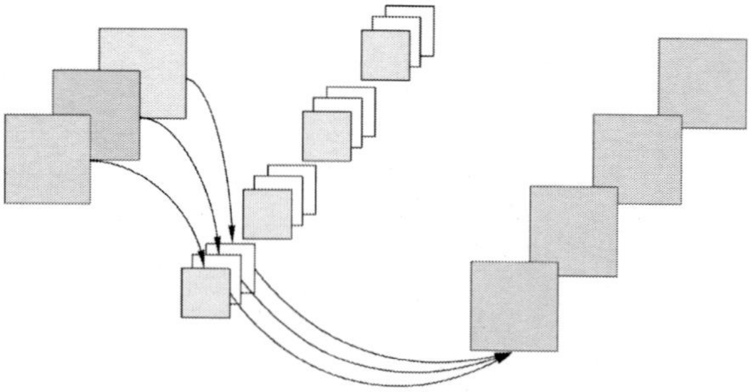

圖 4-5　特徵圖譜

一個三通道輸入經過一個卷積核操作，經由單位數值直接相加的形式疊加成一張特徵圖譜，如圖 4-6 所示，在透過卷積操作後，得到對應的 3 個矩陣，將 3 個矩陣的值單位相加，得到最終輸出的特徵圖，例如在第 1 個位置，它的數值分別是 235、179、211，相加等於 625。

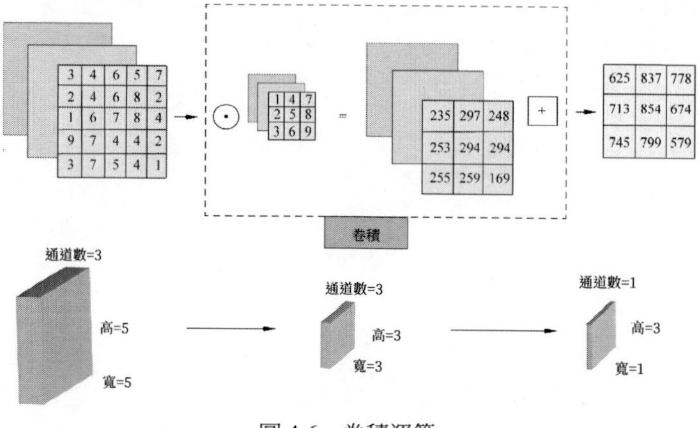

圖 4-6　卷積運算

在卷積完後，會將得到的特徵使用激勵函數進行一次非線性變換，最終的結果是為了讓網路的表達能力更加強大。如果不用激勵函數，則每一層節點的輸入就是上層輸出的線性函式，很容易驗證，無論神經網路有多少層，輸出都是輸入的線性組合，與沒有隱藏層效果相當，這種情況是最原始的感知器 (Perceptron)，網路的逼近能力相當有限。正因這個原因，決定引入非線性函式作為激勵函數，這樣深層神經網路的表達能力就更加強大（不再是輸入的線性組合，而是幾乎可以逼近任意涵數），如圖 4-7 所示。有多種激勵函數可以挑選，比較常用的有 ReLU 等。

在幾個卷積層的後面，常常會新增一個池化層作為銜接，有助於加深 CNN 的網路層數，以提取更深層次的特徵。池化的方法有多種，包括最大池化等，接下來以最大池化為例介紹池化過程。

一組 4×4 大小的特徵圖如圖 4-8 所示，即對每個指定區域大小的特徵資料，保留其中的最大值（第一步池化左側紅色區域最大元素值是 5，對應池化後右側圖中同顏色位置的 5；以此類推），作為池化後的輸出，最終得到一個 2×2 大小的特徵圖。顯而易見，經由池化操作，相當程度地減少了模型的計算量和特徵圖譜的尺寸。這個過程發揮了保留有意義資訊、剔除冗餘資訊的作用，一定程度上增強了模型的泛化能力。

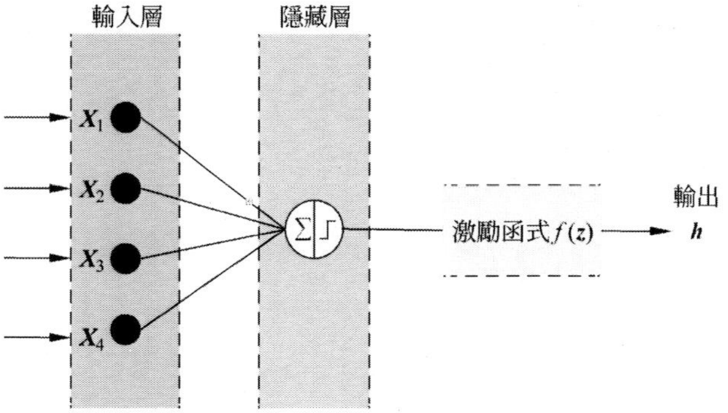

圖 4-7　激勵函數

圖 4-8　池化過程

然後來到了整個網路的最後一個模組 —— 全連接層。全連接層在模型中往往發揮分類器的功能，利用前面透過卷積和池化得到的高階特徵進行匹配分類，得到模型分類結果。特徵圖轉化成全連接網路的過程在

AlexNet 中進行，最後一層卷積層的輸出是 3×3×5 大小的矩陣，在經過激勵函數後，還是可以得到一個 3×3×5 的矩陣。那麼，怎樣將矩陣轉換成 1×4096 的神經元模式呢？用一個 3×3×5×4096 的卷積層去摺積激勵函數的輸出，如圖 4-9 所示。綠色表示一個大小和特徵圖一樣的卷積核，經過卷積核操作之後可以得到一個值，這個值是第 1 個神經元，以此類推，使用 4,096 個卷積核，最終可以得到 1×4,096 的矩陣。全連接層可以大幅減少特徵位置對分類帶來的影響。

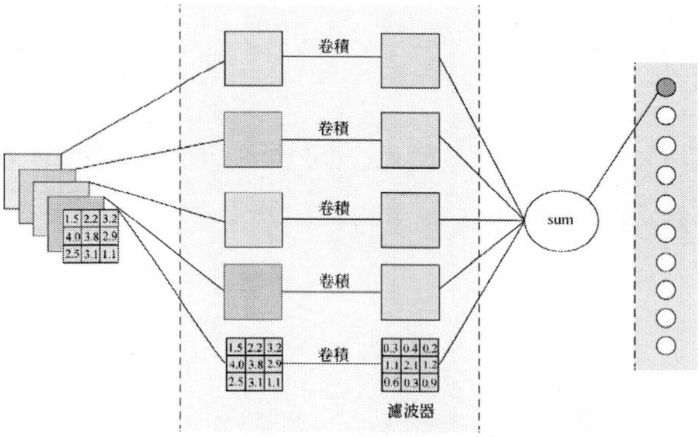

圖 4-9　全連接層

接下來，使用 PyTorch 框架執行古典的卷積神經網路。

首先，進入 conda 安裝路徑的 bin 目錄下，用以下命令開始機器學習的 Python 環境：

```
#啟用環境
$ conda activate "YOUR_ENV_NAME" # 將引號內容替換為已建立的環境名稱
$ conda deactivate               # 退出當前環境
```

在啟用環境後，進入工作目錄並啟動 Jupyter，便可在瀏覽器中開始 Python 環境：

```
# 啟動 Jupyter
$Jupyter Notebook
```

透過以下命令來載入環境中的 Torch 框架，其中，torch.nn 中包含了不同神經網路模型的基礎函式。

```
# 匯入庫檔案
import torch
import torch.nn as nn
import torchvision
import torchvision.transforms as transforms
```

然後，用 torch.nn 工具建立卷積神經網路，設定一些已知參數，並用 MNIST 資料集進行試執行，程式碼如下：

```
#第4章/4.1.2 AlexNet
num_epochs = 5              #訓練5遍
num_classes = 10            #目標類別
batch_size = 100            #訓練批次中，每一個批次要輸入的樣本數量(默認值為1)
learning_rate = 0.001       #學習率為0.001

#載入資料集，並將資料集分為測試集和訓練集
train_dataset = torchvision.datasets.MNIST(root = '../../data/',
                                           train= True,
                                           transform = transforms.ToTensor(),
                                           download = False)

test_dataset = torchvision.datasets.MNIST(root = '../../data/',
                                          train = False,
                                          transform = transforms.ToTensor())

train_loader = torch.utils.data.DataLoader(dataset = train_dataset,
                                           batch_size = batch_size,
                                           shuffle = False)

test_loader = torch.utils.data.Dataloader(dataset = test_dataset,
                                          batch_size = batch_size,
                                          shuffle = False)
```

宣告 ConvNet 類，程式碼如下：

```
# 第4章／4.1.2 AlexNet
class ConvNet(nn.Module):
    # 聲明 torch.nn.Module所有神經網路模組的基礎類別
    def __init__(self,num_classes = 10):
        super(ConvNet,self).__init__()
        # 繼承基礎類別的構造函數,固定寫法為 super(NewModel, self).__init__()
        self.layer1 = nn.Sequential(
            nn.Conv2d(1,16,Kernel_size = 5,stride = 1,padding = 2),   # 輸入維度為 1×28×28
            nn.BatchNorm2d(16),
            nn.Relu(),
            nn.MaxPool2d(Kernel_size = 2,stride = 2)
        )
self.layer2 = nn.Sequential(
            nn.Conv2d(16,32,Kernel_size  =  5,stride = 1,padding = 2),
            nn.BatchNorm2d(32),
            nn.Relu(),
            nn.MaxPool2d(Kernel_size  =  2,stride = 2)
        )
        self.fc = nn.Linear(7 * 7 * 32,num_classes)

    def forward(self,x):
        out = self.layer1(x)
        out = self.layer2(out)
        out = out.reshape(out.size[0], -1)
        out = self.fc(out)
        return out
```

定義完 ConvNet 類，建立一個例項執行資料集的訓練過程。這一部分還包括卷積神經網路的回饋訓練及模型儲存等，程式碼如下：

```
#第4章/4.1.2 AlexNet
model = ConvNet(num_classes).to(device)
criterion = nn.CrossEntropyLoss()
total_step = len(train_loader)
for epoch in range(total_step):
    for i,(images,labels) in enumerate(train_loader):
        images = images.to(device)
        labels = labels.to(device)
        outputs = model(images)
        loss = criterion(outputs,labels)
        optimizer.zero_grad()
        loss.backward()
        optimizer.step()
        if (i+1) % 100 == 0:
            print('Epoch [{}/{}],Step [{}/{}].Loss:{:.4f}'
            .format(epoch+1,num_epochs,i+1,total_step,loss.item()))
with torch.no_grad():
    correct = 0
    total = 0
    for images,labels in test_loader:
        images = images.to(device)
        labels = labels.to(device)
        outputs = model(images)
        _,predicted = torch.max(outputs.data,1)
        total += labels.size(0)
        correct += (predicted == labels).sum().item()#計算準確率
print('Test Accuracy of the model on the 1000 test images: {} % '.format(100 * correct/
total))#列印準確率

torch.save(model.state_dict(),'model.ckpt')#儲存模型
```

4.2 量子卷積神經網路

本節講解量子卷積神經網路(Quantum Convolutional Neural Network，QNN)，這是一種量子機器學習模型，最初由馬克斯威爾·韓德森(Maxwell Henderson)等引入。

4.2.1 回顧古典卷積

卷積神經網路（CNN）是古典機器學習中的標準模型，特別適用於圖像處理。該模型基於卷積層的概念，不使用整體性函式處理完整的輸入資料，而是使用局部性卷積。

如果輸入的是圖像，則使用相同的核心順序處理局部區域。每一個區域獲得的結果通常與單一輸出畫素的不同管道有關。所有輸出畫素的聯集產生一個新的類似圖像的對象，該對象可以透過附加層進行進一步處理。

4.2.2 量子卷積

也可以將同樣的想法推廣到量子變分電路中，如圖 4-10 所示，該電路與參考文獻 [1] 中使用的電路非常相似。

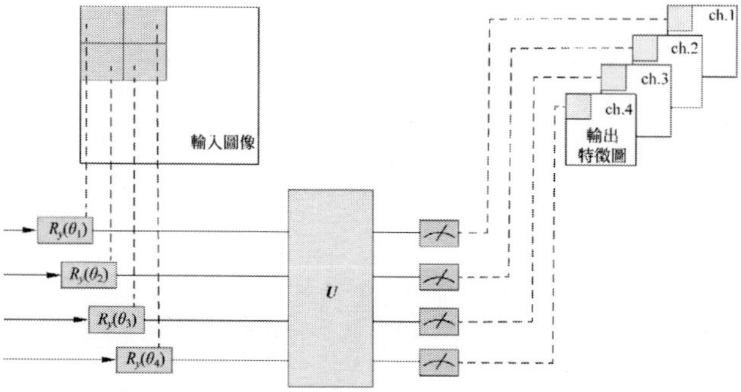

圖 4-10　量子變分電路

(1) 輸入圖像的一個小區域是一個 2×2 的正方形，嵌入量子電路中，透過對基態中初始化的量子位進行參數化旋轉。

(2) 在系統上執行與 $\boldsymbol{U}$ 矩陣相關聯的量子運算。么正性可以由量子變分電路產生，或者更簡單地說，由參考文獻 [1] 中提出的隨機電路產生。

(3) 測量量子系統，得到古典期望值列表。測量結果也可以按照參考

文獻 [1] 中的建議進行處理，但為了簡單起見，在本範例中直接使用原始期望值。

(4) 與古典卷積層類似，將每個期望值對映到單一輸出畫素的不同通道。

(5) 透過在不同區域重複相同的過程，可以掃描完整的輸入圖像，生成一個輸出對象，該對象將被建構為多通道圖像。

(6) 量子卷積之後可以是量子層或古典層。

量子卷積與古典卷積的主要區別在於，量子卷積可以生成高度複雜的核心，其計算至少在原則上是古典卷積難以處理的。

本書遵循參考文獻 [1] 中的方法，使用固定的、不可訓練的量子電路作為量子進化核心，而隨後的古典層則針對感興趣的分類問題進行訓練。

4.2.3 程式碼執行

首先匯入包，程式碼如下：

```
# 匯入庫檔案
import numpy as np
import torch
from torch.autograd import Function
from torchvision import datasets,transforms
import torch.optim as optim
import torch.nn as nn
import torch.nn.functional as F
import matplotlib.pyplot as plt
```

```
from torch.utils.data import Dataset,DataLoader
from deepquantum.utils import dag,measure_state
from deepquantum import Circuit
```

然後設定超參數，程式碼如下：

```
#第4章／4.2.2量子卷積
#自定義自編碼網路的類
BATCH_SIZE = 4
EPOCHS = 30                              #最佳化迭代次數
n_layers = 1                             #網路層數
n_train = 10                             #訓練資料集的大小
n_test = 3                               #測試資料集的大小

SAVE_PATH = "./"                         #資料儲存位置
PREPROCESS = True
#如果為False，則跳過量子處理並以SAVE_PATH讀取資料
seed = 42
np.random.seed(seed)                     #NumPy 隨機數生成器的種子
torch.manual_seed(seed)                  #PyTorch 隨機數生成器的種子
if torch.CUDA.is_available():
    DEVICE = torch.device('CUDA')
else:
    DEVICE = torch.device('cpu')
```

再從 PyTorch 匯入 MNIST 資料集。為了加快評估速度，本範例僅使用少量的訓練和測試圖像。顯然，使用完整的資料集可以獲得更好的結果，程式碼如下：

```
#第4章/4.2.2量子卷積
train_dataset = datasets.MNIST(root = "./data",
                               train = True,
                               download = True,
                               transform = transforms.ToTensor())

train_dataset.data = train_dataset.data[:n_train]
train_dataset.targets = train_dataset.targets[:n_train]

test_dataset = datasets.MNIST(root = "./data",
                              train = False,
                              transform = transforms.ToTensor())

test_dataset.data = test_dataset.data[:n_test]
test_dataset.targets = test_dataset.targets[:n_test]

train_images = torch.unsqueeze(train_dataset.data, -1)
test_images = torch.unsqueeze(test_dataset.data, -1)
```

如圖 4-10 所示，模擬一個由 4 個量子位組成的系統。量子電路包括區域性 Ry 旋轉的嵌入層（角度按 π 因子縮放）和量子變分線路。計算最終測量，預估 4 個期望值，程式碼如下：

```
#第4章/4.2.2量子卷積
def measure(state, n_qubits):
    cir = Circuit(n_qubits)
    for i in range(n_qubits):
        cir.z_gate(i)
    m = cir.get()
    return measure_state(state, m)
class QuanConv2D(nn.Module):
    def __init__(self, n_qubits, gain = 2 ** 0.5, use_wscale = True, lrmul = 1):

        super().__init__ ()
        #初始化參數
        he_std = gain * 5 ** (-0.5)
        if use_wscale:
            init_std = 1.0 / lrmul
            self.w_mul = he_std * lrmul
        else:
            init_std = he_std / lrmul
            self.w_mul = lrmul
        self.weight = nn.Parameter(nn.init.uniform_(torch.empty(12), a = 0.0, b = 2 * np.pi) *
init_std)
        self.n_qubits = n_qubits

    def input(self, data):
        cir1 = Circuit(self.n_qubits)
        for which_q in range(0, self.n_qubits, 1):
            cir1.ry(target_qubit = which_q, phi = np.pi * data[which_q])
        out = cir1.get()
        return out

    def qconv(self):
        cir2 = Circuit(self.n_qubits)
        w = self.weight * self.w_mul
        for which_q in range(0, self.n_qubits, 1):
            cir2.rx(target_qubit = which_q, phi = w[3 * which_q + 0])
            cir2.rz(target_qubit = which_q, phi = w[3 * which_q + 1])
            cir2.rx(target_qubit = which_q, phi = w[3 * which_q + 2])
        for which_q in range(0, self.n_qubits, 1):
            cir2.cnot(which_q, (which_q + 1) % self.n_qubits)
        U = cir2.get()
        return U

    def forward(self, x):
        E_qconv = self.qconv()
        qconv_out = dag(E_qconv) @ x @ E_qconv
        classical_value = measure(qconv_out, self.n_qubits)
        return classical_value
circuit = QuanConv2D(4)
```

下一個函式定義卷積方案：圖像被分成 2×2 畫素的正方形，量子電路對每個方塊進行處理，並將 4 個期望值對映到單個輸出畫素的 4 個不同通道中。此過程將使輸入圖像的解析度減半。在古典卷積神經網路中，這相當於一個步長為 2、大小為 2×2 的卷積核，程式碼如下：

```
#第4章/4.2.2量子卷積
def quanv(image):
"""將輸入圖像與同一個量子電路的許多應用進行卷積 """
    out = np.zeros((14, 14, 4))

    #循環遍歷2×2正方形左上角像素的座標
    for j in range(0, 28, 2):
        for k in range(0, 28, 2):

            #用量子電路處理圖像的2×2平方區域
            x = torch.FloatTensor(([image[j, k, 0],
                        image[j, k + 1, 0],
                        image[j + 1, k, 0],
                        image[j + 1, k + 1, 0]]))
            q_input = circuit.input(x)
            q_results = circuit.forward(q_input)
            # 對輸出像素的不同通道賦予期望值(j/2, k/2)
            for c in range(4):
                out[j //2, k //2, c] = q_results[c]
    return out
```

因為不打算訓練量子卷積層，所以將其作為預處理層應用於資料集的所有圖像更有效。之後，一個完全古典的模型將直接在預處理的資料集上進行訓練和測試，避免不必要的重複計算。

預處理的圖像將儲存在資料夾 SAVE_PATH 中。儲存後，可以透過設定 PREPROCESS=False 直接載入它們，否則量子卷積將在每一次執行程式碼時進行計算，程式碼如下：

```
# 第4章／4.2.2量子卷積
if PREPROCESS == True:
    q_train_images = []
    print("Quantum pre-processing of train images:")
    for idx, img in enumerate(train_images):
        print("{}/{}".format(idx + 1, n_train), end="\r")
        q_train_images.append(quanv(img))
    q_train_images = np.asarray(q_train_images)

    q_test_images = []
    print("\nQuantum pre-processing of test images:")
    for idx, img in enumerate(test_images):
        print("{}/{}".format(idx + 1, n_test), end="\r")
        q_test_images.append(quanv(img))
    q_test_images = np.asarray(q_test_images)

    #儲存預處理圖像
    np.save(SAVE_PATH + "q_train_images.npy", q_train_images)
    np.save(SAVE_PATH + "q_test_images.npy", q_test_images)

#下載預處理圖像
q_train_images = np.load(SAVE_PATH + "q_train_images.npy")
q_test_images = np.load(SAVE_PATH + "q_test_images.npy")
```

視覺化量子卷積層對一批樣品的影響，程式碼如下：

```
#第4章/4.2.2量子卷積
n_samples = 4
n_channels = 4
fig, axes = plt.subplots(1 + n_channels, n_samples, figsize=(10, 10))
for k in range(n_samples):
    axes[0, 0].set_ylabel("Input")
    if k != 0:
        axes[0, k].yaxis.set_visible(False)
    axes[0, k].imshow(train_images[k, :, :, 0], cmap="gray")
    #繪製所有的輸出通道
    for c in range(n_channels):
        axes[c + 1, 0].set_ylabel("Output [ch. {}]".format(c))
        if k != 0:
            axes[c, k].yaxis.set_visible(False)
        axes[c + 1, k].imshow(q_train_images[k, :, :, c], cmap="gray")
plt.tight_layout()
plt.show()
```

在每個輸入圖像下方，量子卷積產生的 4 個輸出通道用灰度顯示。可以清楚地注意到解析度的下降取樣和量子核引入的一些局部失真。另外，圖像的整體形狀被保留，這與卷積層所期望的一樣，視覺化結果如圖 4-11 所示。

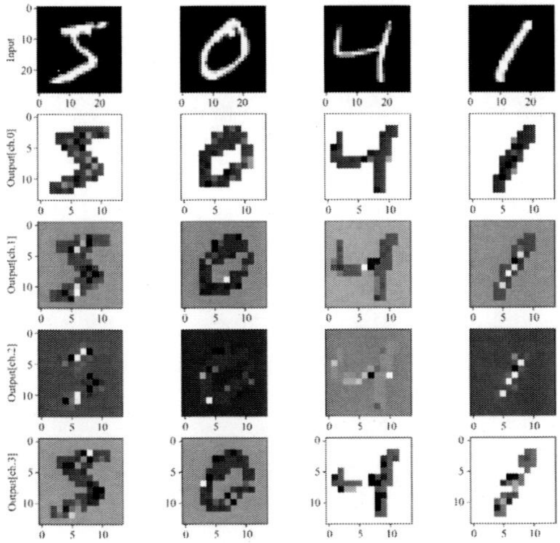

圖 4-11　手寫數字視覺化結果

在應用量子卷積層之後，將得到的特徵輸入一個古典的神經網路中，該神經網路將被訓練以對 MNIST 資料集的 10 個不同數字進行分類。

使用一個非常簡單的模型：只有一個完全連接的層，有 10 個輸出節點，最後有一個 Softmax 激勵功能。

該模型採用隨機梯度下降優化器和交叉熵損失函式進行訓練，程式碼如下：

```
# 第4章/4.2.2量子卷積
class Net(nn.Module):
    def __init__(self):
        super(Net, self).__init__()
        self.fc1 = nn.Linear(14 * 14 * 4, 64)
        self.fc2 = nn.Linear(64, 10)

    def forward(self, x):
        x = torch.flatten(x,1)
        x = F.ReLU(self.fc1(x))
        x = self.fc2(x)
        return x

model = Net().to(DEVICE)
optimizer = optim.Adam(model.parameters(), lr = 0.001)
loss_func = nn.CrossEntropyLoss()
train_data = []
train_target = []
for i in range(len(q_train_images)):
    train_data.append(q_train_images[i])
    train_target.append(train_dataset.targets[i])
test_data = []
test_target = []
for i in range(len(q_test_images)):
    test_data.append(q_test_images[i])
```

```
    test_target.append(test_dataset.targets[i])
# 建立迭代器
class Train_dataset(Dataset):
    def __init__(self):
        self.src = train_data
        self.trg = train_target

    def __len__(self):
        return len(self.src)

    def __getitem__(self, index):
        return self.src[index], self.trg[index]
class Test_dataset(Dataset):

    def __init__(self):
        self.src = test_data
        self.trg = test_target

    def __len__(self):
        return len(self.src)

    def __getitem__(self, index):
        return self.src[index], self.trg[index]

train_dataset = Train_dataset()
test_dataset = Test_dataset()
train_loader = torch.utils.data.DataLoader(dataset=train_dataset,
                                           batch_size=BATCH_SIZE,
                                           shuffle=False)
test_loader = torch.utils.data.DataLoader(dataset=test_dataset,
                                           batch_size=BATCH_SIZE,
                                           shuffle=False)
model = Net().to(DEVICE)
optimizer = optim.Adam(model.parameters(), lr=0.001)
loss_func = nn.CrossEntropyLoss()
loss_list = []
# 開始訓練
model.train().to(DEVICE)
for epoch in range(EPOCHS):
    total_loss = []
    for batch_idx, (data, target) in enumerate(train_loader):
        target = target.to(DEVICE)
        optimizer.zero_grad()
        data = data.to(torch.float32).to(DEVICE)
        # 前向傳播
```

```
        output = model(data).to(DEVICE)
        # 計算損失
        loss = loss_func(output, target).to(DEVICE)
        # 反向傳播
        loss.backward()
        # 調整權重
        optimizer.step()
        total_loss.append(loss.item())
    loss_list.append(sum(total_loss) / len(total_loss))
    print('Training [{:.0f}%]\tLoss: {:.4f}'.format(100. * (epoch + 1) / EPOCHS, loss_list
[-1]))
```

4.3　量子圖循環神經網路

4.3.1　背景介紹

循環神經網路 (Recurrent Neural Network，RNN) 是一類以序列 (Sequence) 資料為輸入，在序列的演進方向進行遞迴 (Recursion) 且所有節點 (循環單元) 按鏈式連線的遞迴神經網路 (Recursive Neural Network)。循環神經網路具有記憶性，在針對序列的非線性特徵進行學習時具有一定的優勢。循環神經網路的記憶單元模組的設計思路，也被廣泛地引入不同領域和模型最佳化中。

圖網路在推薦、材料應用、分子生物等領域被廣泛應用。對於圖來講，資料樣本之間並非彼此獨立，圖中的每個資料樣本 (節點) 都會有邊與圖中其他實資料樣本 (節點) 相關，這些資訊可用於獲得例項之間的相互依賴關係，大幅增加了圖網路的可解釋性。可解釋性富有極大意義，因為如果無法對預測背後的根本機制進行推理，則深層模型就無法得到完全信任。同時，提供準確的預測和人類能理解的解釋，會幫助深度模型被安全、可信地配置。尤其是對於跨學科領域的使用者而言，效率和功用會極大地提升。

循環圖神經網路運用了類似 RNN 的圖網路，通常在圖上遞迴地應用相同的參數來提取高級表示。

4.3.2 古典 GGRU

在介紹 GGRU（Graph Gate Recurrent Unit）模型之前，需要先介紹一下 GRU（Gate Recurrent Unit）。GRU 是循環神經網路的一種，是為了解決長期記憶和反向傳播中的梯度等問題而提出的。GRU 的實驗效果與 LSTM 相似，但是更易於計算。

GRU 的輸入和輸出結構如圖 4-12 所示，與 RNN 一般無二。x^t 為當前的輸入，h^{t-1} 表示上一個節點傳遞下來的隱藏狀態。結合 x^t 和 h^{t-1}，GRU 會得到當前節點的輸出 y^t 和傳遞給下一個節點的 h^t。

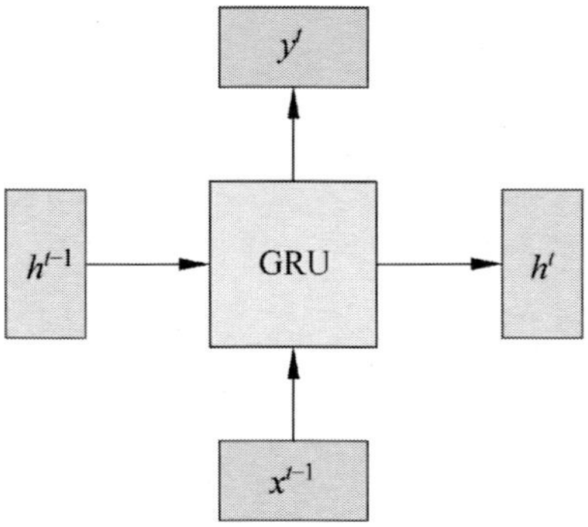

圖 4-12 GRU 的輸入和輸出結構

GRU 的內部結構如圖 4-13 所示。接下來分為記憶當前時刻和更新記憶兩個階段介紹。

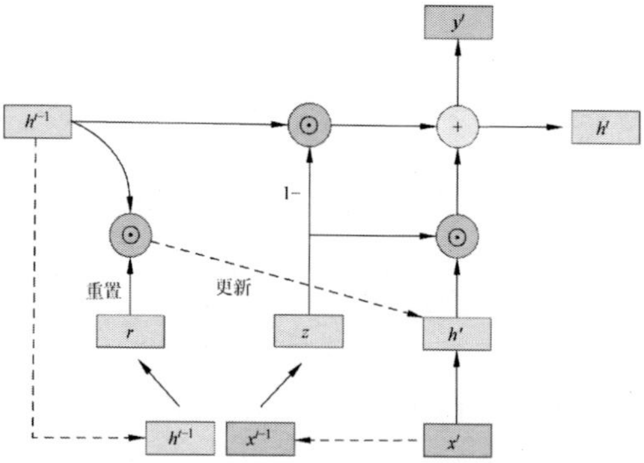

圖 4-13　GRU 的輸入和輸出結構

首先，透過上一個節點傳遞下來的狀態 h^{t-1} 和當前輸入 x^t 獲取兩個閘控狀態。一個是 r (Reset Gate) 控制新產生的資訊，另一個是 z (Update Gate) 控制遺忘的資訊。然後，在得到閘控訊號之後，將 Reset 得到的資料 h^{t-1} 與矩陣中對應的元素相乘 (Hardamard Product) 得到 h^{t-1}，再將 h^{t-1} 與當前輸入 x^t 拼接並透過 tanh 函式得到一組 [-1，1] 範圍的資料，即 h'。h' 主要包含當前輸入的 x^t 資料。有針對性地將 h' 新增到當前節點狀態，相當於記憶了當前時刻的狀態。

在更新記憶階段，同時進行了遺忘和記憶兩個步驟，記憶更新的表示式為

$$h^t = (1 - z) \odot h^{t-1} + z \odot h' \tag{4-1}$$

式 (4-1) 的前半部分表示對原本隱藏狀態的選擇性「遺忘」。這裡的 1-z 可以想像成遺忘閘 (Forget Gate)，忘記 h^{t-1} 維度中的一些不重要的訊息。式 (4-1) 的後半部分表示對包含當前節點訊息的 h' 進行選擇性「記憶」。總而言之，這個階段選擇遺忘了某些不重要的訊息，並增加了新節點的重要資訊。

使用 PyTorch 框架執行古典 GRU 單元功能。首先，需要配置所需環境，程式碼如下：

```
# 匯入庫檔案
import torch
import torch.nn as nn
from torch.autograd import Variable
import numpy as np
import os
import networkx as nx
```

然後，執行 GRU 模組，程式碼如下：

```
class GRU_plain(nn.Module):

    def __init__(self, input_size = (10)):
        super(GRU_plain, self).__init__()
        self.input = nn.Linear(10, 5)
        self.rnn = nn.GRU(5, hidden_size = 10, num_layers = 10, batch_first = True)
        self.output = nn.Sequential(
            nn.Linear(10, 4),
            nn.Relu(),
            nn.Linear(4, 1)
        )
        self.relu = nn.Relu()
        self.hidden = None

    def forward(self, x):
        input1 = self.input(x)
        input2 = self.relu(input1)
        input2 = input2.view(1,1,len(input2))
        output, self.hidden = self.rnn(input2)
        output = self.output(output)

        return output
```

最後宣告模型類，程式碼如下：

```
# 第 4 章／ GRU
```

```
#GRU 單元執行例項
model=GRU_plain()
model.double()
# 初始化隨機樣本
sample=np.ones(10)
# 將 NumPy 變數轉換為 Torch 變數
sample=Variable(torch.from_numpy(sample),requires_grad=True)
# 用 GRU 單元對個例樣本進行處理，得到輸出
output=model(sample)
print(output,output.shape)
```

GGRU 的重點在於輸入的圖的定義。定義一張圖為 $G=(Vo, Vi, E)$，在節點 $v \in V$ 中儲存節點特徵，在邊 $e \in E$ 中儲存邊的資訊。考慮有向圖，Vo 表示有向邊 E 的始點，Vi 表示有向邊 E 的終點。在 E 中存放 Vo、Vi 兩個節點的相連邊的權值。這樣定義的目的是建構網路 GGRU，實現每一次參數更新時，兼顧圖資料的節點和邊特徵。GGRU 利用 RNN 類似原理完成了資料在圖結構中的傳遞。

4.3.3　基於 QuGRU 完成的 QuGGRU

QuGGRU 本質上是透過將一張圖的表示 $G=(Vo, Vi, E)$，按節點組合順序傳入 QuGRU 模型。下面，使用 PyTorch 完成 QuGGRU 模型，並用一個例子來展示。首先，需要匯入必要的環境，程式碼如下：

```
# 載入庫檔案
import math
```

```
import torch
import torch.nn as nn
import numpy as np
from deepquantum import Circuit
```

然後，定義包含量子線路操作的 VQC 層，程式碼如下：

```
#定義量子操作層
class VQC(nn.Module):
    """
    args:
        input_dim
        output_dim

    Input: tensor of shape (1, input_dim)
    Output: tensor of shape (1, output_dim)
    where 1 is for batch_size

    """
    def __init__(self, input_dim, output_dim, gain=2 ** 0.5, use_wscale=True, lrmul=1):
        super().__init__()

        he_std = gain * 5 ** (-0.5)
        if use_wscale:
            init_std = 1.0 / lrmul
            self.w_mul = he_std * lrmul
        else:
            init_std = he_std / lrmul
            self.w_mul = lrmul

        self.n_para = input_dim * 3
        self.weight = nn.Parameter(nn.init.uniform_(torch.empty(self.n_para), a=0.0, b=2 *
np.pi) * init_std)

        self.n_qubits = input_dim
        self.n_part = int(math.log(output_dim, 2)) #2**n_part=output_dim
    def get_zero_state(self, n_qubits):
        """
        returns:
            |0>, the lowest computational basis state for a n qubits circuit
        """
        zero_state = torch.zeros(2 ** n_qubits, dtype=torch.cfloat)
        zero_state[0] = 1. +0j
        return zero_state

    def encoding_layer(self, data):
        for which_q in range(0, self.n_qubits, 1):
            self.cir.Hadamard(which_q)
            self.cir.ry(which_q, torch.arctan(data[which_q]))
            self.cir.rz(which_q, torch.arctan(torch.square(data[which_q])))

    def variational_layer(self):
        w = self.weight * self.w_mul
        for which_q in range(0, self.n_qubits, 1):
            self.cir.cnot(which_q, (which_q+1) % self.n_qubits)
            self.cir.cnot(which_q, (which_q+2) % self.n_qubits)
        for which_q in range(0, self.n_qubits, 1):
            self.cir.rx(which_q, w[3 * which_q+0])
            self.cir.rz(which_q, w[3 * which_q+1])
            self.cir.rx(which_q, w[3 * which_q+2])

    def forward(self, x):
        zero_state = self.get_zero_state(self.n_qubits)
        x = torch.tensor(x)
        x = torch.squeeze(x)
        E = self.encoding_layer(x)
        V = self.variational_layer()
        EV = gate_sequence_product([E,V], self.n_qubits)
        final_state = EV @ zero_state

        #density_matrix = purestate_density_matrix(final_state, self.n_qubits)
        #classical_value = measure(density_matrix, self.n_qubits)
        #return classical_value
        hidden = partial_measurements(final_state, self.n_qubits, self.n_part)
        return hidden.unsqueeze(0)
```

定義能夠執行 GRU 思路的單元，程式碼如下：

```
# 第4章／4.3.3基於QuGRU完成的QuGGRU
# 定義GRU單元
class GRUCell(nn.Module):

    """
    自定義GRU單元

    參數:
    input_size:輸入x的特徵數
    hidden_size:隱藏狀態的特徵數

    輸入:
    'x':張量形狀是 (N, input_size),輸入向量,代表一個詞語或字母的數位化表示
    'h_prev':張量形狀是 (N, hidden_size),隱藏狀態向量,代表之前輸入模型的資訊的數位化表示
    。其中,N只是 Batch Size,用於把多個序列中同時間步的輸入進行大量計算

  輸出:
    'h_new':張量形狀是 (N, hidden_size),隱藏狀態向量,代表考慮到當前輸入後隱藏狀態的更新
    """

    def __init__(self, input_size, hidden_size, bias=True):
        super(GRUCell, self).__init__()
        self.input_size = input_size
        self.hidden_size = hidden_size
        self.linear_x_r = VQC(input_size, hidden_size)      # change
        self.linear_x_u = VQC(input_size, hidden_size)      # change
        self.linear_x_n = VQC(input_size, hidden_size)      # change
        self.linear_h_r = VQC(hidden_size, hidden_size)     # change
        self.linear_h_u = VQC(hidden_size, hidden_size)     # change
        self.linear_h_n = VQC(hidden_size, hidden_size)     # change
        self.reset_parameters()

    def reset_parameters(self):
        std = 1.0 / math.sqrt(self.hidden_size)
        for w in self.parameters():
            w.data.uniform_(-std, std)

    def forward(self, x, h_prev):
        x_r = self.linear_x_r(x)
        x_u = self.linear_x_u(x)
        x_n = self.linear_x_n(x)
        h_r = self.linear_h_r(h_prev)
        h_u = self.linear_h_u(h_prev)
        h_n = self.linear_h_n(h_prev)
        resetgate = torch.sigmoid(x_r + h_r)
        updategate = torch.sigmoid(x_u + h_u)
        newgate = torch.tanh(x_n + (resetgate * h_n))
        h_new = newgate - updategate * newgate + updategate * h_prev

        return h_new
```

還需要定義一個模型類，程式碼如下：

```
#第4章／4.3.3基於QuGRU完成的QuGGRU
#swap測試得到保真度
class GRUModel(nn.Module):
    def __init__(self, input_dim, hidden_dim, output_dim, bias = True):
        super(GRUModel, self).__init__()
        self.hidden_dim = hidden_dim
        self.gru_cell = GRUCell(input_dim, hidden_dim)
        self.fc = nn.Linear(hidden_dim, output_dim)

    def forward(self, x):
        #將隱藏狀態初始化為零向量
        h0 = torch.zeros( x.size(0), self.hidden_dim)
        outputs = []
        #RNN 循環
        h = h0
        for seq in range(x.size(1)):
            h = self.gru_cell(x[:,seq,:], h)
            outputs.append(h)
        output = outputs[-1]
        output = self.fc(output)
        return output
```

在執行訓練前，需要定義一些已知參數並建立模型對象和優化器，程式碼如下：

```
input_dim = 16   #此案例展示，輸入一個4節點的圖，會得到一個16×3維的矩陣
hidden_dim = 8
output_dim = 2   #假設做分類任務，一共有兩個類別，輸出兩個類別的機率
model = GRUModel(input_dim,hidden_dim,output_dim)
criterion = nn.CrossEntropyLoss()
optimizer = torch.optim.SGD(model.parameters(), lr = 0.001)
```

定義訓練過程，這裡需要注意，使用的是一個具體的例項，程式碼如下：

```
#第4章/4.3.3基於QuGRU完成的QuGGRU
#定義訓練過程
def train():
    #隨機生成節點特徵
    v0 = torch.rand(1)
    v1 = torch.rand(1)
    v2 = torch.rand(1)
    v3 = torch.rand(1)
    #用這種比較直觀簡潔的方式表示圖
    graph = torch.tensor([[[v0,v0,0],[v0,v1,1],[v0,v2,0],[v0,v3,1],
                    [v1,v0,1],[v1,v1,0],[v1,v2,1],[v1,v3,0],
                    [v2,v0,0],[v2,v1,1],[v2,v2,0],[v2,v3,1],
                    [v3,v0,1],[v3,v1,0],[v3,v2,1],[v3,v3,0]
                   ]])
    labels = torch.randint(1,2,(1,)) #生成案例圖的標籤，假設為兩類，取1或2
    optimizer.zero_grad()
    outputs = model(graph)
    loss = criterion(outputs, labels)
    loss.backward()
    optimizer.step()

#循環10次的結果
for i in range(10):
    print(f'===step{i+1}===')
train()
```

4.3.4　循環圖神經網路補充介紹

循環圖神經網路的執行方式有很多，除了上述較為簡潔的 QuGG-RU 模型，還有多種方式，例如 GGNN（Gated Graph Neural Network）。GGNN 是一種基於 GRU 的古典空間域節點資訊傳遞的模型。

定義一張圖 $G=(V, E)$，在節點 $v \in V$ 中儲存 D 維向量，在邊 $e \in E$ 中儲存 $D \times D$ 維矩陣，目的是建構 GGNN。每一次參數更新時，使每個節點既可以接收相鄰節點的資訊，又可向相鄰節點發送訊息。GGNN 利用 RNN 類似原理完成了資訊在圖結構中的傳遞。

如圖 4-14 所示的是一個異構圖的邊特徵生成過程，一般用鄰接矩陣表示節點之間的相連關係。不同的顏色表示不同類型的邊，分為出邊和入邊，如圖 4-14 (a) 所示。展開一個時間步，分別計算出邊和入邊的特徵，如圖 4-14 (b) 所示。出邊和入邊分別構成帶特徵值的鄰接矩陣，兩個鄰接矩陣拼接在一起，如圖 4-14 (c) 所示。

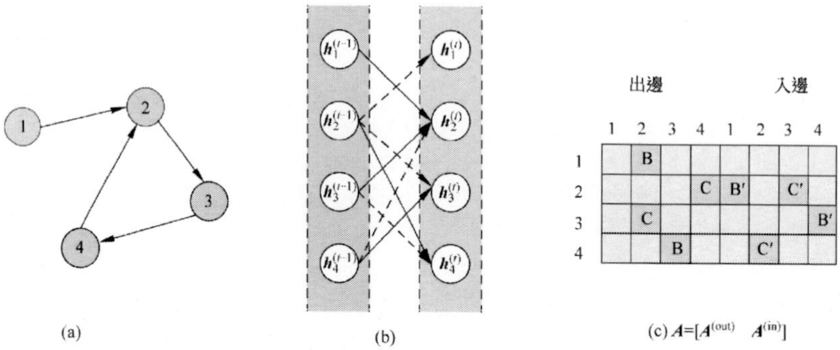

圖 4-14　圖的特徵鄰接矩陣的建構

傳播模型公式如下，式 (4-2) 中 $\boldsymbol{h}_v^{(1)}$ 為節點 v 的初始隱向量，為 D 維的向量，當節點輸入特徵 x_v 的維度小於 D 時，後面採取補 0 的填充方式。式 (4-3) 中，$\boldsymbol{A}_v$ 為圖 4-14 (c) 的矩陣 $\boldsymbol{A}$ 中選出對應節點 v 的兩列，$\boldsymbol{A}$ 為 $D|v|\times 2D|v|$ 維，$\boldsymbol{A}_v$ 為 $1\times 2D$ 維，最終的 $\boldsymbol{a}_v^{(t)}$ 為 $1\times 2D$ 維的向量，表示當前節點和相鄰節點間透過 Edges 相互作用的結果。可以看到，計算時對 $\boldsymbol{A}$ 取了 in 和 out 兩列，因此這裡計算的結果考慮了雙向資訊傳遞。

式 (4-4) 至式 (4-7) 為類 GRU 計算過程。其中，z_v^t (Update Gate) 控制遺忘訊息，r_v^t (Reset Gate) 控制新產生訊息。式 (4-7) 的前半部分選擇「遺忘」過去的資訊，而後半部分選擇「記住」新產生的資訊。$\boldsymbol{h}_v^{(t)}$ 則為最終更新的節點狀態。

$$\boldsymbol{h}_v^{(1)} = [\boldsymbol{x}_v^{\mathrm{T}} \quad 0]^{\mathrm{T}} \tag{4-2}$$

$$\boldsymbol{a}_v^{(t)} = \boldsymbol{A}_v^{\mathrm{T}} [\boldsymbol{h}_1^{(t-1)\mathrm{T}} \quad \cdots \quad \boldsymbol{h}_{|v|}^{(t-1)\mathrm{T}}]^{\mathrm{T}} + b \tag{4-3}$$

$$z_v^t = \sigma(W^z \boldsymbol{a}_v^{(t)} + U^z \boldsymbol{h}_v^{(t-1)}) \tag{4-4}$$

$$r_v^t = \sigma(W^r \boldsymbol{a}_v^{(t)} + U^r \boldsymbol{h}_v^{(t-1)}) \tag{4-5}$$

$$\tilde{\boldsymbol{h}}_v^{(t)} = \tanh(W\boldsymbol{a}_v^{(t)} + U(r_v^t \odot \boldsymbol{h}_v^{(t-1)})) \tag{4-6}$$

$$\boldsymbol{h}_v^{(t)} = (1 - z_v^t) \odot \boldsymbol{h}_v^{(t-1)} + z_v^t \odot \tilde{\boldsymbol{h}}_v^{(t)} \tag{4-7}$$

每個節點的輸出如式 (4-8) 所示，其中 g 為特定的函式，表示利用每個節點的最終狀態及其初始狀態求其輸出。

$$o_v = g(\boldsymbol{h}_v^{(\mathrm{T})}, x_v) \tag{4-8}$$

除了 GGNN 之外，還有更為複雜的循環圖神經網路。GraphRNN 屬於圖生成模型，圖生成模型需要學習圖的結構分布，然而圖具有非唯一(Non-Unique) 性，高維及給定圖的邊之間存在複雜、非局部性的依存關係。GraphRNN 可以視作一種級聯形式，由兩個 RNN 組成：Graph-level RNN 用於維護圖的狀態並生成新節點；Edge-level RNN 用於為新生成的節點生成新的邊。

GraphRNN 的整體思路如下。

(1) 生成新節點：呼叫 Node-level RNN，然後用它的輸出作為 Edge-level RNN 的輸入。

(2) 為這個新節點建構可能的邊：呼叫 Edge-level RNN 預測這個新的節點是不是和之前的所有已知節點連結。

(3) 增加另一個新節點：使用第 (2) 步 Edge-level RNN 的輸出作為 Node-level RNN 的新輸入。

(4) 停止圖生成：如果 Edge-level RNN 輸出了 EOS=1，則可知沒有更多的邊跟新節點相連，可以停止圖生成的過程了。

GraphRNN 的結構如圖 4-15 所示。

$\boldsymbol{h}_6$ 是序列的真實狀態，$\boldsymbol{h}_2$ 生成了 1 號節點，然後生成了下一個節點與節點 1 的連結關係，為 $\boldsymbol{S}_2$。$\boldsymbol{h}_3$ 透過節點 1 的相連關係，生成了節點 2，並且節點 2 與節點 1 相連，然後生成下一個節點與節點 1 和 2 的連邊，即圖 4-15 中的 $\boldsymbol{S}_3$。$\boldsymbol{h}_4$ 生成節點 3，與節點 1 連線，與節點 2 不連線，然後生成下一個節點與節點 1、2 和 3 的連邊，即圖 4-15 中的 $\boldsymbol{S}_4$。$\boldsymbol{h}_5$ 生成了節點 4，與節點 2 和 3 相連，然後生成下一個節點與節點 1、2、3 和 4 相連的邊，即 $\boldsymbol{S}_5$。$\boldsymbol{h}_6$ 生成節點 5，與節點 3 和 4 相連，沒有更多的節點了，即得到完整圖。在圖 4-15 中，綠色路徑表示 Node-level 的 RNN，只負責生成 Edge-level RNN 的初始狀態；藍色路徑表示 Edge-level RNN，負責生成連邊關係。

節點級別的 RNN 會在生成節點後，將節點作為邊級別的 RNN 的輸入，邊級別的輸入會判斷是否和前面的節點有邊連線，如果有，則生成邊，然後將結果回傳。這個過程會重複執行，直到所有的節點被生成。

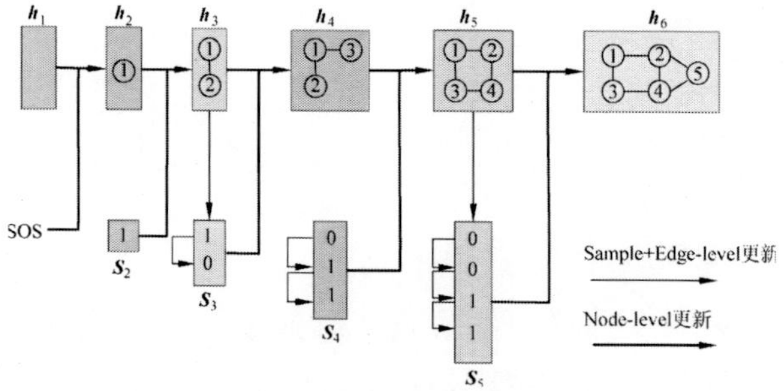

圖 4-15　GraphRNN 的結構

在節點級別的 RNN 中，每個 RNN cell 會輸出一個機率，透過這個機率判斷是否有一條邊生成，而這個輸出會成為下一個 RNN cell 的輸入，判斷下一條邊是否存在，如圖 4-16 所示。這裡需要注意的是，要將上一個 RNN cell 輸出的結果標籤作為下一個 RNN cell 的輸入，而非機率值。

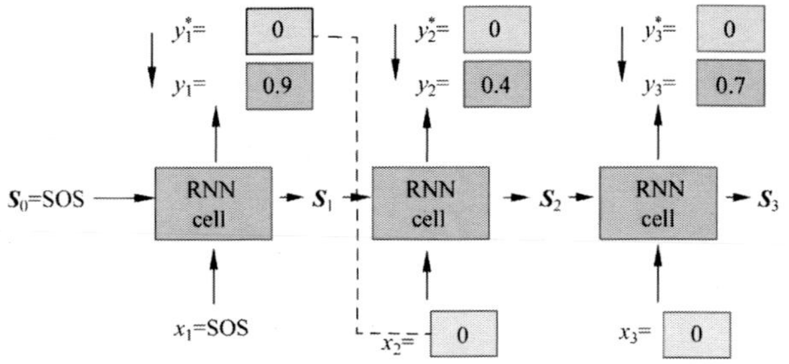

圖 4-16　記憶模組

參考文獻

[1] HENDERSON M, SHAKYA S, PRADHAN S, et al. Quanvolutional Neural Networks: Powering Image Recognition with Quantum Circuits [J]. Quantum Machine Intelligence, 2020, 2（1）: 1-9.

第 5 章　關於注意力機制

5.1　注意力機制背景

注意力機制 (Attention Mechanism) 最初作為循環神經網路的輔助技巧被提出，後來在 Google 的論文「Attention is all you need」中，注意力層首次完全代替卷積層，成為 Transformer 模型的主要組成部分。如今注意力機制已經成為神經網路領域的一個重要概念。因其在自然語言處理中的優秀表現，注意力機制逐漸被應用於不同的深度學習任務和模型，在機器翻譯、文字概括、圖像辨識、手勢辨識、基因測序及藥物分析等方面都有應用。

注意力機制模仿了人類的神經系統。例如當觀察一張圖像時，視覺系統傾向於分配更多的精力在能夠輔助判斷的重要目標上，而選擇性忽略一些不相關的資訊。同樣地，在語言資訊處理問題中，輸入資料的某些部分會比其他部分對判斷更有作用。例如，在判斷一個句子的結構時，更傾向於觀察主語和謂語，而在判斷程度時更關注形容詞和副詞。

注意力機制透過某種運算計算得到句子在編碼過程中各部分的注意力權重，然後以權重和的形式，計算得到整個句子的隱含向量表示。

這一項機制解決了循環神經網路在自然語言處理任務中的問題，如對非定長序列輸入的適應性問題，原來的 Encoder-Decoder 模型固定長度隱含向量，無法同時因應長輸入和短輸入。若設定的隱含向量長度太短，則輸入語句較長時無法表達足夠的資訊，會面臨較多的資訊損失；若設定的隱含向量長度太長，則會浪費計算資源和記憶體。更重要的是，相對於循環神經網路需要在層內依照順序依次對序列資料進行計算，完全基於注意力機制的 Transformer 模型可以同時處理整個序列，有效提高了平行計算的效率，也規避了循環神經網路遠距離記憶衰減的問題，具有很好的長程關聯性。

由於注意力機制較符合人類理解和分析問題時的特點，自提出以來在機器翻譯、基因測序、圖像辨識等多個領域表現出了頂尖模型的水準。除了模型表現上的提高外，注意力機制還增加了深度學習模型的可解釋性。可解釋性的提高一方面能增加人們對深度學習模型的信任；另一方面能方便對模型的最佳化調整。

5.1.1 Self-Attention

注意力機制計算權重的方式有很多種，這裡以點乘自注意力機制為例。除了點乘自注意力機制（Scaled Dot-Product Attention）之外，還有加法注意力機制等。自注意力機制是指在計算各部分相互之間的注意力相關性時，只在同一個層內進行計算，而不計算層間不同部分的相關性。

如圖 5-1 所示，$\boldsymbol{Q}$、$\boldsymbol{K}$、$\boldsymbol{V}$ 分別表示 Query、Key、Value。對於自注意力機制來講，$\boldsymbol{Q}$、$\boldsymbol{K}$、$\boldsymbol{V}$ 是由同一個輸入向量 $\boldsymbol{x}$ 與 3 個不同的可訓練參數矩陣 $\boldsymbol{W}_Q$，$\boldsymbol{W}_K$，$\boldsymbol{W}_V$ 進行矩陣相乘得到的。簡單來講，注意力機制的機理可歸納為如下兩步：

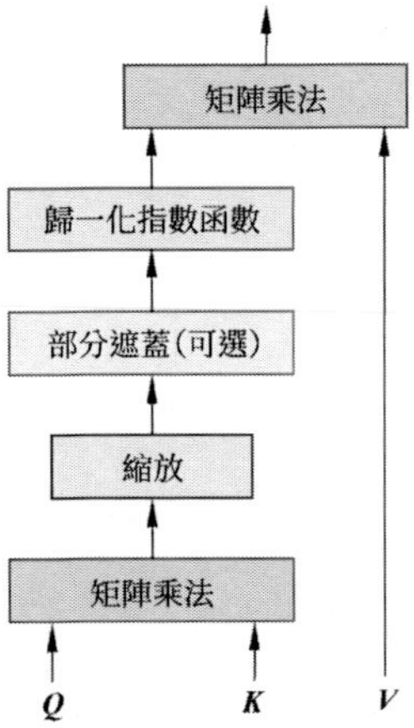

圖 5-1　點乘自注意力機制的結構

(1)將不同輸入間的 Query 和 Key 透過某種計算得到不同輸入間的相關性，這個相關性用注意力分數表示。

(2) 用注意力分數對不同輸入的 Value 進行加權求和，得到最終輸出。

可以看出，注意力機制與全連接層的不同在於，全連接層在模型訓練結束之後權重即被固定，但注意力機制的權重 (注意力分數) 在訓練結束之後仍會隨輸入的變化而變化。

對於輸入 $\boldsymbol{Q}$、$\boldsymbol{K}$ 和 $\boldsymbol{V}$ 來講，其輸出向量 $\boldsymbol{y}$ 的計算公式為

$$\text{Attention}(\boldsymbol{Q},\boldsymbol{K},\boldsymbol{V}) = \text{Softmax}\left(\frac{\boldsymbol{QK}^{\mathrm{T}}}{\sqrt{d_k}}\right)\boldsymbol{V} \tag{5-1}$$

其中，$\boldsymbol{Q}$、$\boldsymbol{K}$ 和 $\boldsymbol{V}$ 為 3 個矩陣，並且其第 2 個維度分別為

$$d_{\mathrm{q}}，d_{\mathrm{k}}，d_{\mathrm{v}}$$

式 (5-1) 中除以 $\sqrt{d_k}$ 的過程是點乘自注意力機制名稱中的 Scale 過程。因為 $\boldsymbol{QK}^{\mathrm{T}}$ 值的大小常與矩陣維度有關，維度越大、結果越大，而 Softmax 函式的輸入越大，則輸出越接近函式的平滑段，容易造成梯度消

失。故採用上述 Scale 計算進行縮放，解決梯度消失的問題。

下面，來看一個實際的計算範例，如圖 5-2 所示，輸入序列為「我是誰」，每個字可以表達為一個 1×4 的向量，記為 $\boldsymbol{x}_1$，$\boldsymbol{x}_2$，$\boldsymbol{x}_3$，因此總的輸入可以表示為一個 3×4 的矩陣 $\boldsymbol{X}=\begin{bmatrix}\boldsymbol{x}_1\\\boldsymbol{x}_2\\\boldsymbol{x}_3\end{bmatrix}$。透過與 3 個不同的參數矩陣 $\boldsymbol{W}_Q$，$\boldsymbol{W}_K$，$\boldsymbol{W}_V$ 相乘，得到

$$\boldsymbol{Q}=\boldsymbol{X}\boldsymbol{W}_Q=\begin{bmatrix}\boldsymbol{q}_1\\\boldsymbol{q}_2\\\boldsymbol{q}_3\end{bmatrix}=\begin{bmatrix}\boldsymbol{x}_1\boldsymbol{W}_Q\\\boldsymbol{x}_2\boldsymbol{W}_Q\\\boldsymbol{x}_3\boldsymbol{W}_Q\end{bmatrix},\ \boldsymbol{K}=\boldsymbol{X}\boldsymbol{W}_K=\begin{bmatrix}\boldsymbol{k}_1\\\boldsymbol{k}_2\\\boldsymbol{k}_3\end{bmatrix}=\begin{bmatrix}\boldsymbol{x}_1\boldsymbol{W}_K\\\boldsymbol{x}_2\boldsymbol{W}_K\\\boldsymbol{x}_3\boldsymbol{W}_K\end{bmatrix},\ \boldsymbol{V}=\boldsymbol{X}\boldsymbol{W}_V=\begin{bmatrix}\boldsymbol{v}_1\\\boldsymbol{v}_2\\\boldsymbol{v}_3\end{bmatrix}=\begin{bmatrix}\boldsymbol{x}_1\boldsymbol{W}_V\\\boldsymbol{x}_2\boldsymbol{W}_V\\\boldsymbol{x}_3\boldsymbol{W}_V\end{bmatrix}。$$

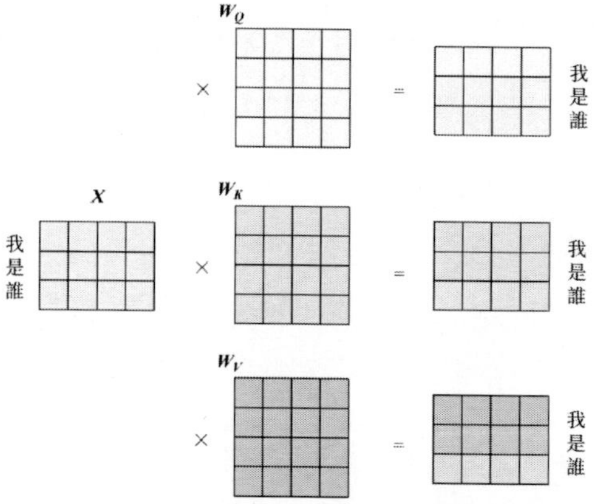

圖 5-2　Q、K 和 V 的計算過程

此處，對於計算得到的 $\boldsymbol{Q}$、$\boldsymbol{K}$、$\boldsymbol{V}$，可以理解為對同一個輸入進行 3 次不同的線性變換，表示其 3 種不同的狀態。

在計算得到 $\boldsymbol{Q}$、$\boldsymbol{K}$、$\boldsymbol{V}$ 之後，就可以進一步計算得到權重矩陣 $\boldsymbol{QK}^{\mathrm{T}}=\begin{bmatrix}s_{11}&s_{12}&s_{13}\\s_{21}&s_{22}&s_{23}\\s_{31}&s_{32}&s_{33}\end{bmatrix}=\begin{bmatrix}\boldsymbol{x}_1\boldsymbol{W}_Q\boldsymbol{W}_K^{\mathrm{T}}\boldsymbol{x}_1^{\mathrm{T}}&\boldsymbol{x}_1\boldsymbol{W}_Q\boldsymbol{W}_K^{\mathrm{T}}\boldsymbol{x}_2^{\mathrm{T}}&\boldsymbol{x}_1\boldsymbol{W}_Q\boldsymbol{W}_K^{\mathrm{T}}\boldsymbol{x}_3^{\mathrm{T}}\\\boldsymbol{x}_2\boldsymbol{W}_Q\boldsymbol{W}_K^{\mathrm{T}}\boldsymbol{x}_1^{\mathrm{T}}&\boldsymbol{x}_2\boldsymbol{W}_Q\boldsymbol{W}_K^{\mathrm{T}}\boldsymbol{x}_2^{\mathrm{T}}&\boldsymbol{x}_2\boldsymbol{W}_Q\boldsymbol{W}_K^{\mathrm{T}}\boldsymbol{x}_3^{\mathrm{T}}\\\boldsymbol{x}_3\boldsymbol{W}_Q\boldsymbol{W}_K^{\mathrm{T}}\boldsymbol{x}_1^{\mathrm{T}}&\boldsymbol{x}_3\boldsymbol{W}_Q\boldsymbol{W}_K^{\mathrm{T}}\boldsymbol{x}_2^{\mathrm{T}}&\boldsymbol{x}_3\boldsymbol{W}_Q\boldsymbol{W}_K^{\mathrm{T}}\boldsymbol{x}_3^{\mathrm{T}}\end{bmatrix}$，再經過縮放操作和

Softmax 函式的歸一化，即得到最終的注意力權重矩陣，如圖 5-3 所示。

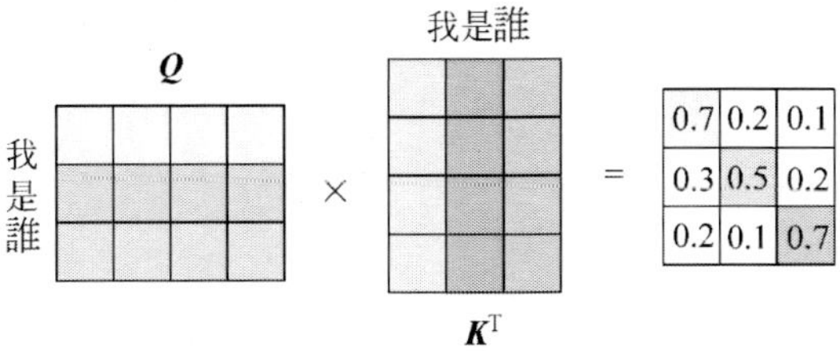

圖 5-3　注意力權重計算（經過 Scale 和 Softmax 操作）

對於權重矩陣的第 1 行，0.7 表示「我」與「我」的注意力值；0.2 表示「我」與「是」的注意力值；0.1 表示「我」與「誰」的注意力值。換句話說，在對序列中的「我」進行編碼時，應該將 0.7 的注意力放在「我」上，將 0.2 的注意力放在「是」上，將 0.1 的注意力放在「誰」上。

同理，對於權重矩陣的第 3 行，其表示的含義是，在對序列中「誰」進行編碼時，應該將 0.2 的注意力放在「我」上，將 0.1 的注意力放在「是」上，將 0.7 的注意力放在「誰」上。從這一個過程可以看出，透過這個權重矩陣模型就能輕鬆地知道在編碼對應位置上的向量，應該以何種方式將注意力集中到不同的位置上。

但從上述結果可以看出，模型在對當前位置的資料進行編碼時，較容易將注意力單一地集中於自身的位置（雖然這符合常識）而忽略了其他位置，因此，作者採取的一種解決方案是多頭注意力（Multi-Head Attention）機制，該部分內容將在後文深入闡述。

在透過圖 5-3 所示的過程計算得到權重矩陣後，便可以將其作用於 $\boldsymbol{V}$，進而得到最終的編碼輸出，計算過程如圖 5-4 所示。

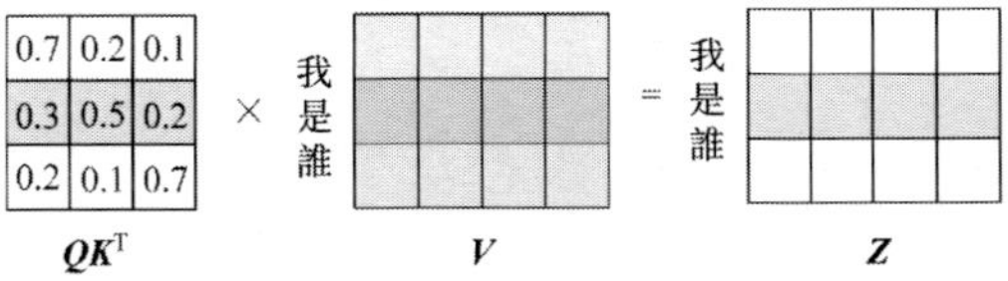

圖 5-4　權重和編碼輸出

根據如圖 5-4 所示的過程，便能夠得到編碼後的輸出向量

$$Z=\begin{bmatrix}s_{11} & s_{12} & s_{13}\\ s_{21} & s_{22} & s_{23}\\ s_{31} & s_{32} & s_{33}\end{bmatrix}\times\begin{bmatrix}v_1\\ v_2\\ v_3\end{bmatrix}=\begin{bmatrix}z_1\\ z_2\\ z_3\end{bmatrix}=\begin{bmatrix}s_{11}v_1+s_{12}v_2+s_{13}v_3\\ s_{21}v_1+s_{22}v_2+s_{23}v_3\\ s_{31}v_1+s_{32}v_2+s_{33}v_3\end{bmatrix}$$

。當然，對於上述過程還可以換個角度進行觀察，如圖 5-5 所示。

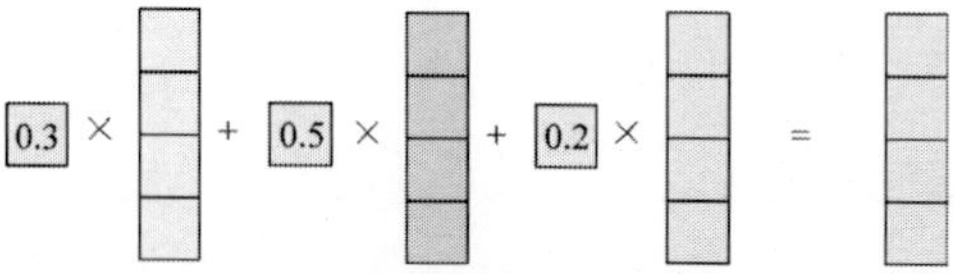

圖 5-5　編碼輸出計算

從圖 5-5 可以看出，對於最終輸出「是」的編碼向量 z_2 來講，它其實是原始「我是誰」3 個向量的加權和。$z_2=s_{21}v_1+s_{22}v_2+s_{23}v_3$，也就是說，每個輸出都是所有輸入的加權和。

對於整個圖 5-3 到圖 5-4 的過程，還可以透過如圖 5-6 所示的過程進行表示。

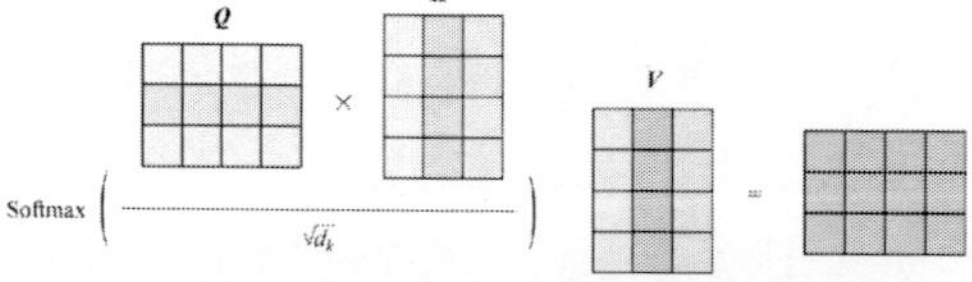

圖 5-6　自注意力機制計算過程

可以看出，自注意力機制確實可以解決傳統序列模型需按順序進行計算的缺點，提高了平行計算效率。且每個輸出都能不同程度地反映所有輸入的特徵，即使距離很遠也不會像傳統序列模型一樣長程衰減，具有非常好的長程相關性。

5.1.2 Multi-Head Attention

1· Self-Attention 的不足

Self-Attention 雖然能讓模型獲得良好的長程相關性，但在自然語言處理中，很多時候對單一詞語的翻譯需要參考多個不同的其他詞語，也使注意力不能只集中在一處。多頭注意力機制的提出能夠很好地解決這個問題。多頭注意力機制類似於卷積神經網路中的多個不同卷積核，使注意力層的輸出能夠表達不同子空間中的注意力資訊，從而增強模型的表達能力。

2· Multi-Head Attention

多頭注意力機制其實是將原始的輸入序列進行多組自注意力計算，再將得到的輸入直接進行堆疊，結構如圖 5-7 所示，具體的矩陣維度如圖 5-8 所示。

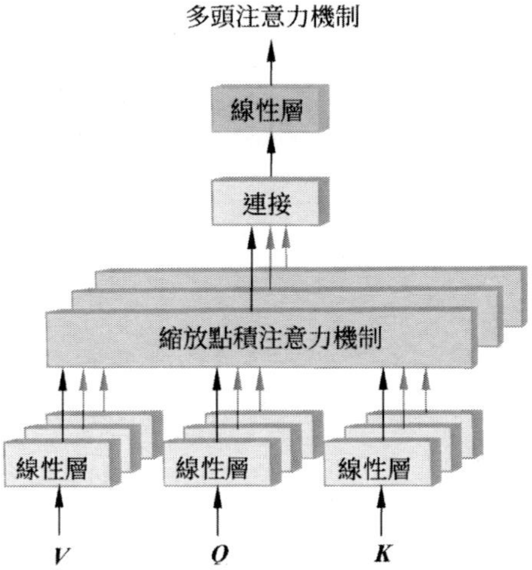

圖 5-7　多頭注意力機制的結構

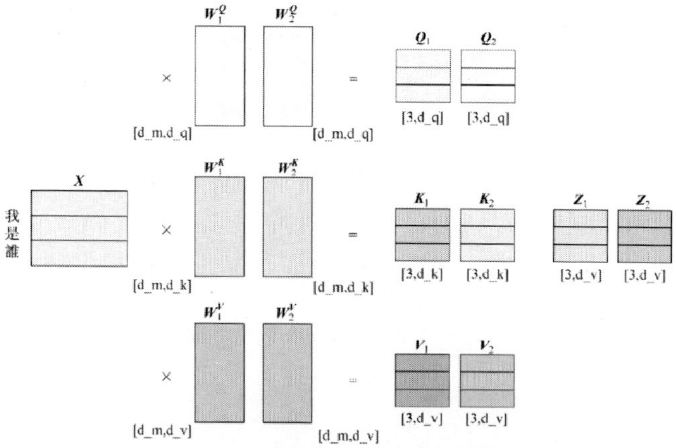

圖 5-8　多頭注意力機制的矩陣維度

5.1.3　量子注意力機制

量子注意力機制是對古典的注意力機制進行量子線路改寫的量子演算法。量子注意力機制有別於古典注意力機制，首先將輸入資訊透過一定方式編碼成量子位元，然後利用量子線路對儲存著資訊的量子位元進行旋轉、演化等操作，從而進行相對應的矩陣計算，最後將量子態的資訊透過測量操作重新得到古典態的輸出資料，具體流程如圖 5-9 所示。

(1) 量子位元需要滿足歸一化條件，因此首先將輸入資料 $\boldsymbol{x}_1$，$\boldsymbol{x}_2$，…，$\boldsymbol{x}_n$ 向量分別透過 L2 正則化方法進行歸一化，然後編碼成量子位元。若輸入資料向量的長度為 l，則需要 $\log_2 l$ 個量子位元來表示它。

(2) 設定 U_{query}，U_{key}，U_{value}3 個量子閘，對輸入資料量子位元進行演化，此處 U_{query}，U_{key}，U_{value} 的作用相當於古典注意力機制中的 3 個權重矩陣 $\boldsymbol{W}_Q$，$\boldsymbol{W}_K$，$\boldsymbol{W}_V$，這一步得到了量子態形式的 Q_1，K_1，V_1，Q_2，K_2，V_2，…，Q_n，K_n，V_n。

(3) 設定 U_{score} 閘，分別對 Q_1 與 K_1，K_2，…，K_n 進行資訊融合。此處的 U_{score} 閘實際上是多個 CNOT 閘的組合，CNOT 閘的作用是使控制閘

線路處的量子位元資訊能與受控閘的量子位元資訊融合。將 Q_1 作為控制線路，將 K_1，K_2，⋯，K_n 作為受控線路，得到的資訊融合結果即為量子態的注意力分數 S_{11}，S_{12}，⋯，S_{1n}。

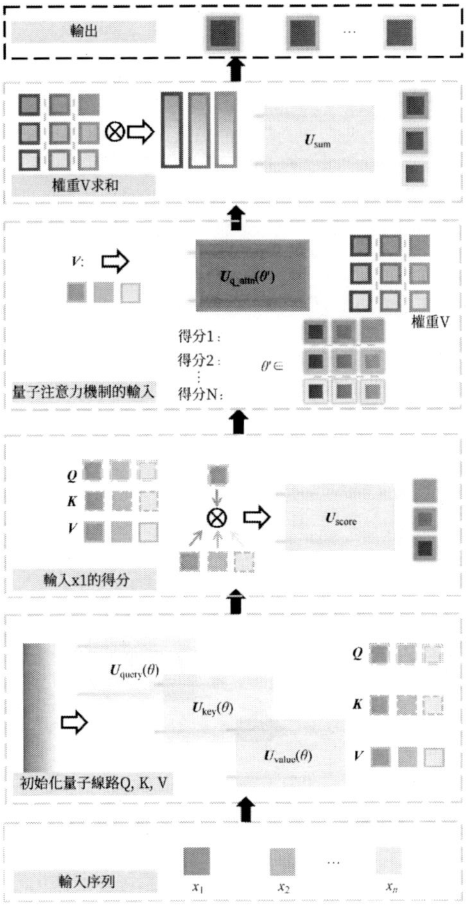

圖 5-9　量子注意力機制：自注意力機制啟發式量子參數化線路

(4) 對量子態注意力分數 S_{11}，S_{12}，⋯，S_{1n} 進行測量操作，得到古典態的注意力分數數值，將其作為旋轉閘的相位參數，編碼成旋轉閘 $\boldsymbol{U}_{q\_attn}(\theta_{11})$，$\boldsymbol{U}_{q\_attn}(\theta_{12})$，⋯，$\boldsymbol{U}_{q\_attn}(\theta_{1n})$，使 $\boldsymbol{V}_1$，$\boldsymbol{V}_2$，⋯，$\boldsymbol{V}_n$ 分別透過上述旋轉閘之後成為 $w\boldsymbol{V}_{11}$，$w\boldsymbol{V}_{12}$，⋯，$w\boldsymbol{V}_{1n}$，對應於古典注意力機制中的

weighted value。

(5) 設定多個 CNOT 閘組成的 $\boldsymbol{U}_{\text{sum}}$ 閘，將 $w\boldsymbol{V}_{11}$，$w\boldsymbol{V}_{12}$，…，$w\boldsymbol{V}_{1n}$ 資訊進行融合，得到量子態輸出，最終可透過測量操作得到古典態輸出 $\boldsymbol{y}_1$。

對所有 $\boldsymbol{x}_i$ 執行上述操作即可得到所有輸出 $\boldsymbol{y}_1$，$\boldsymbol{y}_2$，…，$\boldsymbol{y}_n$。

5.1.4 量子注意力機制的程式碼執行

首先匯入包，程式碼如下：

```
# 匯入包
import numpy as np
import torch.nn as nn
import torch
import torch.nn.functional as F
import math,copy,time
from torch.autograd import Variable
from deepquantum import Circuit
from deepquantum.utils import dag,measure_state,ptrace,multi_kron,encoding
```

然後建立 U_{query}、U_{key} 和 U_{value}3 個類。建立 U_{query} 類的程式碼如下：

```
# 第5章/5.1.4量子注意力機制的程式碼執行
class init_cir_q(nn.Module):
    #初始化 U_query
    def __init__(self, n_qubits = 2,
                gain = 2 ** 0.5, use_wscale = True, lrmul = 1):
        super().__init__()
        #初始化參數
        he_std = gain * 5 ** (-0.5)
        if use_wscale:
            init_std = 1.0 / lrmul
            self.w_mul = he_std * lrmul
        else:
            init_std = he_std / lrmul
            self.w_mul = lrmul
        self.weight = nn.Parameter(nn.init.uniform_(torch.empty(n_qubits * 3), a = 0.0, b = 2 *
np.pi) * init_std)      #theta_size = 5

        self.n_qubits = n_qubits
    def queryQ(self):
        w = self.weight * self.w_mul
        cir = Circuit(self.n_qubits)
        for which_q in range(0, self.n_qubits):
            cir.rx(which_q,w[which_q * 3 + 0])
            cir.ry(which_q,w[which_q * 3 + 1])
            cir.rz(which_q,w[which_q * 3 + 2])
        return cir.get()

    def forward(self, x):
        E_out = self.queryQ()
        queryQ_out = E_out@ x @ dag(E_out)
        return queryQ_out
```

建立 U_{key} 類的程式碼如下：

```
#第5章/5.1.4量子注意力機制的程式碼執行
class init_cir_k(nn.Module):
    #初始化 U_key
    def __init__(self, n_qubits = 2,
                 gain = 2 ** 0.5, use_wscale = True, lrmul = 1):
        super().__init__()
        #初始化參數
        he_std = gain * 5 ** (-0.5)
        if use_wscale:
            init_std = 1.0 / lrmul
            self.w_mul = he_std * lrmul
        else:
            init_std = he_std / lrmul
            self.w_mul = lrmul
        self.weight = nn.Parameter(nn.init.uniform_(torch.empty(n_qubits * 3), a = 0.0, b = 2 *
np.pi) * init_std) #theta_size = 5

        self.n_qubits = n_qubits


    def keyQ(self):
        w = self.weight * self.w_mul
        cir = Circuit(self.n_qubits)
        for which_q in range(0, self.n_qubits):
            cir.rx(which_q,w[which_q * 3 + 0])
            cir.ry(which_q,w[which_q * 3 + 1])
            cir.rz(which_q,w[which_q * 3 + 2])
        return cir.get()


    def forward(self, x):
        E_out = self.keyQ()
        keyQ_out = E_out @ x @ dag(E_out)
        return keyQ_out
```

建立 $\boldsymbol{U}_{\text{value}}$ 類的程式碼如下：

```
#第5章／5.1.4量子注意力機制的程式碼執行
class init_cir_v(nn.Module):
    #初始化 U_value
    def __init__(self, n_qubits = 2,
                 gain = 2 ** 0.5, use_wscale = True, lrmul = 1):
        super().__init__()
        #初始化參數
        he_std = gain * 5 ** (-0.5)
        if use_wscale:
            init_std = 1.0 / lrmul
            self.w_mul = he_std * lrmul
        else:
            init_std = he_std / lrmul
            self.w_mul = lrmul
        self.weight = nn.Parameter(nn.init.uniform_(torch.empty(n_qubits * 3), a = 0.0, b = 2 *
np.pi) * init_std) # theta_size = 5

        self.n_qubits = n_qubits


    def valueQ(self):
        w = self.weight * self.w_mul
        cir = Circuit(self.n_qubits)
        for which_q in range(0, self.n_qubits):
            cir.rx(which_q, w[which_q * 3 + 0])
            cir.ry(which_q, w[which_q * 3 + 1])
            cir.rz(which_q, w[which_q * 3 + 2])
        return cir.get()


    def forward(self, x):
        E_out = self.valueQ()
        valueQ_out = E_out @ x @ dag(E_out)
        return valueQ_out
```

為了方便後續多次呼叫，此處定義一個專用的測量函式，程式碼如下：

```
def measure(state,n_qubits):
    cir = Circuit(n_qubits)
    for i in range(n_qubits):
        cir.z_gate(i)
    m = cir.get()
    return measure_state(state,m)
```

定義函式計算 attention score，以 ***Q*** 與 ***K*** 為輸入，以 attention score 的量子態為輸出，程式碼如下：

```
#第5章／5.1.4量子注意力機制的程式碼執行
def cal_query_key(queryQ_out, keyQ_out, dim_q, dim_k):
    """queryQ_out: type torch.Tensor
       keyQ_out: torch.Tensor
    """
    """計算query與key的interaction score

    """
    out = torch.kron(queryQ_out, keyQ_out)
    n_qubits = dim_q + dim_k

    cir = Circuit(n_qubits)
    for t in range(dim_k):
        cir.cnot(t,n_qubits - dim_k + t)
    U = cir.get()

    out = U @ out @ dag(U)

    quantum_score = measure(out, n_qubits)
    return quantum_score
```

定義函式以量子態 attention score 和 value 為輸入，計算資訊融合後的 weighted value，程式碼如下：

```
# 第5章/5.1.4量子注意力機制的程式碼執行
def cal_src_value(quantum_src, valueQ_out, dim_s, dim_v):
    """input torch.Tensor
    """
    """計算經過attention score加權作用後的value
    """
    src = quantum_src.mean()

    phi = (src - 0.5) * 2 * np.pi # phi = [-pi,pi]

    cir = Circuit(dim_v)
    for i in range(dim_v):
        cir.rx(i,phi * 0.5)
        cir.ry(i,phi * 0.5)
        cir.rz(i,phi)
    U = cir.get()

    quantum_weighted_value = U @ valueQ_out @ dag(U)

    return quantum_weighted_value
```

執行 U_sum 操作，對 weighted value 進行加權和操作，程式碼如下：

```
# 第5章/5.1.4量子注意力機制的程式碼執行
def cal_output(qwv_list, dim):
    """計算weighted value的和(經由多個CNOT閘將資訊融合)
    """
    out = multi_kron(qwv_list)
    n_qubits = len(qwv_list) * dim
    cir = Circuit(n_qubits)
    for i in range(len(qwv_list) - 1):
        for t in range(dim):
            cir.cnot(i * dim + t,n_qubits - dim + t)
    U = cir.get()

    out = U @ out @ dag(U)

    attnQ = ptrace(out, dim, n_qubits - dim)
    return attnQ
```

定義 q_attention 函式對上述整個過程進行封裝，程式碼如下：

```
#第5章/5.1.4量子注意力機制的程式碼執行
def q_attention(query, key, value, mask = None, DropOut = None):
    query_input = query.squeeze(0)
    key_input = key.squeeze(0)
    value_input = value.squeeze(0)
    #print(query_input.size(-1))
    n_qubits = math.ceil(math.log2(query_input.size(-1)))
    #print(n_qubits)

    qqs = []
    qks = []
    qvs = []

    init_q = init_cir_q(n_qubits = n_qubits)
    init_k = init_cir_k(n_qubits = n_qubits)
    init_v = init_cir_v(n_qubits = n_qubits)
    for x in query_input.chunk(query_input.size(0),0):
        #擴展為 2 ** n_qubits 長向量
        qx = nn.ZeroPad2d((0,2 ** n_qubits - query_input.size(-1),0,0))(x)
        #l2 - regularization
        if qx.dim()>2:
            qx = qx.squeeze()
        qinput = encoding(qx.T@qx)
        qqs.append(init_q(qinput))

    for x in key_input.chunk(key_input.size(0),0):
        #擴展為 2 ** n_qubits 長向量
        qx = nn.ZeroPad2d((0,2 ** n_qubits - key_input.size(-1),0,0))(x)
        #l2 - regularization
        if qx.dim()>2:
            qx = qx.squeeze()
        qinput = encoding(qx.T@qx)
        qks.append(init_k(qinput))

    for x in value_input.chunk(value_input.size(0),0):
        #擴展為 2 ** n_qubits 長向量
        qx = nn.ZeroPad2d((0,2 ** n_qubits - query_input.size(-1),0,0))(x)
        #l2 - regularization
        if qx.dim()>2:
            qx = qx.squeeze()
        qinput = encoding(qx.T@qx)
        qvs.append(init_v(qinput))

    outputs = []
    for i in range(len(qqs)):
        qwvs_i = []
        for j in range(len(qks)):
            score_ij = cal_query_key(qqs[i],qks[j],n_qubits,n_qubits)
            qwvs_i.append(cal_src_value(score_ij,qvs[j],n_qubits,n_qubits))
        out_i = measure(cal_output(qwvs_i,n_qubits),n_qubits).squeeze().unsqueeze(0)
        outputs.append(out_i)
        #print(out_i)

    return torch.cat(outputs)
```

封裝成一個類，並進行與古典注意力機制類似的操作，重複多次建立 Q_MultiHeaded Attention，程式碼如下：

```
#第5章/5.1.4量子注意力機制的程式碼執行
class Q_MultiHeadedAttention(nn.Module):
    def __init__(self, h, d_model, DropOut = 0.1):
        "Take in model size and number of heads."
        super(Q_MultiHeadedAttention, self).__init__()
        #聲明 d_model % h == 0
        #假設 d_v 總是等於 d_k
        #self.d_k = d_model //h
        self.n_qubits = math.ceil(math.log2(d_model))
        self.h = h
        self.linear = nn.Linear(2 ** self.n_qubits * h,d_model)
        self.attn = None
        self.DropOut = nn.DropOut(p = DropOut)

    def forward(self, query, key, value, mask = None):

        if mask is not None:
            #將相同的mask應用於所有的頭
            mask = mask.unsqueeze(1)
        nbatches = query.size(0)
        #將注意力集中在所有的投影向量上
        x = q_attention(query, key, value, mask = mask,
                                DropOut = self.DropOut)
        #multi - head
        for i in range(self.h - 1):
            x = torch.cat((x, q_attention(query, key, value, mask = mask, DropOut = self.
DropOut)), - 1)
        #print(x.size())
        x = x.unsqueeze(0)
        #print(self.n_qubits)
        #print(self.linear)
        return self.linear(x)
```

5.2 圖注意力機制

圖神經網路（GNN）把深度學習應用到圖結構（Graph）中，其中的圖卷積網路（GCN）可以在圖結構上進行卷積操作。GCN 的成功讓圖領域的深度學習蓬勃發展，隨著研究的深入，GCN 的缺點也逐漸明顯：依賴拉普拉斯矩陣，不能直接用於有向圖；模型訓練依賴於整個圖結構，不能用於動態圖；卷積的時候沒辦法為鄰接節點分配不同的權重。因此 2018 年圖注意力網路（Graph Attention Network，GAT）被提出，解決了 GCN 存在的問題。

GCN 將局部性的圖結構和節點特徵結合，在節點分類任務中獲得了不錯的表現。美中不足的是 GCN 結合鄰接節點特徵的方式和圖的結構息息相關，這局限了訓練所得模型在其他圖結構上的泛化能力。

GCN 有兩大局限經常被詬病：

(1) 無法完成歸納任務，即處理動態圖問題。歸納任務是指訓練階段與測試階段需要處理的圖結構不同。通常訓練階段只是在子圖（Sub-graph）上進行，而測試階段需要處理未知的節點（Unseen Node）。

(2) 處理有向圖的瓶頸，不容易實現將不同的學習權重分配給不同的鄰接節點。有向圖是指節點之間不僅是連結關係，還有方向性。GCN 不能為每個鄰接節點分配不同的權重，在卷積時對所有鄰接節點一視同仁，不能根據節點的重要性分配不同的權重。

注意力機制在文字資料中表現出很好的特性是因為其對於數量和順序不敏感，同樣的情況也出現在圖結構資料中。所以圖注意力網路用注意力機制代替了圖卷積中固定的標準化操作。接下來看一下圖注意力網路是怎麼執行的。

5.2.1　圖注意力網路

1· 兩種計算方法

1) 全域性圖注意力

全域性圖注意力是在計算每個節點時對其他所有節點都進行注意力機制的運算，優點是完全不依賴圖的結構，對於歸納任務沒有壓力；缺點是失去了圖結構的特徵，效果可能會比較差，並且需要的資源比較多。

2）Mask Graph Attention

注意力機制的運算只在鄰接節點上進行，從而引入了圖的結構資訊。需要注意的是這裡的鄰接節點包含節點自身。

2‧ 圖注意力層

1）GAT 的輸入和輸出

圖注意力層的輸入是一個節點的特徵向量集：

$$\boldsymbol{H}=\{\boldsymbol{h}_1,\boldsymbol{h}_2,\cdots,\boldsymbol{h}_n\}, \quad \boldsymbol{h}_l \in \mathbf{R}^f \tag{5-2}$$

其中，n 是這個圖上的節點數；f 用於表示節點特徵 $\boldsymbol{h}_1$ 的長度。矩陣 $\boldsymbol{H}$ 的維度是 $[n，f]$。R 表示實數集合。H' 表示圖注意力層輸出的特徵向量集。

$$\boldsymbol{H}'=\{\boldsymbol{h}'_1,\boldsymbol{h}'_2,\cdots,\boldsymbol{h}'_n\}, \quad \boldsymbol{h}'_l \in \mathbf{R}^{f'} \tag{5-3}$$

2）注意力計算係數

GAT 和 GCN 的效果是一樣的，是一個特徵提取器。根據 n 個節點的輸入特徵，經過一系列變換之後輸出新的特徵。GAT 使用注意力機制進行資訊的混合，在有了輸入的資料之後，開始計算注意力機制的注意力得分。

對於第 i 個節點，逐一計算它的鄰接節點 j 和它自身節點 i 的注意力係數（注意：這裡通常也會把自身節點包含進去，所以鄰接矩陣的主對角線是有值的）：

$$e_{ij}=\boldsymbol{a}([\boldsymbol{Wh}_i \| \boldsymbol{Wh}_j]), \quad j \in N_i \tag{5-4}$$

(1) 共享的線性對映 $\boldsymbol{W}$ 對節點的特徵進行了增維，第 i 個節點上的特徵向量變為 $\boldsymbol{Wh}_i$。這是一種常見的特徵增強 (Feature Augment) 方法。

(2) 對增強後的兩個特徵做拼接。[· ‖ ·] 對節點 i，j 變換後的特徵進行了拼接 (Concatenate)。

(3) $\boldsymbol{a}$ (·) 把拼接後的高維特徵對映到一個實數上，是透過 Single-Layer Feed forward Neural Network 執行的。這裡的計算方法稱為加性注意力，是古典的注意力機制，它使用了有一個隱藏層的前饋網路 (全連接) 來計算注意力。

(4) 有了注意力係數 e_{ij}，用 Softmax 函式正則化後得到注意力得分：

$$\boldsymbol{a}_{ij}=\frac{\exp\left(\mathrm{LeakyReLU}(e_{ij})\right)}{\sum_{k\in N_i}\exp\left(\mathrm{LeakyReLU}(e_{ik})\right)} \tag{5-5}$$

LeakyReLU 在 ReLU 函式的基礎上，把小於 0 的部分加上了一個微小的梯度。

注意力得分的計算方式如圖 5-10 所示。

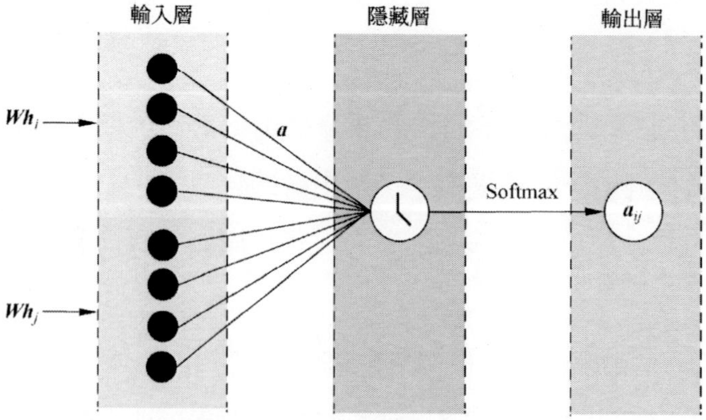

圖 5-10　注意力得分的計算方式

3) 加權求和

式 (5-5) 類似 GCN 的節點特徵更新規則，對所有鄰接節點的特徵做了基於注意力的加權求和。接下來是根據算好的注意力係數把特徵加權求和，具體公式如下：

$$\boldsymbol{h}'_i = \sigma\left(\sum_{j \in N_i} \boldsymbol{a}^k_{ij} \boldsymbol{W}^k \boldsymbol{h}_j\right) \tag{5-6}$$

$\boldsymbol{h}'_i$ 是 GAT 輸出對於每個節點 i 的新特徵，融合了該領域的資訊；$\sigma(\cdot)$ 是激勵函數，通常是 Softmax 或者 Logistic Sigmoid 函式。

Attention 還需要 Multi-Head 的協助，如圖 5-11 所示。

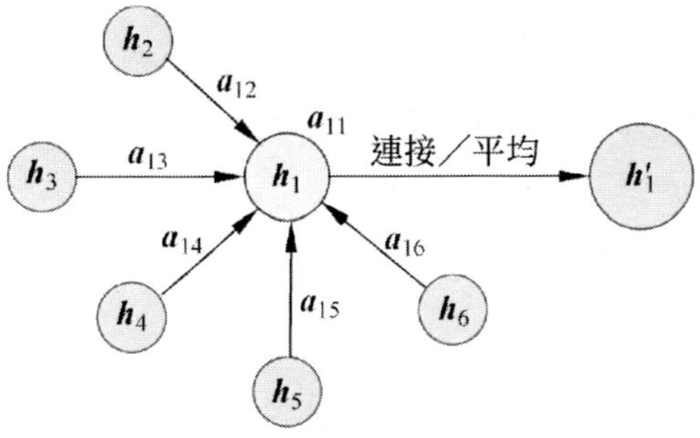

圖 5-11 多頭注意力機制結構

習慣上用多頭注意力 (Multi-Head Attention) 機制來增強效果，具體的計算過程如式 (5-7) 所示。

$$\boldsymbol{h}'_i(K) = \Big\Vert_{k=1}^{K} \sigma\left(\sum_{j \in N_i} \boldsymbol{a}^k_{ij} \boldsymbol{W}^k \boldsymbol{h}_j\right) \tag{5-7}$$

K 是注意機制的頭數，這裡更關注於單頭注意力機制，所以不再展開敘述。

4) 總結

最後對於圖注意力機制作一個總結，從圖形化和矩陣的角度來看，單頭注意力機制的完整過程如圖 5-12 所示。矩陣的維度變化和關係已經在底部標出。其中能夠被機器學習的參數是特徵增強矩陣 $\boldsymbol{W}$ 和 Masked Attention 中的單層神經網路 $\boldsymbol{a}(\cdot)$。

3. 相關工作比較

GAT 層直接解決了用神經網路處理圖結構資料方法中存在的幾個問題。

(1) 計算高效率：自注意力層的操作可以並行化到所有的邊，輸出特徵的計算也可以並行化到所有的節點，多頭注意力機制中每一頭的計算也可以並行化。

(2) 與 GCN 不同的是，GAT 模型允許 (隱式地) 為同一鄰接節點分配不同的重要性，從而大幅提升模型容量；此外，分析學習到的注意力係數可能會在可解釋性方面帶來一些好處。

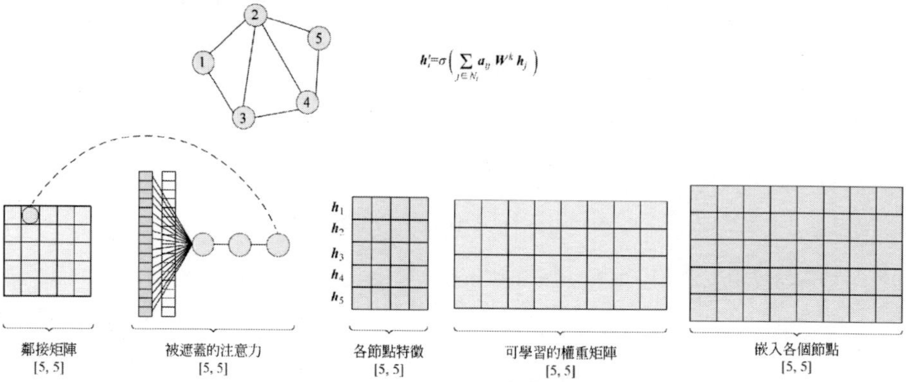

圖 5-12　圖注意力機制的矩陣表示與運算

(3) 注意力機制以一種共享的方式應用於圖中的所有邊，因此它不依賴於預先訪問全域性圖結構或其所有節點。

(4) 不要求圖是無向的，如果 $j \rightarrow i$ 不存在，則只需省去計算 a_{ij}。圖片不顯示。

(5) 使模型能夠處理歸納任務，能夠在訓練中完全看不到的圖形上評估模型。

(6) 無須對節點的重要性進行預先排序。

(7) GAT 模型是 MoNet 的一個特例，但與 MoNet 相比，GAT 模型使用節點特徵進行相似性計算，而不是節點的結構屬性（這需要預先知道圖形結構）。

4. 延伸理解

1) GAT 和 GCN 的關係與區別

GAT 與 GCN 本質上都是將鄰接節點的特徵聚合到中心節點上（aggregate 運算），利用圖上的 Local Stationary 學習新的節點特徵，但是兩者的執行邏輯和方法是不同的：GCN 利用圖的具體結構，以拉普拉斯矩陣進行 Local Convolution；GAT 利用節點之間的相關性，建立注意力係數，並且該係數只與節點的特徵有關，與圖的結構無關，因此 GAT 的學習能力會更強。

2) 為什麼 GAT 適用於有向圖

GAT 採用逐節點運算，對於有向圖來講，可以根據需要選擇計算節點之間的注意力係數，擺脫了 GCN 中拉普拉斯矩陣的束縛，並且，注意力係數也僅與節點特徵相關，與圖結構無關，因此改變圖的結構對 GAT 的影響不大，只需改變鄰接節點的個數，重新計算，這也是能勝任歸納任務的原因所在。

3) 為什麼 GAT 適用於歸納任務

GAT 中重要的學習參數是 $\boldsymbol{W}$ 與 $\boldsymbol{a}$ (·)，因為上述的逐節點運算方式，這兩個參數僅與節點特徵相關，與圖的結構毫無關係，所以測試任務中改變圖的結構對於 GAT 的影響並不大，只需改變 N_i，重新計算。

與此相反，GCN 是一種全圖的計算方式，每次計算都會更新全圖的節點特徵。學習的參數相當程度與圖結構相關，這使 GCN 在歸納任務上遇到困境。

5.2.2　古典演算法的程式碼執行

定義 GraphAttentionLayer，建立單一注意力機制層，程式碼如下：

```
#第5章/5.2.2古典演算法的程式碼執行
class GraphAttentionLayer(nn.Module):
    def __init__(self, in_features, out_features, DropOut, alpha, concat = True):
        super(GraphAttentionLayer, self).__init__()
        self.DropOut = DropOut
        self.in_features = in_features
        self.out_features = out_features
        self.alpha = alpha
        self.concat = concat

        self.W = nn.Parameter(torch.zeros(size = (in_features, out_features)))
        nn.init.xavier_uniform_(self.W.data, gain = 1.414)
        self.a = nn.Parameter(torch.zeros(size = (2 * out_features, 1)))
        nn.init.xavier_uniform_(self.a.data, gain = 1.414)

        self.leakyReLU = nn.LeakyReLU(self.alpha)

    def forward(self, input, adj):
        h = torch.mm(input, self.W) #shape [N, out_features]
        N = h.size()[0]

        a_input = torch.cat([h.repeat(1, N).view(N * N, -1), h.repeat(N, 1)], dim = 1).view
(N, -1, 2 * self.out_features) #shape[N, N, 2 * out_features]
        e = self.leakyReLU(torch.matmul(a_input, self.a).squeeze(2))  #[N,N,1] -> [N,N]

        zero_vec = -9e15 * torch.ones_like(e)
        attention = torch.where(adj > 0, e, zero_vec)
        attention = F.Softmax(attention, dim = 1)
        attention = F.DropOut(attention, self.DropOut, training = self.training)
        h_prime = torch.matmul(attention, h)  #[N,N], [N, out_features] --> [N, out_
features]

        if self.concat:
            return F.elu(h_prime)
        else:
            return h_prime
```

定義 GAT 層，以完成完整的網路模型，程式碼如下：

```
#第5章/5.2.2古典演算法的程式碼執行
class GAT(nn.Module):
    def __init__(self, nfeat, nhid, nclass, DropOut, alpha, nheads):
        super(GAT, self).__init__()
        self.DropOut = DropOut

        self.attentions = [GraphAttentionLayer(nfeat, nhid, DropOut = DropOut, alpha = alpha, concat = True) for _ in range(nheads)]

        for i, attention in enumerate(self.attentions):
            self.add_module('attention_{}'.format(i), attention)

        self.out_att = GraphAttentionLayer(nhid * nheads, nclass, DropOut = DropOut, alpha = alpha, concat = False)
    def forward(self, x, adj):
        x = F.DropOut(x, self.DropOut, training = self.training)
        x = torch.cat([att(x, adj) for att in self.attentions], dim = 1)
        x = F.DropOut(x, self.DropOut, training = self.training)
        x = F.elu(self.out_att(x, adj))
        return F.log_Softmax(x, dim = 1)
```

對模型進行訓練，改善模型，程式碼如下：

```
# 第5章／5.2.2古典演算法的程式碼執行
model = GAT(nfeat = features.shape[1],nhid = args.hidden,
nclass = int(labels.max()) + 1, DropOut = args.DropOut, nheads = args.nb_heads, alpha = args.
alpha)
optimizer = optim.Adam(model.parameters(),lr = args.lr,
weight_decay = args.weight_decay)

features, adj, labels = Variable(features), Variable(adj), Variable(labels)

def train(epoch):
    t = time.time()
    model.train()
    optimizer.zero_grad()
    output = model(features, adj)
    loss_train = F.nll_loss(output[idx_train], labels[idx_train])
    acc_train = accuracy(output[idx_train], labels[idx_train])
    loss_train.backward()
    optimizer.step()

    if not args.fastmode:
        model.eval()
        output = model(features, adj)

    loss_val = F.nll_loss(output[idx_val], labels[idx_val])
    acc_val = accuracy(output[idx_val], labels[idx_val])
    print('Epoch: {:04d}'.format(epoch + 1),
          'loss_train: {:.4f}'.format(loss_train.data.item()),
          'acc_train: {:.4f}'.format(acc_train.data.item()),
          'loss_val: {:.4f}'.format(loss_val.data.item()),
          'acc_val: {:.4f}'.format(acc_val.data.item()),
          'time: {:.4f}s'.format(time.time() - t))

return loss_val.data.item()
```

5.2.3　量子圖注意力網路

1. 量子圖注意力網路（QuGAT）的流程介紹

(1) 輸入原始的圖結構資料：每個節點上的特徵向量 $\boldsymbol{x}_i$ 和圖的鄰接矩陣 $\boldsymbol{A}$。

(2) 將節點的特徵向量進行量子編碼 $q\boldsymbol{x}_{\mathrm{i}}$。

(3) 根據鄰接矩陣 $\boldsymbol{A}$ 確定節點 i 的鄰接節點 $j \in N_{\mathrm{i}}$。

(4) 將目標節點 i 的 $q\boldsymbol{x}_{\mathrm{i}}$ 和所有的鄰接節點 $j \in N_{\mathrm{i}}$ 的 $q\boldsymbol{x}_{\mathrm{j}}$ 拼接後作為輸入，經過一個需要訓練的 QC_1（U_{W}）得到融合的資訊向量 $\boldsymbol{z}_{\mathrm{ij}}$。注意，這裡的 j 包括 i 節點本身，做張量積相當於將量子位元資源擴大了 1 倍。

(5) 將 $\boldsymbol{z}_{\mathrm{ij}}$ 進行多次測量，得到關於節點 i 和節點 j 的注意力係數 a_{ij}。

注意：這裡沒有加 Softmax 函式，因為量子線路的非線性表達能力包含了 Softmax 操作和 LeakyReLU 操作。

(6) 將節點 i 和其鄰接節點 j 的 $q\boldsymbol{x}_{\mathrm{i}}$，$q\boldsymbol{x}_{\mathrm{j}}$，$j \in N_{\mathrm{i}}$ 作為量子線路的輸入，將節點 i 和鄰接節點 j（包括節點 i）的一系列注意力係數 a_{ij}（經過一定的轉換後）作為量子線路 QC_2（U_{atten}）的線路參數，得到關於節點 i 融合了鄰接節點資訊的輸出 $q\boldsymbol{y}_{\mathrm{ii}}$，$q\boldsymbol{y}_{\mathrm{ij}}$，$j \in N_{\mathrm{i}}$。

(7) 將 $q\boldsymbol{y}_{\mathrm{ii}}$，$q\boldsymbol{y}_{\mathrm{ij}}$，$j \in N_{\mathrm{i}}$ 作為輸入經過一個固定的量子線路 QC_3（U_{Sum}）進行加權和操作，得到對應最原始輸入 $\boldsymbol{x}_1$ 的輸出 $\boldsymbol{y}_1$，對所有的 $\boldsymbol{x}_{\mathrm{n}}$ 重複以上步驟得到最終的輸出 $\boldsymbol{y}_1$，$\boldsymbol{y}_2$，⋯，$\boldsymbol{y}_{\mathrm{n}}$。

2· QuGAT 的程式碼執行

首先任意地初始化一組資料，這裡選取 3 個節點 1、2 和 3，除了節點 1 和 3 不連接，其他都連接，每一則訊息用 3 個量子位元編碼，程式碼如下：

```
# 第 5 章／ 5.2.3 量子圖注意力網路
# 輸入資料
# 單個特徵編碼的 qubit 數目
Nqubits=3
# 節點的特徵編碼
```

```
num_of_vertex=3# 節點數
x1=torch.Tensor([1.,0.,2.,0.,1.,0.,2.,0.])#2^(Nqubits)=8
x2=torch.Tensor([0.,1.,1.,0.,0.,1.,1.,0.])
x3=torch.Tensor([0.,2.,1.,1.,0.,2.,1.,1.])
x=[x1,x2,x3]
# 鄰接矩陣
A=([[1,1,0],
    [1,1,1],
    [0,1,1]])
```

然後處理輸入，程式碼如下：

```
# 計算過程 ##
# 計算 x_n- > qx_n，存在 list 中 ##
qx=[]
for n in range(num_of_vertex)：
  qx.append(vector2rho(x[n]))
```

vector2rho（）函式把輸入的資料有序為標準的密度矩陣格式，計算得到注意力得分 alpha_ij，程式碼如下：

```
#第5章/5.2.3量子圖注意力網路
#建立 QC1
QC1 = Cir_Init_Feature(theta_size = 6, n_qubits = Nqubits * 2)
#n_qubits 暫定,theta_size 暫定為6

##計算 alpha_ij,融合 qx_i 和 qx_j,存入 alpha_list
alpha_list = []
for i in range(num_of_vertex):
    alpha_i = []
    for j in A[i]:
        if j: #兩個節點是連接的
            qx_ij = torch.kron(qx[i],qx[j])          #線路的輸入
            qx_ij_out = QC1.forward(qx_ij)           #經由 QC1 量子線路

            sigma_z = z_gate()
            I = I_gate()
            O_M = multi_kron([sigma_z,I,I,I,I,I])
            #測量第1個qubit的sigma_z力學量算符

            alpha_ij = measure(qx_ij_out, O_M)       #進行Z方向上的測量
            alpha_i.append(alpha_ij)
        else:                                        #兩個節點不連接

            alpha_i.append(torch.tensor(0))
    alpha_list.append(alpha_i)

print(alpha_list)
```

將注意力得分作為量子線路的參數，計算 i 和 j 之間的密度矩陣演化，程式碼如下：

```
# 第5章／5.2.3量子圖注意力網路
# 建立量子線路 QC2(XYX 構型)
# 將每一個節點i強化後的特徵值作為輸入，放入attention score參數量子線路QC2中，最終的輸出
# 為qax

qax = [ ]
for i in range(num_of_vertex):
    qaxi = [ ]
    for theta in alpha_list[i]:
        if theta != torch.tensor(0):
            theta = Nonlinear(theta)
            QC2 = Cir_XYX(theta, n_qubits = Nqubits)
            u_out = QC2.forward(qx[i])
            qaxi.append(u_out)
    qax.append(qaxi)
```

對每個節點 i 求最後輸出的密度矩陣，程式碼如下：

```
# 第 5 章／ 5.2.3 量子圖注意力網路
from functools import reduce
 # 建構量子線路 QC3，對兩個輸入相同維度的量子態進行類
Sum 操作
QC3=Cir_Sum(n_qubits=Nqubits*2)
# 兩個相同維度的態相互作用
def sum_two_state(qin1,qin2)：
  " 對兩個相同維度的態，做 Sum 的量子線路融合 "
  qin=torch.kron(qin1,qin2)
  return ptrace(QC3.forward(qin),Nqubits,Nqubits)
q_out=[]
for i in range(num_of_vertex)：
  qi_out=reduce(sum_two_state,qax[i])
  q_out.append(qi_out)
```

第 6 章　量子化對抗自編碼網路

在人工智慧的熱潮下，2014 年生成對抗網路（Generative Adversarial Network，GAN）由伊恩 · 古德費洛（Ian Goodfellow）首次提出，一經提出就受到廣泛關注。至今不到 10 年的時間，就在 GAN 的基礎上衍生出數十種最佳化演算法，如深度卷積生成對抗網路（Deep Convolutional Generative Adversarial Network，DCGAN）、條件生成對抗網路（Conditional Generative Adversarial Network，CGAN）、基於風格的生成對抗網路（StyleGAN）、完全監督的對抗自編碼網路（Supervised Adversarial Auto Encoder，SAAE）等演算法。在圖像生成中可基於輸入的噪音生成目標類型圖像，如人臉、貓和狗的照片等，現有的換臉技術、預測年老後的外貌等均運用了對抗生成網路演算法。

隨著機器學習對電腦計算能力和效率要求越來越高及傳統電腦的「摩爾定律」逐漸失效，量子疊加、量子糾纏為未來電腦及機器學習的發展和突破提供了新的思路。基於量子的機器學習也逐漸成為新的焦點，而 GAN 不僅可應用於圖像處理領域，還在語言處理、棋類比賽程式、結構生成、電腦病毒檢測等多種情境中有重要意義。基於參數化量子線路的 GAN 也應運而生，量子化的 GAN 不僅能完成古典 GAN 的生成對抗任務，而且在訓練過程中能更快收斂。

本章主要介紹古典生成對抗網路、基於參數化量子線路的判別器、古典對抗自編碼網路及量子化的對抗自編碼網路等。

6.1　古典生成對抗網路

博弈論起源於 1944 年一本叫《博弈論和經濟行為》(*Theory of Game and Economic Behavior*) 的書，在這個基礎上約翰 · 富比士 · 納許 (John Forbes Nash Jr.) 首次用數學語言定義了非合作博弈理論並命名為納許均衡 (Nash Equilibrium)。在機器學習快速發展和各學科跨領域融合發展的背景下，機器神經網路和納許均衡為 GAN 的出現奠定了基礎。

6.1.1　生成對抗網路介紹

GAN 模型透過生成器 (Generator) 和判別器 (Discriminator) 博弈改善自身並學習樣本統計性質。零和博弈是 GAN 的核心思想，博弈雙方都盡量使自己的利益最大化，同時利益之和是一個常數，直至達到納許均衡，結束博弈。生成器和判別器相當於博弈雙方，生成器的作用是使訓練樣本和生成樣本盡可能接近，用生成樣本欺騙判別器，而判別器主要對樣本進行判別，正確判斷輸入的樣本是訓練樣本還是生成樣本。在訓練過程中，判別器越來越準確，生成器也只能讓生成的樣本分布和訓練樣本的分布更加接近以欺騙判別器，兩者之間產生博弈。在理想狀況時，判別器的準確率為

$$D(G(z))=0.5 \tag{6-1}$$

在式 (6-1) 中，z 是輸入生成器的噪音；G 代表生成器；D 代表判別器；則 $G(z)$ 代表 z 輸入生成器中產生的生成樣本。故式 (6-1) 表示判別器將生成樣本判定為真實樣本的機率為 0.5，但在 GAN 模型訓練的實際過程中，剛好到達納許均衡是比較困難的。

以手寫體圖像為例，在網路中輸入一幅手寫體圖像，輸出值應該是

1 並對應真實 (Real)，如果圖像不是手寫體，則輸出結果應該是 0，對應虛假 (Fake)，如圖 6-1 所示。

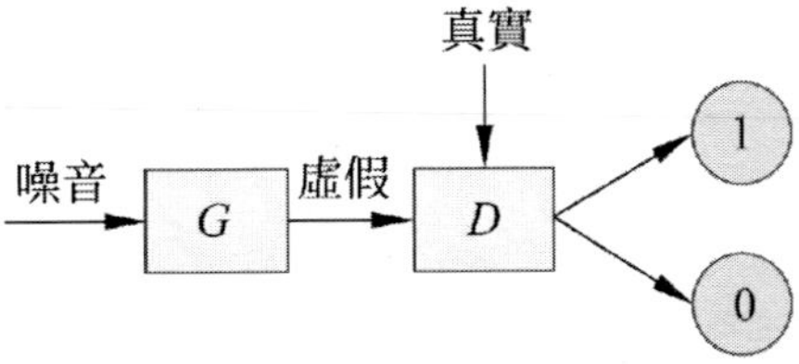

圖 6-1　古典 GAN 網路

生成器的作用是將輸入的噪音生成虛假圖像，判別器的作用則是把真實圖像和生成圖像區分開。訓練的關鍵是引入懲罰機制，即損失函式，虛假圖像透過判別器的檢驗，則獎勵生成器；反之未透過判別器的檢驗，則懲罰生成器。在訓練過程中，生成器需要盡可能地騙過判別器，而判別器則盡可能地鑑定出虛假圖像，GAN 的訓練過程也可以表示為生成器和判別器之間的最小和最大博弈。

$$\min_{G} \max_{D} E_{x \sim p_{\text{data}}} [\log D(x)] + E_{z \sim p(z)} [\log(1 - D(G(z)))] \tag{6-2}$$

式 (6-2) 中，G 代表生成器；D 代表判別器；$p\ (z)$ 代表輸入噪音的先驗資料分布；x 表示訓練樣本；$D\ (x)$ 表示輸入樣本是真實樣本的機率。

6.1.2 GAN 的訓練過程及程式碼

步驟一：向判別器展示一幅訓練樣本中的圖像，並讓判別器對輸入樣本進行判定。輸出結果應為 1，並用損失函式更新判別器，如圖 6-2 所示。

步驟二：依舊訓練判別器，向它展示生成器的虛假圖像，即生成樣本。輸出結果應是 0，然後用損失函式更新判別器，注意這一步不用更新生成器，如圖 6-3 所示。

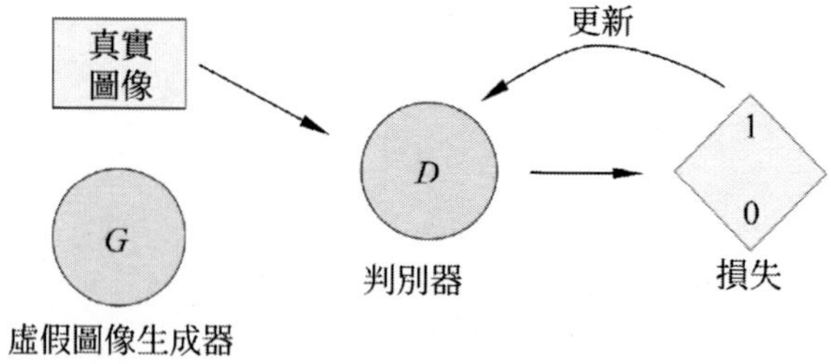

圖 6-2　步驟一

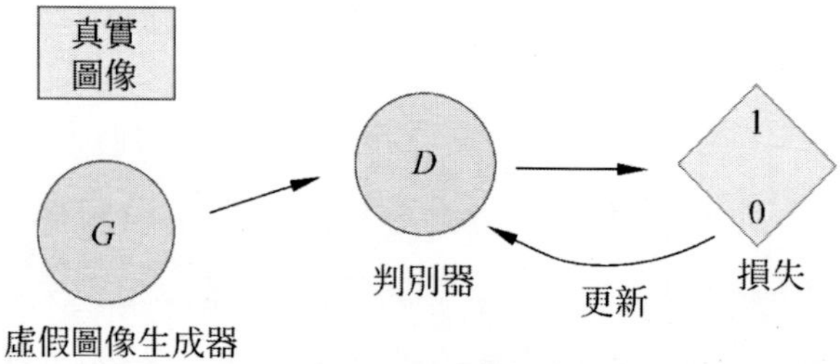

圖 6-3　步驟二

步驟三：訓練生成器，用它生成一幅虛假圖像，並將虛假圖像輸入判別器進行辨別。判別器的預期輸出應該是 1，也就是期望判別器未鑑別出此圖像為虛假圖像，成功騙過判別器，用結果的損失函式更新生成器，但不用更新判別器，如圖 6-4 所示。

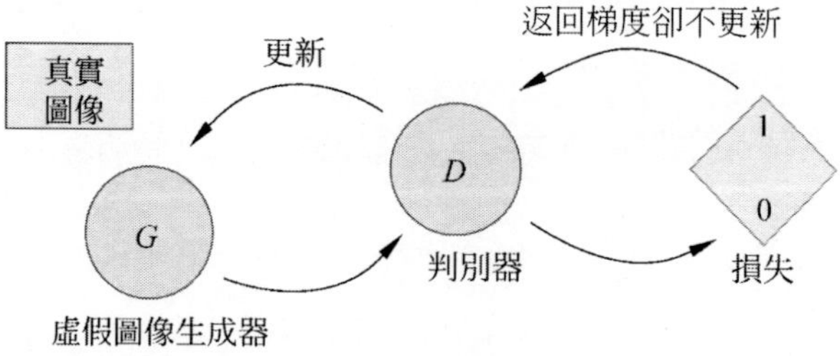

圖 6-4　步驟三

確定生成對抗網路的意義及訓練過程後，可基於 PyTorch 完成。在開始寫程式碼前除了匯入所需的 Torch 包，還需要安裝 torchvision 和 matplotlib。在自定義的虛擬環境下，安裝命令如下：

```
# 安裝 torchvision 和 matplotlib
$conda install torchvision# 將 conda 替換為 pip 也可以安裝
$conda install matplotlib
```

接下來，在開始機器學習的 Python 環境後，匯入 Torch 框架下所需要的庫檔案，程式碼如下：

```
# 匯入 GAN 所需的包
import torch
import torch.nn as nn
import torchvision
from torchvision import transforms
from torchvision.utils import save_image
import matplotlib.image as mpimg
import matplotlib.pyplot as plt
```

其中，torchvision 包含一些處理圖像和影片常用的資料集、模型、轉換函式等，在這裡可以用於手寫體資料集的載入。matplotlib 主要用於結果視覺化處理，可自行選擇是否使用。下一步設定學習率、步長等基本變數。這裡使用的是公開的手寫體資料集，故圖像尺寸為 784，程式碼如下：

```
# 第 6 章／ 6.1.2 GAN 的訓練過程及程式碼
# 設定神經元個數、批訓練資料量、學習率等基本變數
image_size=784
hidden_size=256
h_dim=400
z_dim=20
```

```
num_epochs=30
batch_size=128
latent_size=100
learning_rate=0.001
```

載入手寫體資料集，並將資料分成批訓練，程式碼如下：

```
# 載入資料集
dataset = torchvision.datasets.MNIST(root = 'data',
                                     train = True,
                                     transform = transforms.ToTensor(),
                                     download = False)
data_loader = torch.utils.data.DataLoader(dataset = dataset,
                                     batch_size = batch_size,
                                     shuffle = True)
```

torch.device 主要是為資料處理分配設備。torch.device 包含一個設備類型 ('cpu' 或 'CUDA') 和可選的設備序號。'CUDA' 可指定，預設值為 0。如果設備序號不存在，則使用當前設備，程式碼如下：

```
# 分配設備進行訓練
device=torch.device('CUDA'if torch.CUDA.is_available()else
'cpu')
```

建構 GAN 的生成器和判別器網路結構，這裡使用 nn.Linear 和 nn.LeakyReLU 等函式，建構方式並不唯一，程式碼如下：

```
#第6章/6.1.2 GAN的訓練過程及程式碼
#建立判別器
D = nn.Sequential(
    nn.Linear(image_size, hidden_size),
    nn.LeakyReLU(0.2),
    nn.Linear(hidden_size, hidden_size),
    nn.LeakyReLU(0.2),
    nn.Linear(hidden_size, 1),
    nn.Sigmoid()
)

#建立生成器
G = nn.Sequential(
    nn.Linear(latent_size, hidden_size),
    nn.Relu(),
    nn.Linear(hidden_size, hidden_size),
    nn.Relu(),
    nn.Linear(hidden_size, image_size),
    nn.Tanh()
)
```

使用 BCELoss ()損失函式和 Adam 優化器對 GAN 進行獎懲和最佳化，程式碼如下：

```
#定義損失函式，以及判別器和生成器的優化器
criterion=nn.BCELoss()
d_optimizer=torch.optim.Adam(D.parameters(),lr=0.0003)
g_optimizer=torch.optim.Adam(G.parameters(),lr=0.0003)
```

完成資料載入、生成器、判別器、優化器的建立等操作，接下來交替訓練判別器和生成器並透過上述損失函式對判別器和生成器進行獎懲，使用優化器改良兩者的參數空間，程式碼如下：

```
#第6章／6.1.2 GAN的訓練過程及程式碼
#訓練模型
for epoch in range(num_epochs):
    for i, (images, _) in enumerate(data_loader):
        images = images.reshape(batch_size, -1).to(device)
        if images.size()[1] == image_size:
            #定義圖像是真或假的標籤
            real_labels = torch.ones(batch_size, 1).to(device)
            fake_labels = torch.zeros(batch_size, 1).to(device)
            #訓練判別器
            #定義判別器對真圖像的損失函數
            outputs = D(images)
            d_loss_real = criterion(outputs, real_labels)
            real_score = outputs
            #定義判別器對假圖像(由潛在空間點生成的圖像)的損失函式
            z = torch.randn(batch_size, latent_size).to(device)
            fake_images = G(z)
            outputs = D(fake_images)
            d_loss_fake = criterion(outputs, fake_labels)
            fake_score = outputs
            #得到判別器整體的損失函數
            d_loss = d_loss_real + d_loss_fake
            d_optimizer.zero_grad()
            d_loss.backward()
            d_optimizer.step()
            #訓練生成器
            #定義生成器損失函數
            z = torch.randn(batch_size, latent_size).to(device)
            fake_images = G(z)
            outputs = D(fake_images)
            g_loss = criterion(outputs, real_labels)
            #最佳化
            g_optimizer.zero_grad()
            g_loss.backward()
            g_optimizer.step()
            if (i + 1) % 200 == 0:
                print('Epoch [{}/{}], d_loss: {:.4f}, g_loss: {:.4f} '
                      'D(x): {:.2f}, D(G(z)): {:.2f}'.format(
                    epoch, num_epochs, d_loss.item(), g_loss.item(),
                    real_score.mean().item(), fake_score.mean().item()))
    if images.size()[1] == image_size:
        if (epoch + 1) == 1:
            images = images.reshape(images.size(0), 1, 28, 28)
            save_image(images, './img/real_images.png')

    fake_images = fake_images.reshape(fake_images.size(0), 1, 28, 28)
    save_image(fake_images, './img/fake_images-{}.png'.format(epoch + 1))

torch.save(G.state_dict(), './generator.pth')
torch.save(D.state_dict(), './discriminator.pth')
```

對訓練結果進行視覺化呈現，更直觀地檢視訓練結果並進行演算法改良和對比，程式碼如下：

```
# 視覺化呈現訓練結果
reconsPath='./img/fake_images-20.png'
Image=mpimg.imread(reconsPath)
plt.imshow(Image)
plt.axis('off')
plt.show()
```

6.1.3 GAN 的損失函式

從 GAN 的流程圖可以看出，控制生成器和判別器的關鍵是損失函式。其中，為了讓判別器能夠辨別是非，判別器的損失函式通常要同時考慮辨識真實圖像和虛假圖像的能力，而生成器的損失函式主要考慮與真實圖像的逼近。

理想狀態下，生成器和判別器在訓練期間都不斷嘗試最大化自己的收益，最終收斂在

$$G^* = \arg\min_G \max_D V(G,D) \tag{6-3}$$

V 一般選擇

$$V(G,D) = E_{x\sim p_r}\log D(x) + E_{x\sim pG}\log(1-D(x)) \tag{6-4}$$

然而在實務中，由於 G、D 和 $\max_D V(G,D)$ 通常非凸，並且生成器的損失依賴於判別器損失的後向傳遞，當判別器能準確判別真假時，向後傳遞的資訊非常少，生成器無法形成自身的損失，這些原因可導致 GAN 的學習比較困難，不容易收斂。

在此，提供幾種古典的、訓練效果較好的損失函式供讀者選擇。

標準 GAN 損失函式的程式碼如下：

```
#第 6 章／ 6.1.3 GAN 的損失函式
import torch
import torch.nn as nn
from torch.nn import BCEWithLogitsLoss
criterion=BCEWithLogitsLoss()
#分別對真實資料和虛假資料進行預測
r_preds=dis(real_samps)
f_preds=dis(fake_samps)
#計算真實值損失
 real_loss=criterion(torch.squeeze(r_preds),torch.ones(real_
samps.shape[0]))
#計算虛假值損失
 fake_loss=criterion(torch.squeeze(f_preds),torch.zeros(fake_
samps.shape[0]))
#計算判別器損失
dis_loss=(real_loss+fake_loss)/2
#計算生成器損失
gen_loss=criterion(torch.squeeze(preds),torch.ones(fake_samps.
shape[0]))
```

Hinge Loss 的程式碼如下：

```
r_preds=dis(real_samps)
f_preds=dis(fake_samps)
```

```
    dis_loss=torch.mean(nn.Relu()(1-r_preds))+torch.mean(nn.
Relu()(1+f_preds))
   gen_loss=-torch.mean(f_preds)
```

Relativistic Average Hinge Loss 的程式碼如下：

```
   r_preds=dis(real_samps)
   f_preds=dis(fake_samps)
   #真實值和虛假值之間的差異
   r_f_diff=r_preds-torch.mean(f_preds)
    dis_loss=torch.mean(nn.Relu()(1-r_f_diff))+torch.mean(nn.
Relu()(1+f_r_diff))
    gen_loss=torch.mean(nn.Relu()(1+r_f_diff))+torch.mean(nn.
Relu()(1-f_r_diff))
```

帶懲罰項的 Logistic Loss 的程式碼如下：

```
#第6章/6.1.2 GAN的訓練過程及程式碼
real_img = torch.autograd.Variable(real_img, requires_grad = True)
real_logit = dis(real_img)
real_grads = torch.autograd.grad(outputs = real_logit, inputs = real_img,
                              grad_outputs = torch.ones(real_logit.size()),
                              create_graph = True,
retain_graph = True)[0].view(real_img.size(0), -1)
r1_penalty = torch.sum(torch.mul(real_grads, real_grads))
#判別器損失
dis_loss = torch.mean(nn.Softplus()(f_preds)) + \
torch.mean(nn.Softplus()(-r_preds)) + (r1_gamma * 0.5) * r1_penalty
gen_loss = torch.mean(nn.Softplus()(-f_preds))
```

此外，Wasserstein Distance 也在 GAN 中應用廣泛，並有 WGAN-GP 和 WGAN-CP 等變形，感興趣的讀者可以進一步了解。

6.2　量子判別器

GAN 中判別器負責估計輸入樣本是訓練樣本的機率，根據這個數值利用恰當的損失函式，再訓練生成器以提高生成樣本是訓練樣本的機率。由於判別器和生成器的對抗博弈，判別器對資料的辨識和預估能力會直接影響生成器的生成能力和最終的訓練結果。在 GAN 和以 GAN 為基礎的衍生模型訓練時常會出現模式崩潰問題：第一，訓練難以收斂達到納許均衡，生成結果具有隨機性，難以復現；第二，訓練收斂，如手寫體資料集訓練結束後，GAN 只能生成一個或某幾個手寫數字；第三，訓練結束後的 GAN 模型涵蓋所有模式，生成一些沒有意義的資料。

針對模式崩潰問題有大量學者進行研究，但其發生的原因尚未被完全理解。目前得到普遍認同的解釋是在判別器具有良好的辨識和預估能力之前，生成器的欺騙能力已經遠高於判別器的辨識能力，率先發現一個能被判別器一直判定為訓練樣本的生成樣本。基於參數化量子線路的判別器，即量子判別器能有效地降低模式崩潰問題的發生。據研究調查發現，量子 GAN 中量子判別器使用量子線路的位元數數量比量子生成器的更敏感；量子判別器可以收斂是整個量子 GAN 模型收斂的充要條件；同時量子判別器比量子生成器更穩定，故本節主要介紹量子判別器。

量子判別器由 n 位元量子線路、Pauli 旋轉閘、受控閘和測量組成。它是參數化量子線路組成的神經網路，有目標態和生成態兩個輸入，透過測量輸出量子態得到辨識結果，即將目標態判斷為目標態的機率或將生成態判斷為目標態的機率。量子判別器測量的操作結果對應著古典判別器對樣本的判定結果。對於 n 位元線路，測量前輸出的量子態是一個 $2^n \times 2^n$ 的量子態密度矩陣，測量後得到 n 個測量結果。測量操作和量子測量是對應的，測量量子疊加坍塌為某個固定的值，狀態相同的量子坍塌結果不一定相同，但是最終測量結果符合量子系統機率分布。基於參數化量子線路的判別器線路可以由多個量子卷積核和量子池化核按一定規律設置在 *n* 位元線路上組成，其中，量子卷積核和量子池化核均由 Pauli 旋轉閘和受控閘組成，故也可以直接設置 Pauli 旋轉閘和受控閘在量子線路上組成量子判別器。

假設量子判別器由 4 位元線路加 12 個 Pauli 旋轉閘和 4 個受控閘組成，其中，Pauli 旋轉閘和受控閘的設置方式和順序如圖 6-5 所示。可根據圖 6-5 編寫基於 PyTorch 的量子判別器。

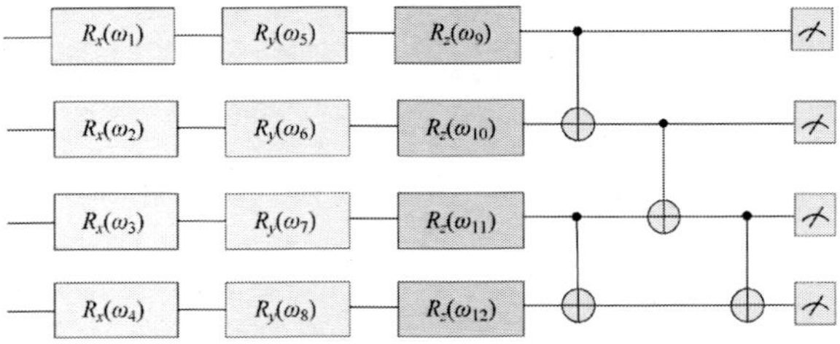

圖 6-5 基於參數化量子線路的判別器線路

首先啟用環境，匯入所需要的包，程式碼如下：

```
    # 匯入包
    import torch
    from torch import nn
    from deepquantum import Circuit
     from deepquantum.utils import dag,measure_state,ptrace,multi_
kron,encoding,expecval_
    ZI,measure
```

DeepQuantum 包已經包含了參數化量子線路所需要的各種量子運算操作、Pauli 旋轉閘、受控閘和測量等，根據圖 6-5 建立量子判別器，程式碼如下：

```
#建立參數化量子線路判別器
class QuDis(nn.Module):
    #初始化參數
    def __init__(self, n_qubits, gain = 2 ** 0.5, use_wscale = True, lrmul = 1):
        super().__init__()
        he_std = gain * 5 ** (-0.5)
        if use_wscale:
            init_std = 1.0 / lrmul
            self.w_mul = he_std * lrmul
        else:
            init_std = he_std / lrmul
            self.w_mul = lrmul

        self.n_qubits = n_qubits
        #用 nn.Parameter對每一個module的參數進行初始化
        self.weight = nn.Parameter(nn.init.uniform_(torch.empty(3 * self.n_qubits), a = 0.0,
b = 2 * np.pi) * init_std)

    #根據量子線路圖設置旋轉閘及受控閘
    def layer(self):
        w = self.weight * self.w_mul
        cir = Circuit(self.n_qubits)

        #旋轉閘
        for which_q in range(0, self.n_qubits):
            cir.rx(which_q, w[which_q])
            cir.ry(which_q, w[which_q + 4])
            cir.rz(which_q, w[which_q + 8])

        #受控閘
        for which_q in range(1, self.n_qubits):
            cir.cnot(which_q - 1, which_q)
        cir.cnot(which_q - 1, which_q)
        U = cir.get()
        return U

    def forward(self, x):
        cir = Circuit(self.n_qubits)
        E_qlayer = self.layer()
        qdiscriminator = E_qlayer @ x @ dag(E_qlayer)
        qdiscriminator_out = measure(qdiscriminator, self.n_qubits)
        #返回測量值
        return qdiscriminator_out
class Q_Discriminator(nn.Module):
    def __init__(self, n_qubit):
        super().__init__()
        #n_qubits 量子判別器，可以根據需要自行設置，這裡 n_qubits = 4
        self.n_qubit = n_qubit
        self.discriminator = QuDis(self.n_qubit)

    def forward(self, x):
        #x:進行判別的量子態資料
        x_out = self.discriminator(x)
        return x_out
```

參數化量子判別器線路的設置並不唯一，可根據所學量子物理知識、對 GAN 的理解、處理樣本需求及電腦效能等方面，自行修改建立的量子判別器。

6.3 對抗自編碼網路

生成模型能獲得豐富的資料分布。第 4 章提到的變分自編碼 (VAE) 網路和 6.2 節提到的生成對抗網路 (GAN) 是生成模型的古典代表，其中，VAE 主要透過辨識網路來預測潛變數的後驗分布；GAN 主要基於博弈論，期望找到判別器和生成器的納許均衡點。對抗自編碼 (Adversarial Autoencoder，AAE) 網路是 VAE 和 GAN 融合的深層生成模型。VAE 的編碼器 (Encoder) 將 x 編碼為 z，然後解碼器 (Decoder) 透過 z 重構 x。AAE 在 VAE 隱藏層進行對抗學習，解碼器從 z 重構 x，與 GAN 模型生成器功能類似，AAE 的生成器是解碼器。由於 AAE 中的解碼器自帶特徵提取、噪音少，故效能比 GAN 中的生成器效能更好。

6.3.1 對抗自編碼網路架構

本節將介紹一種對抗自編碼網路，它將自編碼器融入對抗生成模型中。與 VAE 對潛空間增加一個潛碼服從的高斯分布的概念類似，AAE 使用對抗訓練來使編碼器生成的潛碼的後驗分布與先驗高斯分布進行匹配，而 VAE 則使用 KL 散度來衡量這兩個分布間的差異。

對抗自編碼網路包含兩個不同的訓練階段：第 1 個階段稱為重建階段，這一個階段透過最小化生成圖像與原圖像的差異，即重構誤差來訓練和更新編碼器及解碼器的參數；第 2 個階段稱為正則化階段，這一個階段主要進行對抗訓練，首先對判別器進行訓練和更新，以辨別潛碼來自先驗分布還是編碼器；其次對生成器即編碼器進行訓練和更新，以混淆判別器。

對抗自編碼網路的結構如圖 6-6 所示，x 為輸入資料，$q\ (z|x)$ 表示編碼網路，z 表示潛碼，$q\ (z)$ 表示由編碼器生成潛碼所在的後驗分布，$p\ (z)$ 是需要指定的先驗分布。其中，上半部分代表一個標準的自編碼網路，透過對 x 進行編碼得到潛碼 z，再透過解碼器還原 x。下半部分表示對抗網路，用於區分潛碼樣本是來自指定的先驗樣本分布，還是來自自編碼中編碼器生成的樣本分布。

6.3.2　對抗自編碼網路的程式碼執行

前面已經介紹了 AAE 的架構和原理，接下來採用 PyTorch 完成這一個模型，資料集使用 MNIST，程式碼中預設資料集已經下載完畢並放在相應的 data 路徑中。

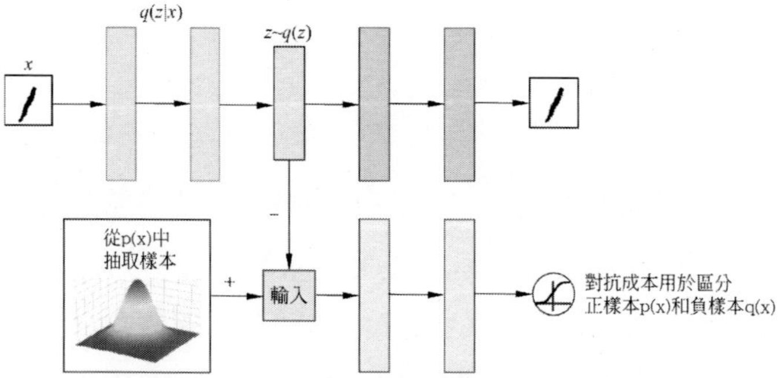

圖 6-6　AAE 網路的結構

匯入包及設定超參數，程式碼如下：

```
#第 6 章／6.3.2 對抗自編碼網路的程式碼執行
#匯入包
```

```
import torch
import pickle
import numpy as np
from torch.autograd import Variable
import torch.nn as nn
import torch.nn.functional as F
import torch.optim as optim
# 訓練參數設定
seed=10
n_classes=10
z_dim=2
X_dim=784
y_dim=10
batch_size=100
train_batch_size=batch_size
valid_batch_size=batch_size
N=1000
epochs=50
```

對資料進行預處理，生成有標籤資料集，驗證有標籤資料集和無標籤資料集，程式碼如下：

```
# 第6章/6.3.2 對抗自編碼網路的程式碼執行
import torchvision
import torchvision.transforms as transforms
```

```
from torch.utils.data import Dataset
import pickle
import numpy as np
from torchvision.datasets import MNIST


#定義MNIST子集
class subMNIST(Dataset):
    def __init__(self, dataset, k = 3000):
        super(subMNIST, self).__init__()
        self.k = k
        self.dataset = dataset

    def __len__(self):
        return self.k

    def __getitem__(self, item):
        img, target = self.dataset.data[item], int(self.dataset.targets[item])
        return img, target
#轉換為Tensor,服從正態分布
transform = transforms.Compose([transforms.ToTensor(),
                    transforms.Normalize((0.1307,), (0.3081,))])
#獲得完整的MNIST資料集
trainset_original = MNIST('data', train = True, download = False, transform = transform)
#獲得訓練集和驗證集指標
train_label_index = []
valid_label_index = []
for i in range(10):
    train_label_list = trainset_original.train_labels.NumPy()
    label_index = np.where(train_label_list == i)[0]
    label_subindex = list(label_index[:300])
    valid_subindex = list(label_index[300: 1000 + 300])
    train_label_index += label_subindex
    valid_label_index += valid_subindex
#獲得有標籤訓練集
trainset_np = trainset_original.train_data.NumPy()
trainset_label_np = trainset_original.train_labels.NumPy()
train_data_sub = torch.from_numpy(trainset_np[train_label_index])
train_labels_sub = torch.from_numpy(trainset_label_np[train_label_index])

trainset_new = subMNIST(root = './data', train = True,
download = True, transform = transform, k = 3000)
trainset_new.train_data = train_data_sub.clone()
trainset_new.train_labels = train_labels_sub.clone()
```

```
pickle.dump(trainset_new, open("./data/train_labeled.p", "wb"))
# 獲得有標籤驗證集
validset_np = trainset_original.train_data.NumPy()
validset_label_np = trainset_original.train_labels.NumPy()
valid_data_sub = torch.from_numpy(validset_np[valid_label_index])
valid_labels_sub = torch.from_numpy(validset_label_np[valid_label_index])

validset = subMNIST(root='./data', train=False,
download=True, transform=transform, k=10000)
validset.test_data = valid_data_sub.clone()
validset.test_labels = valid_labels_sub.clone()

pickle.dump(validset, open("./data/validation.p", "wb"))
# 獲得無標籤訓練集
train_unlabel_index = []
for i in range(60000):
    if i in train_label_index or i in valid_label_index:
        pass
    else:
        train_unlabel_index.append(i)

trainset_np = trainset_original.train_data.NumPy()
trainset_label_np = trainset_original.train_labels.NumPy()
train_data_sub_unl = torch.from_numpy(trainset_np[train_unlabel_index])
train_labels_sub_unl = torch.from_numpy(trainset_label_np[train_unlabel_index])

trainset_new_unl = subMNIST(root='./data', train=True,
download=True, transform=transform, k=47000)
trainset_new_unl.train_data = train_data_sub_unl.clone()
trainset_new_unl.train_labels = None        # 無標籤

pickle.dump(trainset_new_unl, open("./data/train_unlabeled.p", "wb"))
```

定義資料載入函式，程式碼如下：

```
# 第 6 章／6.3.2 對抗自編碼網路的程式碼執行
# 載入資料
def load_data(data_path='./data/'):
    print('loading data!')
```

```
        trainset_labeled=pickle.load(open(data_path+ " train_labeled.
p " , " rb " ))
        trainset_unlabeled=pickle.load(open(data_path+ " train_unla-
beled.p " , " rb " ))
        # 將無標籤資料的標籤設定為 -1
          trainset_unlabeled.train_labels=torch.from_numpy(np.ar-
ray([-1]*47000))
          validset=pickle.load(open(data_path+ " validation.p " , "
rb " ))
    train_labeled_loader=torch.utils.data.DataLoader(
    trainset_labeled,batch_size=train_batch_size,shuffle=True)

    train_unlabeled_loader=torch.utils.data.DataLoader(
    trainset_unlabeled,batch_size=train_batch_size,shuffle=True)

    valid_loader=torch.utils.data.DataLoader(validset,
    batch_size=valid_batch_size,shuffle=True)
    return train_labeled_loader,train_unlabeled_loader,valid_loader
```

定義 AAE 模型，主要包含編碼器、解碼器和判別器，程式碼如下：

```
#第6章/6.3.2 對抗自編碼網路的程式碼執行
#編碼器
class Q_net(nn.Module):
    def __init__(self):
        super(Q_net, self).__init__()
        self.lin1 = nn.Linear(X_dim, N)
        self.lin2 = nn.Linear(N, N)
        #高斯潛碼
        self.lin3gauss = nn.Linear(N, z_dim)

    def forward(self, x):
        x = F.DropOut(self.lin1(x), p=0.2, training=self.training)
        x = F.ReLU(x)
  #解碼器
class P_net(nn.Module):
    def __init__(self):
        super(P_net, self).__init__()
        self.lin1 = nn.Linear(z_dim, N)
        self.lin2 = nn.Linear(N, N)
        self.lin3 = nn.Linear(N, X_dim)

    def forward(self, x):
        x = self.lin1(x)
        x = F.DropOut(x, p=0.2, training=self.training)
        x = F.ReLU(x)
        x = self.lin2(x)
        x = F.DropOut(x, p=0.2, training=self.training)
        x = self.lin3(x)
        return F.sigmoid(x)


#判別器
class D_net_gauss(nn.Module):
    def __init__(self):
        super(D_net_gauss, self).__init__()
        self.lin1 = nn.Linear(z_dim, N)
        self.lin2 = nn.Linear(N, N)
        self.lin3 = nn.Linear(N, 1)

    def forward(self, x):
        x = F.DropOut(self.lin1(x), p=0.2, training=self.training)
        x = F.ReLU(x)
        x = F.DropOut(self.lin2(x), p=0.2, training=self.training)
        x = F.ReLU(x)
        return F.sigmoid(self.lin3(x))
```

定義儲存模型和輸出損失函式，程式碼如下：

```
# 第 6 章／ 6.3.2 對抗自編碼網路的程式碼執行
# 儲存模型
def save_model(model,filename)：
torch.save(model.state_dict(),filename)
# 輸出損失
def report_loss(epoch,D_loss_gauss,G_loss,recon_loss)：
    print('Epoch-{};D_loss_gauss：{：.4};G_loss：{：.4};recon_
loss：{：.4}'.format(epoch,
      D_loss_gauss.item(),G_loss.item(),recon_loss.item()))
```

訓練一個 epoch 過程，程式碼如下：

```
# 第6章／6.3.2 對抗自編碼網路的程式碼執行
# 一個epoch訓練過程
def train(P, Q, D_gauss, P_decoder, Q_encoder, Q_generator,
D_gauss_solver, data_loader):
    TINY = 1e-15
    # 將網路設定為訓練模式
    Q.train()
    P.train()
    D_gauss.train()
    # 循環遍歷資料集，從每個資料集中獲取一個樣本
# 資料集大小必須是批次處理大小的整數倍數，否則將返回無效樣本
    for X, target in data_loader:
        # 載入批次處理樣本為介於0和1之間
        X = X * 0.3081 + 0.1307
        X.resize_(train_batch_size, X_dim)
```

```
    X, target = Variable(X), Variable(target)

    #梯度清零
    P.zero_grad()
    Q.zero_grad()
    D_gauss.zero_grad()

    #重建階段
    z_sample = Q(X)
    X_sample = P(z_sample)
    recon_loss = F.binary_cross_entropy(X_sample + TINY,
X.resize(train_batch_size, X_dim) + TINY)

    recon_loss.backward()
    P_decoder.step()
    Q_encoder.step()

    P.zero_grad()
    Q.zero_grad()
    D_gauss.zero_grad()

    #正則化(對抗訓練)階段
    #判別器
    Q.eval()
    z_real_gauss = Variable(torch.randn(train_batch_size, z_dim) * 5.)

    z_fake_gauss = Q(X)


    D_real_gauss = D_gauss(z_real_gauss)
    D_fake_gauss = D_gauss(z_fake_gauss)

    D_loss =  - torch.mean(torch.log(D_real_gauss + TINY) + \
    torch.log(1 - D_fake_gauss + TINY))

    D_loss.backward()
    D_gauss_solver.step()

    P.zero_grad()
    Q.zero_grad()
    D_gauss.zero_grad()

    #生成器
    Q.train()
    z_fake_gauss = Q(X)
```

```
        D_loss.backward()
        D_gauss_solver.step()

        P.zero_grad()
        Q.zero_grad()
        D_gauss.zero_grad()

        # 生成器
        Q.train()
        z_fake_gauss = Q(X)
```

訓練模型，程式碼如下：

```
#第6章／6.3.2 對抗自編碼網路的程式碼執行
#訓練模型
def generate_model(train_labeled_loader, train_unlabeled_loader, valid_loader):
    torch.manual_seed(10)
    Q = Q_net()
    P = P_net()
    D_gauss = D_net_gauss()

    #設定學習率
    gen_lr = 0.0001
    reg_lr = 0.00005

    #設定優化器
    P_decoder = optim.Adam(P.parameters(), lr = gen_lr)
    Q_encoder = optim.Adam(Q.parameters(), lr = gen_lr)

    Q_generator = optim.Adam(Q.parameters(), lr = reg_lr)
    D_gauss_solver = optim.Adam(D_gauss.parameters(), lr = reg_lr)

    for epoch in range(epochs):
        D_loss_gauss, G_loss, recon_loss = train(P, Q, D_gauss,
        P_decoder, Q_encoder, Q_generator, D_gauss_solver,
        train_unlabeled_loader)
        if epoch % 1 == 0:
            report_loss(epoch, D_loss_gauss, G_loss, recon_loss)
    return Q, P
```

定義主函式，儲存訓練模型，程式碼如下：

```
# 第 6 章／ 6.3.2 對抗自編碼網路的程式碼執行
if__name__=='__main__'：
    train_labeled_loader,train_unlabeled_loader,valid_loader=-
load_data()
  Q,P=generate_model(train_labeled_loader,
train_unlabeled_loader,valid_loader)
  save_path=''
  save_model(Q,save_path)
  save_model(P,save_path)
```

至此，AAE 網路建立完畢，接下來介紹完全監督的對抗自編碼(SAAE)網路，並用類似的方法執行。

6.3.3 完全監督的對抗自編碼網路架構

生成模型能夠有效地將類別標籤資料從許多潛在變化因素中分離出來。基於這一個概念，完全監督的對抗自編碼網路被設計為可以將標籤類別資訊和圖像風格資訊分離，如圖 6-7 所示。

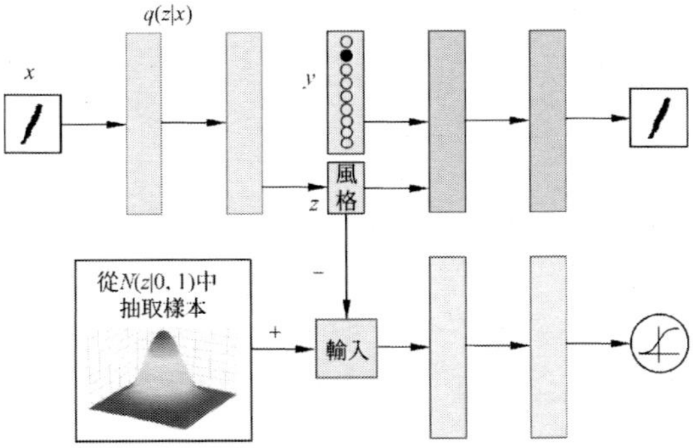

圖 6-7 SAAE 網路的結構

與 AAE 網路相比，SAAE 網路主要的改變是將標籤資訊以 one-hot 編碼的形式（圖 6-7 中的 *y*）輸入解碼器中。解碼器因此得以使用標籤資訊和潛碼共同重建圖像，並且，SAAE 網路能夠讓潛碼保留獨立於標籤的所有資訊。

6.3.4　完全監督的對抗自編碼網路的程式碼執行

完全監督的對抗自編碼網路的程式碼執行與對抗自編碼網路基本吻合，只需要在重建階段中新增標籤資訊，以下展現這部分程式碼的差異。

定義獲取類別函式，程式碼如下：

```
#獲取類別資訊
def get_categorical(labels,n_classes=10)：
  cat=np.array(labels.data.tolist())
  cat=np.eye(n_classes)[cat].astype('float32')
  cat=torch.from_numpy(cat)
  return Variable(cat)
```

含有類別標籤資訊的重建階段，程式碼如下：

```
#第 6 章／ 6.3.4 完全監督的對抗自編碼網路的程式碼執行
#重建階段
z_gauss=Q(X)
z_cat=get_categorical(target,n_classes=10)
z_sample=torch.cat((z_cat,z_gauss),1)
X_sample=P(z_sample)
recon_loss=F.binary_cross_entropy(X_sample+/
```

```
TINY,X.resize(train_batch_size,X_dim)+TINY)
recon_loss.backward()
P_decoder.step()
Q_encoder.step()
P.zero_grad()
Q.zero_grad()
D_gauss.zero_grad()
```

最後，值得注意的是，在訓練過程中，要將資料集切換為有標籤的，AAE 中使用的資料集為無標籤的。

此外，還有半監督的對抗自編碼 (SSAAE) 網路，是將標籤資訊進行另一個對抗訓練，以服從提供的樣本標籤，可以應用在維度壓縮上，感興趣的讀者可以繼續深入了解。

6.3.5 量子有監督對抗自編碼網路

機器學習在電子電腦設備上執行的算力需求迅速增加，但半導體積體電路製造技術接近奈米極限而出現瓶頸，基於參數化量子線路的 SAAE 演算法既能在量子尺度下正常工作，又能在第四代電腦上正常執行。它由量子編碼器、量子解碼器和量子判別器組成。在古典的 SAAE 中用損失函式來評估兩個樣本之間的差異，由於量子態資料直接使用損失函式，需要進行複雜的推導並自行編寫函式，因此將量子態資料轉換為古典資料使用損失函式並沒用實際意義，故這裡引入保真度來評價兩個量子態之間的差異。保真度公式如下：

$$\text{fidelity} = \text{tr}(\rho\sigma) + \sqrt{1 - \text{tr}(\rho^2)} \times \sqrt{1 - \text{tr}(\sigma^2)} \tag{6-5}$$

式 (6-5) 和第 3 章提到的保真度公式一樣，在這裡不再贅述。保真度可根據模型要求進行替換。

量子對抗自編碼網路可根據古典 SAAE 中編碼器、解碼器及判別器的邏輯替換為量子編碼器、量子解碼器及量子判別器，完成 AAE 的編碼、重建及對抗任務和功能。

首先，匯入所需要的包，程式碼如下：

```
# 匯入包
import torch
import torch.nn as nn
import torch.nn.functional as F
import numpy as np
import pandas as pd
```

定義量子編碼器。量子編碼器主要由 Pauli 旋轉閘和受控閘組成，用於實現資料的編碼過程，這裡使用偏跡運算對輸入量子態數進行壓縮，模擬古典 SAAE 中的編碼過程。

量子編碼器的線路結構如圖 6-8 所示，可以根據輸入資料的結構設定線路數量。

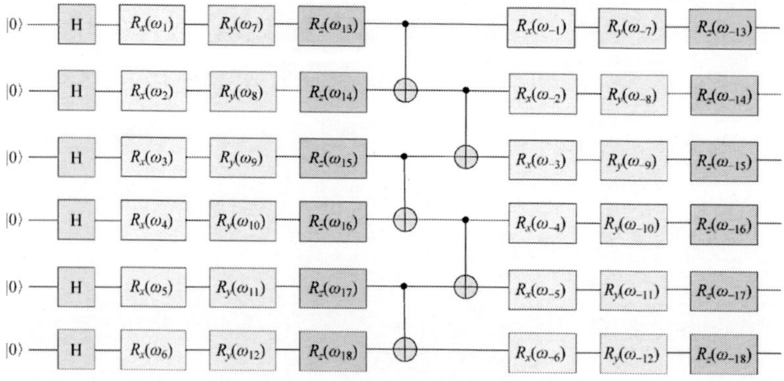

圖 6-8　量子編碼器的結構

程式碼如下：

```
# 第6章/6.3.5 量子有監督對抗自編碼網路
# 建立參數化量子線路編碼器
class QuEn(nn.Module):
    #初始化參數設定

    def __init__(self, n_qubits, gain = 2 ** 0.5, use_wscale = True, lrmul = 1):
        super().__init__()

        he_std = gain * 5 ** (-0.5)
        if use_wscale:
            init_std = 1.0 / lrmul
            self.w_mul = he_std * lrmul
        else:
            init_std = he_std / lrmul
            self.w_mul = lrmul

        self.n_qubits = n_qubits
        #用 nn.Parameter 對每一個Module參數進行初始化
        self.weight = nn.Parameter(nn.init.uniform_(torch.empty(3 * self.n_qubits), a = 0.0,
b = 2 * np.pi) * init_std)

    #根據量子線路圖設置旋轉閘和受控閘
    def layer(self):
        w = self.weight * self.w_mul
        cir = Circuit(self.n_qubits)

        #旋轉閘
        for which_q in range(0, self.n_qubits):
            cir.rx(which_q,w[which_q])
            cir.ry(which_q,w[which_q + 6])
            cir.rz(which_q,w[which_q + 12])

        #受控閘
        for which_q in range(1,self.n_qubits):
            cir.cnot(which_q - 1,which_q)

        #旋轉閘
        for which_q in range(0, self.n_qubits):
            cir.rx(which_q, - w[which_q])
            cir.ry(which_q, - w[which_q + 6])
            cir.rz(which_q, - w[which_q + 12])
        U = cir.get()
        return U

    def forward(self, x):
        E_qlayer = self.layer()
        qdecoder_out = E_qlayer @ x @ dag(E_qlayer)
        #返回編碼後的資料
        return qdecoder_out

class Q_Encoder(nn.Module):
    def __init__(self,n_qubits):
        super().__init__()
        #n_qubits 量子編碼器,可以根據需要自行設定,這裡 n_qubits = 6
        self.n_qubits = n_qubits
        self.encoder = QuEn(self.n_qubits)

    def forward(self, x,dimA):
        x = self.encoder(x)
        dimB = self.n_qubits - dimA
        #偏跡運算,保留 dimA 維度資料
        x_out = ptrace(x,dimA,dimB)
        #返回編碼後的結果
        return x_out
```

定義量子 SAAE 的解碼器，即生成器。解碼器對編碼後的資料混入標籤資料，重建編碼器輸入資料。這裡混入的方法是對編碼資料和標籤資料進行張量積運算得到包含編碼資料和標籤資料的混合資料，再進行接下來的解碼重建。

第 7 章　強化學習的概念和理論

本章介紹強化學習的基本概念和相關理論，淺要地對強化學習方法進行分類，並詳細介紹部分方法具體的細節與發展過程。

7.1　強化學習的概念

強化學習又稱為增強學習或再勵學習 (Reinforcement Learning)，是 AlphaGo、AlphaGo Zero 等人工智慧軟體的核心技術。近年來，隨著高效能運算、大數據和深度學習技術的突飛猛進，強化學習演算法及其應用也得到更廣泛的關注和更快速的發展。

7.1.1　什麼是強化學習

強化學習用於在互動過程中尋求最佳策略，以此在整個過程中得到最多的獎勵或者實現某個目的，如圖 7-1 所示。強化學習的靈感來源於人類的演化過程。人類在歷史長河中與自然環境不斷互動、學習和累積經驗，不斷嘗試用不同的方式來解決各種問題，在沒有先驗指導的情況下，透過不斷探索，根據結果的好壞推動任務朝著可以完成的方向前進。

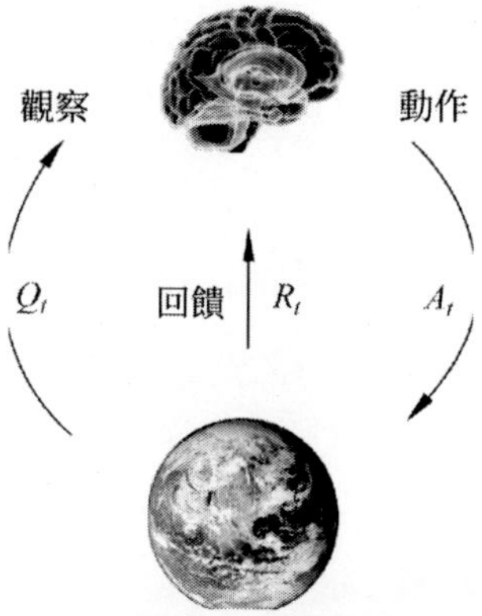

圖 7-1　人類與自然環境互動的過程

可以將強化學習的概念總結成一種解決未知問題的通用步驟，即在整個過程中的不斷探索和獲得經驗。

強化學習一般應用在具有馬可夫性的序列過程中，根據對環境了解程度的不同，分為有模型的強化學習和無模型的強化學習。解決方法分為兩種思路：一種是動態規劃方法，一般用於解決有模型類的強化學習問題；另一種是隨機採用法，透過不斷試探，從經驗中獲得平均值。動態規劃方法可以分為策略迭代與值迭代兩類，隨機取樣多是採用蒙地卡羅方式。從策略學習方式上可以分為同步與非同步兩種方式，例如同步學習有 SARSA 演算法、Policy Gradient 演算法，非同步學習有 Q-Learning 演算法；從學習的目標上又可以分為基於值的方法和基於策略的方法兩種。

強化學習中有一些常用的指代名詞，包括智慧體、環境、動作和狀態等，具體的含義解釋如下：

(1) 智慧體：做出互動動作的物體，與環境相對應，例如在真實環境中人是智慧體，在遊戲中控制單位為智慧體。

(2) 環境：環境接收智慧體發出動作並對動作做出回饋，同時將一個新的狀態返回智慧體，在電影推薦系統中，環境的角色是人。

(3) 動作 (A)：智慧體所做出的行為，即智慧體與環境進行互動的行為，動作的概念十分廣泛，可以是簡單的離散動作，例如遊戲中控制單位的前進、後退，電影選擇中的電影 id，也可以是電流、電壓，車的行駛速度等連續型動作，所有動作的集合稱為動作集合 A。

(4) 狀態 (S)：對環境的描述，每個時刻環境都有一種狀態，環境透過將新狀態和獎勵返回智慧體達到互動目的。

(5) 獎勵 (R)：環境回饋給智慧體的一個數值，環境接收到智慧體的動作後給智慧體一個回饋，根據回饋數值的好壞，智慧體調整自身策略。

(6) 策略 (π)：智慧體在面對不同狀態時選擇動作的方式。

(7) 折扣因子 (γ)：作用於環境對智慧體的回饋獎勵上，是一個超參數，它的大小控制智慧體對於當前收益與長遠收益的態度。折扣因子越接近 1，則表示對未來的收益越看重；折扣因子越接近 0，則表示智慧體更看重當前的立即收益。

(8) 軌跡：一連串智慧體與環境互動的歷史記錄，通常用以下的方式表示：

$$[s_0, a_0, r_1, s_1, a_1, \cdots, s_t, a_t] \tag{7-1}$$

(9) 轉移機率 (P)：P ($s_{t+1}|s_t$，a_t) 定義了環境在狀態 s_t 選擇動作 a 後轉移到狀態 s_{t+1} 的機率，對於馬可夫決策過程有 P ($s_{t+1}|s_t$，a_t，…，s_1，a_1) $=P$ ($s_{t+1}|s_t$，a_t)。

智慧體在完成某項任務時，需要透過動作 A 與周圍環境進行互動，在動作 A 和環境的作用下，智慧體會產生新的狀態，同時環境會提供一個回報。如此循環下去，智慧體與環境不斷地互動從而產生很多資料。

強化學習演算法利用產生的資料修改自身的動作策略，再與環境互動，產生新的資料，並利用新的資料進一步改善自身的動作，經過數次迭代學習後，智慧體能最終學到完成相應任務的最優動作（最優策略）。

強化學習問題的過程大多具有馬可夫性。馬可夫性原文描述的意思為在一個隨機過程中，當前的狀態僅與它之前的一個狀態有關，而與過去的其他狀態都無關。

7.1.2　馬可夫決策過程

從強化學習的基本原理能看出它與其他機器學習演算法（如監督學習和非監督學習）的一些基本差別。在監督學習和非監督學習中，資料是靜態的，不需要與環境進行互動，例如圖像辨識，只要提供足夠的差異樣本，將資料輸入深度網路中訓練即可，然而強化學習的學習過程是動態的、不斷互動的過程，所需要的資料也是透過與環境不斷互動所產生的，所以與監督學習和非監督學習相比，強化學習涉及的對象更多，例如動作、環境、狀態轉移機率和回報函式等。強化學習更像是人的學習過程：人類透過與周圍環境互動，學會了走路、奔跑、工作。

另外，深度學習（如圖像辨識和語音辨識）解決的是感知的問題，強化學習解決的是決策的問題。人工智慧的終極目的是透過感知進行智慧決策，所以將近年發展起來的深度學習技術與強化學習演算法結合而產生的深度強化學習演算法是人類實現人工智慧終極目的一個很有前景的方法。無數學者們透過幾十年不斷地努力和探索，提出了一套可以解決大部分強化學習問題的框架，這個框架是馬可夫決策過程（Markov Decision Process，MDP）。

在高層次的直覺中，MDP 是一種對機器學習非常有用的數學模型，該模型允許機器和智慧體確定特定環境中的理想行為，從而最大限度地提高模型在環境中實現特定狀態甚至多種狀態的能力。這個目標是由策略決定的，策略應用於依賴於環境的智慧體的操作，MDP 試圖改良為實現這樣的解決方案所採取的步驟。這種改良是透過獎勵回饋系統完成的，在這個系統中，不同的行為根據這些行為將導致的預測狀態進行加權。

要了解 MDP，首先應該看一下流程的獨特組成部分。它包含以下幾個組成部分：

(1) 存在於指定環境中的一組狀態 S。

(2) 在指定環境中存在一組有限的行為 A。

(3) 描述每個動作對當前狀態的影響 T。

(4) 提供所需狀態和行為的獎勵函數 R。

尋求解決 MDP 的策略，可以將其視為從狀態到行為的對映。用更簡單的術語表示在狀態 S 時應該採取的最佳行為 a，如圖 7-2 所示。

Markov Decision Process	
States:	S
Model:	$T(S, a, S') \sim P(S', S, a)$
Actions:	$A(S), A$
Reward:	$R(S), R(S, a), R(S, a, S')$
Policy:	$\pi(S) \rightarrow a$
	π^*

圖 7-2　MDP 的圖像概述

依照定義，MDP 具有馬可夫性質，根據 7.1.1 節介紹的轉移機率 (P) 可知，當前的狀態僅與前一時刻的狀態和動作有關，與其他時刻的狀態和動作無關。馬可夫性質是所有馬可夫模型共有的性質，但相較於馬可夫鏈，MDP 的轉移機率加入了智慧體的動作，其馬可夫性質也與動作有關。

MDP 的馬可夫性質是其被應用於強化學習問題的原因之一，強化學習問題在本質上要求環境的下一種狀態與所有的歷史資訊，包括狀態、動作和獎勵有關，但在建模時採用馬可夫假設可以在對問題進行簡化的同時保留主要關係，此時環境的單步動力學就可以對其未來的狀態進行預測，因此即便一些環境的狀態訊號不具有馬可夫性，其強化學習問題也可以使用 MDP 建模。

7.2　基於值函式的強化學習方法

強化學習包含很多種方法，根據有無具體環境模型，可以分為無模型和基於模型兩種方法。其中基於模型的方法需要對環境十分了解，而無模型方法則不需要，依照任務是否環境可知進行方法選擇。

強化學習根據策略選擇方式的不同，可以分為兩大類。基於策略類的方法作為一種最直觀的強化學習方法，可以在環境互動過程中直接學習動作的好壞，透過提供機率值表示每個動作是否值得做，以此方式來選擇動作。值函式類的方法透過執行不同的動作，不斷迭代其價值，最終以此為選擇動作的依據。與策略類方法相比，值函式類的策略選擇更為確定，只選動作價值最高的，而策略類的方法則依據每個動作的機率來選擇，所以基於策略的方法更適合解決剪刀、石頭、布這種隨機策略類的問題。

7.2.1　基於蒙地卡羅的強化學習方法

蒙地卡羅 (Monte Carlo，MC) 方法是指從互動開始模擬執行，直到最終狀態結束，計算這些軌跡的累計收益，即透過多次取樣執行軌跡來計算累計收益。

在講解蒙地卡羅方法之前，先梳理一下整個強化學習的研究概念。強化學習問題可以納入馬可夫決策過程中，當已知模型時，馬可夫決策過程可以利用動態規劃的方法解決，動態規劃的方法包括策略迭代和值迭代。這兩種方法可以用廣義策略迭代方法統一：首先對當前策略進行策略評估，也就是計算出當前策略所對應的值函式，然後利用值函式改進當前策略。無模型強化學習的基本思想也是如此，即策略評估和策略改善。

1. 為什麼要用蒙地卡羅方法

在現實世界中，無法同時知道所有強化學習元素。例如 P 就很難知道，不知道 P，就無法使用貝爾曼方程來求解 V 和 Q 的值，但是依然要去解決這個問題。由於智慧體與環境互動的模型是未知的，蒙地卡羅方法用經驗平均來預估值函式，而能否得到正確的值函式，則取決於經驗。因此，如何獲得充足的經驗是無模型強化學習的核心所在。在動態規劃方法中，為了保證值函式的收斂性，演算法會逐一掃描狀態空間中的狀態。無模型的方法充分評估策略值函式的前提是每一種狀態都能被訪問。因此，在蒙地卡羅方法中必須採用一定的方法保證每一種狀態都能被訪問，方法之一是探索性初始化。探索性初始化是指每一種狀態都有一定的機率作為初始狀態。

2. 蒙地卡羅方法介紹

蒙地卡羅方法又叫做統計模擬方法，它使用隨機數（或偽隨機數）來解決計算問題，如圖 7-3 所示。

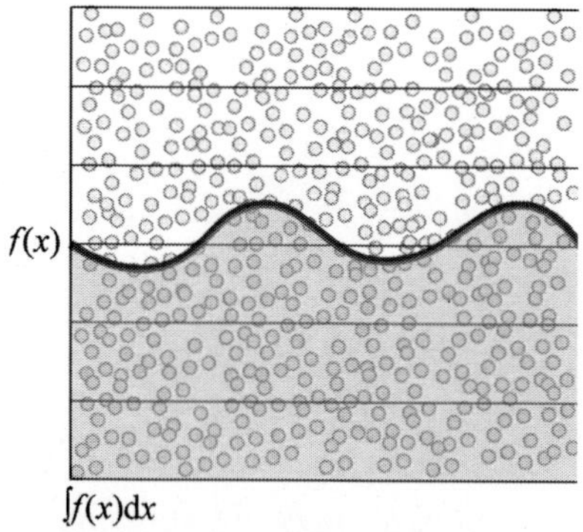

圖 7-3　蒙地卡羅方法圖像概述

矩形的面積可以輕鬆得到，但是對於陰影部分的面積，積分是比較困難的，所以為了計算陰影部分的面積，可以在矩形上均勻地撒「豆子」，然後統計在陰影部分的「豆子」數占總「豆子」數的比例，就可以估算出陰影部分的面積了。

3・RL 中的蒙地卡羅方法

蒙地卡羅學習指在不清楚 MDP 轉移機率及即時獎勵的情況下，直接經歷完整的 episode 學習狀態價值，通常情況下某狀態的價值等於在多個 episode 中以該狀態計算得到的所有收穫的平均值。episode 是經歷，每一條 episode 是一條從起始狀態到結束狀態的經歷。例如走迷宮，一條 episode 是從開始進入迷宮，到最後走出迷宮的路徑。首先要得到的是某一種狀態 s 的平均收穫，所以說 episode 要經過狀態 s。如果某條路徑沒有經過狀態 s，則對於 s 來講就不能使用它了，而且最後 episode 要求達到終點，才能算是一個 episode。

在蒙地卡羅方法中分為 first visit 和 every visit 兩種方法。First visit 在計算狀態 s 處的值函式時，只利用每個 episode 中第一次訪問狀態 s 時返回的值，計算 s 處的均值只利用了 G_{11}，因此計算公式如下：

$$v(s)=\frac{G_{11}(s)+G_{21}(s)+\cdots}{N_s} \tag{7-2}$$

Every visit 在計算狀態 s 處的值函式時，利用所有訪問狀態 s 時的回報返回值，即

$$v(s)=\frac{G_{11}(s)+G_{12}(s)+\cdots+G_{21}(s)+\cdots}{N_s} \tag{7-3}$$

蒙地卡羅的累計收益可以由式 (7-4) 表示，然後將取樣得到的累計收益 G_t 代入式 (7-5) 中計算更新狀態值函式 $V(s_t)$。

$$G_t=R_t+\gamma R_{t+1}+\cdots+\gamma^{T-1}R_T \tag{7-4}$$

$$V(s_t)\leftarrow V(s_t)+\alpha(G_t-V(s_t)) \tag{7-5}$$

所以，蒙地卡羅學習指不基於模型本身，而是直接從經歷過的 episode 中學習，透過不同 episode 的平均收穫值替代價值函式。

7.2.2 基於時間差分的強化學習方法

時間差分 (TD) 方法是強化學習理論中最核心的內容，是強化學習領域最重要的成果。與動態規劃方法和蒙地卡羅方法相比，時間差分方法主要的不同點在值函式的預估上。

時間差分方法同樣直接從 episode 的軌跡經驗中學習，同樣也是無模型的強化學習方法。時間差分方法與蒙地卡羅方法不一樣的地方是它不需要完整的 episode 軌跡，透過自舉法同樣可以進行學習迭代。

時間差分方法中智慧體的最終目的是使整個過程的累計期望收益最大化，即

$$\max\left(\sum_t \gamma^t r_t\right) \tag{7-6}$$

那麼，智慧體的最佳化目標就可以設定為在當前狀態為 s_t 時，選擇合適的動作 a_t 使之後的累計收益最大化，不同值函式的表示式見式 (7-7) 和式 (7-8)。

$$V_\pi(s) = E_\pi\left[\sum_t \gamma^t r_t \mid s\right] \tag{7-7}$$

$$Q_\pi(s,a) = E_\pi\left[\sum_t \gamma^t r_t \mid s,a\right] \tag{7-8}$$

策略 π 下狀態 s 的價值函式記為 V_π (s)，即狀態值函式 (State Value Function)，代表從狀態 s 開始，智慧體按照策略進行決策所獲得的總回報。類似地，根據策略 π 在狀態 s 下採取動作 a 的後決策序列的總回報記為 Q_π $(s，a)$。時間差分方法與蒙地卡羅方法不同，時間差分方法是指從當前狀態開始模擬執行一步，然後獲取這一步的短期收益和下一狀態的值函式之和 $R_t + \gamma V$ (s_{t+1}) (作為目標值) 來更新狀態值函式 V，更新公式為

$$V(s_t) \leftarrow V(s_t) + \alpha(R_t + \gamma V(s_{t+1}) - V(s_t)) \tag{7-9}$$

以時間差分方法為基礎的 Q-Learning 是一個典型的基於值的演算法，該演算法的主要目標是建構 Q 值表，Q 值表記錄了智慧體在各種不同狀態下，採用不同的動作後獲得的累計回報值。不斷更新 Q 值表的值，並且透過具有一定隨機性的策略來指導智慧體選擇動作，從而達到一個新的狀態，不斷重複這個過程，直到演算法訓練完成。

Q 值表的建立過程是強化學習演算法學習的過程。剛開始，Q 值表的內容全部為 0 或者隨機設定，代表剛開始的時候，智慧體會隨機探索選擇動作。開始互動後，智慧體當前所處的狀態為 s，採取動作 a，達到一個新的狀態 s'。演算法會計算兩個不同的 Q 值，稱為 Q 現實和 Q 假設。Q 假設即為 Q $(s，a)$，Q 現實是採取動作 a 之後可以獲得的所有價值，

Q 現實的計算公式如下：

$$Q_t = R + \gamma \times \max(Q(s', a')) \tag{7-10}$$

式 (7-10) 中的 R 指狀態達到 s' 時環境給智慧體的回饋獎勵，整個演算法的執行過程中只有 R 對結果有直接影響，所以獎勵的設計對於決策過程十分重要。γ 是折扣因子，代表採取動作後獲得的價值在當前價值中的占比。得到 Q 現實後透過式 (7-11) 計算 Q 目標與 Q 假設的差值，來更新 Q 值表：

$$Q(s, a) = Q(s, a) + \alpha\,[R + \gamma \times \max(Q(s', a')) - Q(s, a)] \tag{7-11}$$

其中，α 代表學習率，經過大量的互動計算後，就可以建立完整的 Q 值表，從而使策略收斂，得到最佳策略。

7.2.3　基於值函式逼近的強化學習方法

前面已經介紹了強化學習的兩種基本方法：基於蒙地卡羅的方法和基於時間差分的方法。這些方法有一個基本的前提條件：狀態空間和動作空間是離散的，而且狀態空間和動作空間不能太大。

這些強化學習方法的基本步驟是先評估值函式，再利用值函式改善當前的策略。其中，值函式的評估是關鍵。對於模型已知的系統，可以利用動態規劃的方法得到值函式；對於模型未知的系統，可以利用蒙地卡羅的方法或時間差分的方法得到值函式。注意，這時的值函式其實是一個表格。對於狀態值函式，其索引是狀態；對於行為值函式，其索引是狀態－動作對。值函式的迭代更新實際上是這個表格的迭代更新，因此，之前講的強化學習演算法又稱為表格型強化學習。對於狀態值函式，其表格的維數為狀態的個數。若狀態空間的維數很大，或者狀態空間為連續空間，則值函式可用一個表格來表示。這時，需要利用函式逼近的方法表示值函式，當值函式利用函式逼近的方法表示後，可以利用策略迭代和值迭代方法建立強化學習演算法。

由於 Q-Learning 是一種表格記錄形式的強化學習演算法，它的核心是需要建立 Q 值表，然而在面對更為複雜的問題時，Q 值表的數值數量會因為狀態－動作對的數量變得巨大而一同變得巨大，尤其是大數據時代的來臨，許多問題分解後面臨著大規模的狀態動作，有些連續型問題甚至無法透過常規的 Q 值表建立。與此同時，在硬體方面，對於電腦的記憶體要求也會變得十分苛刻，大範圍的狀態動作導致搜尋效率十分低下。例如下圍棋，每下一個子是一種狀態，這些狀態非常多，如果在程式中要用一個表格來表示狀態與狀態對應的值函式，則記憶體就遠遠不夠用了。另外，當狀態不是離散的時候，無法用表格來表示，所以需要用另外的方法來表示狀態與狀態對應的值函式。這就引出了價值函式的逼近（近似）方法。

價值函式的逼近其實是用一個函式來預估值函式（Estimate Value Function with Function Approximation）。這個函式的輸入是狀態 s，輸出是狀態 s 對應的值。一種解決此問題的方法是使用深度神經網路。

深度決策網路（Deep Q Network，DQN）是深度強化學習時代提出的強化學習演算法。DQN 利用神經網路來因應大規模的狀態，透過神經網路來記憶所有的狀態，透過輸入狀態讓神經網路直接得出所有動作的 Q 值，免去了 Q 值表的建立，適合更複雜問題的求解。

利用深度神經網路來記錄狀態值的方法在剛提出時遇到了一些問題：

(1) 神經網路是一種監督學習的演算法，它需要大量的訓練樣本來支持訓練，而強化學習的過程剛開始只有比較稀疏的互動資料。

(2) 強化學習的相鄰狀態之間都有一些關聯，而神經網路的訓練樣本之間是相互獨立的。

(3) 訓練過程不穩定，數值波動大，難以收斂。

DQN 為了解決上述問題提出了兩個技巧：

(1) 經驗回放：為了解決神經網路訓練樣本稀疏和獨立性的問題，DQN 提出經驗池的概念，將強化學習互動的過程記錄蓄積在經驗池內，然後隨機提取一批來訓練網路。

(2) 目標網路：為了解決神經網路訓練不穩定的問題，DQN 提出了目標網路的概念。目標網路是一個與預估網路結構相同但是參數不同的網路，具體區別展現在，預估網路的參數是即時更新的，而目標網路的參數則是延後透過預估網路的參數更新的。透過式 (7-12) 可更新預估網路。由於目標網路參數的延後性，神經網路的訓練更穩定。

$$Q_{\text{eval}}(s,a,\theta)=(1-\alpha)Q_{\text{eval}}(s,a,\theta)+\alpha\left[R+\gamma\times\max(Q_{\text{tar}}(s',a',\theta'))\right] \tag{7-12}$$

7.3 基於策略的強化學習方法

策略搜尋是將策略參數化，利用參數化的線性函式或非線性函式 (如神經網路) 表示策略，尋找最佳的參數，使強化學習的目標累積收益最大化。

策略搜尋方法按照是否利用模型，可分為無模型的策略搜尋方法和基於模型的策略搜尋方法。無模型的策略搜尋方法根據採用隨機策略還是確定性策略又可分為隨機策略搜尋方法和確定性策略搜尋方法，隨機策略搜尋方法中最先發展起來的是策略梯度方法。策略梯度方法存在學習速率難以確定的問題。

基於值的方法在應用於解決現實生活問題時，存在兩個問題：

(1) 在應對動作時，需要得出所有動作的動作價值才能確定策略，計算收斂很繁瑣。

(2) 最終學習得到的是一個確定性策略，不適合解決隨機性策略的問題。

基於策略的方法則可以直接對策略進行建模，對於一種狀態 s，會輸出該狀態下選取每個動作的機率，從而根據機率分布來選取動作。最終目標是最大化整個過程的期望收益。

$$\max E_{\tau\sim\pi}[R(\tau)],\quad 其中\ R(\tau)=\sum_{t=0}^{|\tau|} r(s_t,a_t) \tag{7-13}$$

Reinforce 為策略梯度類的強化學習演算法，該演算法需要智慧體在環境中產生至少一整幕的互動過程，然後分別計算這些互動過程中的折扣獎勵，最後利用這一批資料更新一次策略。

Reinforce 演算法的流程如下：

步驟 1：輸入可微分的策略參數 θ。

步驟 2：設定超參數，學習率 α、折扣因子 γ 及更新一次策略所需要的 episode 數 M。

步驟 3：設定評估策略 π（$(a|$，s，$\theta)$）。

步驟 4：初始化策略參數 θ。

步驟 5：循環執行以下步驟。

(1) 以動作策略 π 與環境進行互動，並循環執行 M 個 episode，獲取 M 個長度為 T 的軌跡資料，軌跡資料表示為

$$s_0^m,a_0^m,r_0^m,s_1^m,a_1^m,r_1^m,\cdots,s_{T-1}^m,a_{T-1}^m,r_{T-1}^m,\quad 其中\ m\in[1,M]$$

(2) 計算折扣獎勵：

$$R_t^m=\gamma^0 r_t^m+\gamma^1 r_{t+1}^m+\gamma^2 r_{t+2}^m+\cdots+\gamma^{T-t-1} r_{T-1}^m$$

，其中 $t\in[0，T\text{-}1]$

(3) 計算有序化獎勵：

$$R_t'^m = (R_t^m - \text{mean}(R_0^m, R_1^m, R_2^m, \cdots, R_{T-1}^m))/\text{std}(R_0^m, R_1^m, R_2^m, \cdots, R_{T-1}^m)$$

(4) 更新參數：

$$\theta \longleftarrow \theta + \alpha \sum_{m=1}^{M} \sum_{t=0}^{T-1} R_t'^m \nabla \ln(\pi(a_t^m \mid s_t^m, \theta))$$

如果滿足終止條件，則中斷退出。

梯度更新中的$\nabla \ln(\pi(a_t^m | s_t^m, \theta))$是方向向量，從對整個軌跡的計算中發現，下一次在這個方向上進行參數更新，能增加或者降低這條軌跡的出現機率。梯度更新中的$R_t'^m$是一個數值，代表這一次軌跡更新力度有多大，$R_t'^m$越大，更新力度越大，這一條軌跡中的動作就越容易再次出現。由此可以看出策略類方法的目的是不斷增加高收益動作出現的次數。

7.4 基於參數化量子邏輯閘的強化學習方法

量子電腦已被證明在某些問題領域具有計算優勢。隨著中等規模嘈雜量子 (NISQ) 的出現，變分量子演算法 (VQC) 在量子運算界受到了廣泛的關注。考慮到訪問大小為 50 至 100 量子位的最先進設備，變分量子演算法的目的是充分利用它們的潛力，在實際應用中發揮量子優勢。變分量子演算法有時也被稱為量子神經網路，因為該演算法與深度神經網路 (DNN) 共享相似的角色和訓練機制。

量子強化學習 (QRL) 領域旨在透過設計依賴於量子運算模型的 RL 智慧體進行提升。本節為基於量子邏輯閘的參數化量子神經網路替代傳統神經網路，作為強化學習的智慧體，並基於此對傳統強化學習演算法做改進，設計了基於量子核心與傳統模型相結合的雜化強化學習演算法——Q 系列強化學習演算法。演算法的決策模組使用參數化量子線路來代替，與環境的互動過程及參數的訓練過程依然在 CPU 上進行，訓練方法與一般的深度學習方法一致。

7.4.1　量子態編碼方法

由於學習過程使用了量子神經網路，特徵資料需要先進行編碼操作，將資料引入量子運算中的邏輯閘裡，後續用於學習調整量子線路的參數。

具體的做法是將原本的狀態向量與一個可訓練的縮放參數 β_i 相乘，$\beta_i \in R^{|\beta|}$，作為旋轉角度放入旋轉閘，編碼成含參么正矩陣 $\boldsymbol{U}$（s，θ），透過在不同線路上分別放置狀態向量中不同維度的數值將所有的實數狀態資訊編碼到複數域的量子線路裡。

7.4.2　Q-Policy Gradient 方法

基於參數化量子線路的智慧體的可訓練參數還包括一系列單獨的旋轉閘角度 ω_i，$\omega_i \in [0，2\pi]$，在這些旋轉閘後接上兩位元線路之間的糾纏閘，將各條線路的量子態糾纏起來，如圖 7-4 所示。

線路初始化時需要利用哈達瑪閘將 n 位元的量子態從初態變為均衡態，同時需保證計算基底的數量 $2^n > |A|$，即可選動作的數量。均衡態透過量子邏輯閘進行計算，得出計算結果 $|\varphi_{s,\beta,\omega}\rangle = \boldsymbol{U}(s,\beta,\omega)\ |0^{\otimes n}\rangle$。選擇可觀測量 Z，隨後對計算結果在可觀測量的計算基底上進行測量操作，得出結果 $\langle P_a \rangle_{s,\theta} = \langle \varphi s,\beta,_{\omega}|P_a|\varphi_{s,\beta,\omega}\rangle$，在每個計算基底上測量的結果大小代表了智慧體選擇該動作的可能性大小，最終構成智慧體的策略選擇。

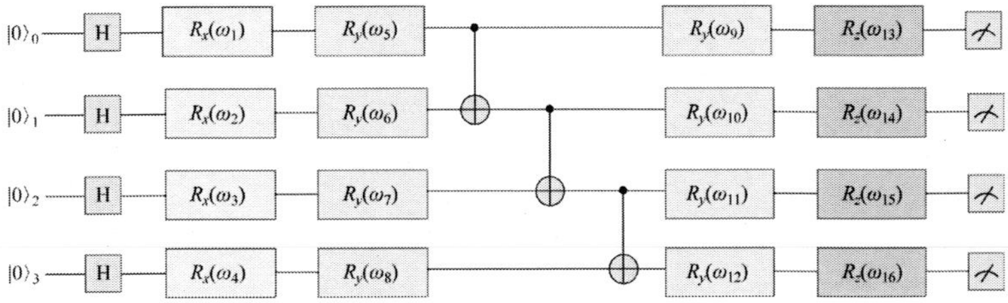

圖 7-4 量子決策體線路

圖 7-4 展示了基於參數化量子邏輯閘智慧體的建立方法，其中編碼旋轉閘和單獨旋轉閘兩部分可以輪流放置，線路放置的深度可以隨著資料的複雜度增加。

參數訓練依然採用 7.3 節中的 Reinforce 策略梯度演算法的流程，量子智慧體在與環境的互動過程中得出每個 episode 的方向向量 $\nabla\ln(\pi(a_t^m|s_t^m,\theta))$和每一步的累積獎勵標量 $R_t'^m$，得到這兩個值後就能對各個參數進行梯度下降的訓練，經過迭代訓練後得到智慧體的有效策略。

第 8 章　量子機器的學習模型評估

一個機器學習模型，無論它是古典的、量子的或者古典－量子混合模型，人們最關心的是它的泛化能力 (Generalization)。泛化能力是模型在獨立測試集上的預測能力。模型評估，首先是評估一個模型的泛化能力，評估結果一方面可以指導選擇合適的模型超參數，例如學習率、訓練次數等；另一方面，可以定量地衡量模型的品質，而對於量子機器學習中的參數化量子線路，除了描述模型整體效能的泛化能力外，還要考慮量子線路的表達能力與糾纏能力，因為參數化量子線路採用多層結構化的量子閘，參數的數量不足以實現任意酉演化矩陣，必須衡量該線路能在多大程度上近似地實現任意么正矩陣。其次，模型評估需要衡量該訓練模型消耗的資源。尤其對於量子機器學習模型，模型中量子線路部分的複雜度衡量，例如計算複雜度、樣本複雜度、模型複雜度，與該量子線路的物理實現難易度息息相關，而且很多時候，需要在同等訓練效果下，比較不同模型消耗的訓練資源，以研究量子模型、古典－量子混合模型的潛在優勢。

對模型泛化能力的評估，需假設模型擁有充裕的訓練資料，把訓練資料分為彼此獨立的三部分：訓練集、驗證集和測試集。訓練集用於訓練模型中的參數；驗證集用於評估不同模型 (不同超參數下的模型) 的預測能力，以從中選出表現最佳的模型；測試集採用模型從未見過的全新的資料衡量模型的表現，即泛化能力。一般來講，人們習慣用 50%、25%、25%的比例分別來劃分訓練集、驗證集和測試集，不過到底什麼樣的劃分比例能訓練、遴選出最佳的模型尚待研究。

對線路中所有參數取隨機值，取樣輸出量子態。重複例如 2,000 次，可獲得 2,000 個量子態，將其分成 1,000 份，每份一對量子態，計算每對量子態之間的內積模平方，獲得 1,000 個 0 至 1 的數，形成一個取樣頻率分布。而對於符合哈爾 (Haar) 分布的任意么正矩陣演化得出的量子態，量子態之間內積模平方的機率分布是 0 至 1 均勻分布，透過交叉熵比較取樣頻率分布與 0 至 1 均勻分布得出線路的表達能力。對於量子線路的糾纏能力，可以選擇 Meyer-Wallach 糾纏度量，對線路中所有參數取隨機值，取樣輸出量子態，並計算糾纏度，重複多次，對糾纏度取平均值即可得到線路的糾纏能力。

對量子模型消耗資源的評估主要有 3 方面。第一，量子線路的計算複雜度。首先，量子線路的執行過程對應一連串依次執行的基本量子閘，每個基本量子閘又對應特定的物理操作，受限於物理操作對應的硬體技術水準，基本量子閘的保真度有限。一般情況下，兩位元閘 (如 CNOT 閘) 對應的物理操作更複雜，保真度小於單位元閘的保真度，執行也更耗時，所以兩位元閘的數目是制約量子線路執行與結果正確率的主要因素。其次，由於微觀物理系統極易受到環境噪音的干擾，量子位元的相干時間總是很短的，這導致了量子線路深度不能太大的限制。量子線路的深度是量子線路必須按順序依次執行的閘運算元。所謂「按順序依次執行」，是指如果線路中有兩個閘，但這兩個閘可以互不干擾地並行執行，那麼這兩個閘的深度僅為 1。最後，但是最基本的，即線路所需量子位元數，當前 NISQ 階段的量子電腦能夠處理幾十個量子位元，已足夠支持模型中的參數化量子線路。第二，樣本複雜度，即一個訓練模型需多少個訓練樣本才能達到某個既定的預測精準度。對此問題，考慮所需樣本相對於預測精準度的漸進複雜度，已經存在理論證明，量子模型的樣本複雜度多項式等價於古典模型。在樣本複雜度上，量子模型並不存在指數最佳化。第三，模型複雜度。對於一個模型的要求是苗條而強大，一方面可以很好地完成學習任務；另一方面，沒有冗餘的參數以避免過擬合，沒有冗餘的計算步驟以節約算力和訓練時間。目前對於一個參數化量子線路的模型複雜度尚無正式的定義，主要考慮參數數量。已有文獻證明，參數化量子線路模型的參數數量一般小於對應的古典機器學習模型的參數數量，或者說，在同樣的參數數量下，每一輪訓練過後，量子線路能學到更多的知識。

接收一個列表元素為態矢的列表，態矢由量子線路在隨機參數下演化得來，返回的 KL 散度展現了線路的表達能力，程式碼如下：

```
# 第8章
def expressivity(phi_lst):
sampled_lst = []
    for i in range(0,len(phi_lst),2):
        if i + 1 <len(phi_lst):
            #phi_lst[i]代表一個態矢，並計算相鄰兩個態矢之間的內積模平方
            fidelity = torch.abs( phi_lst[i] @ phi_lst[i + 1].conj().T ) ** 2
            sampled_lst.append( fidelity )
    #獲得採樣機率分布
    P = [0 for i in range(100)]
    for f in sampled_lst:
        P[int(100 * f)] += 1
    #計算KL散度
    summ = sum(P)
    KL_div = 0.0
    for p in P:
        KL_div += (1.0 * p/summ) * math.log( 100.0 * p/summ, math.e )
```

以下定義的 3 個函式共同完成了一個態矢的 Meyer-Wallach 糾纏度計算。只需對量子線路在隨機參數下的演化結果計算糾纏度並取平均值，程式碼如下：

```
# 第8章
def _D_wedge(u,v):
# 對向量u和v做wedge product得到新向量，再對新向量每個分量的模平方求和
rst = 0.0
    for i in range(len(u)):
        for j in range(i+1,len(u)):
            rst += abs( u[i] * v[j] - u[j] * v[i] ) ** 2
    return rst

def _lj(j,b,phi,N):
    rst = []
    for i in range(2 ** N):
        s = format(i,"b")
        str_lst = ['0'] * (N - len(s)) + list(s)
        if str_lst[j - 1] == str(b):
            rst.append( phi[i] )

    rst = torch.tensor( rst ) + 0j
    return rst

def MW_entanglement_measure(phi,N):
    #Meyer - Wallach 糾纏度用於衡量一個純態phi的糾纏度
    #N為qubit數目，phi為量子態態矢，一個維度為的複數向量
    if len(phi.shape) != 1:
        raise ValueError( "phi should be a vector" )
    if phi.shape[0] != 2 ** N:
        raise ValueError( "dim of state should be 2 ^N" )

    summ = 0.0
    for each in phi:
        summ += abs( each ) ** 2
    if abs(summ - 1) > 1e - 6:
        raise ValueError( "state vector should be normalized to 1" )

    phi = phi + 0j

    summ = 0.0
    for j in range(1,N+1):
        u = _lj(j,0,phi,N)
        v = _lj(j,1,phi,N)
        summ += _D_wedge(u,v)

return (4.0/N) * summ
```

第 9 章　TorchScript 量子運算元編譯

從 1946 年 2 月 14 日第一臺通用電腦 ENIAC 誕生到 21 世紀，電腦無論是在外型、儲存量還是算力、計算速度等方面都獲得了大幅的提升，但早期電腦的進展較緩慢。因為早期電腦並不存在常見作業系統及程式語言，電腦儲存的資料和執行的程式都必須由 0 和 1 程式碼組合而成，結果驗證或操作錯誤都需要從大量的機械程式碼中去排查，故在早期程式設計師編寫電腦程式時必須十分了解電腦的基本指令程式碼，並透過將這些微程式指令組合排列，從而完成一個特定功能的程式，使用電腦進行科學計算的門檻非常高。

如何開發電腦程式、降低程式設計的門檻，成為電腦研究人員的重要問題，在問題的推動和研究人員的努力下，如今常見的 C、C++、Java、Python 等高級程式語言誕生，電腦的發展和進步與程式語言的簡化和發展是相輔相成、不可分割的。如今使用 Python 短短幾行程式碼就可以完成一系列複雜的數學計算，不再需要用繁瑣的操作去完成，但是不同程式碼之間的轉換及執行效率的提高等需求依然存在，編譯原理依然在電腦學習中發揮重要作用，因此，本章主要介紹 TorchScript 編譯相關的知識及其在量子演算法上的運用。

9.1　TorchScript 語義和語法

高級程式語言 Java、C++ 等都需要對源語言進行詞法分析、語法分析等生成中間語言，然後在執行程式時呼叫進行計算。Python 也不例外，PyTorch 框架提供了一種即時 (Just-In-Time，JIT) 編譯內聯載入方式，即在一個 Python 檔案中，將 C++ 程式碼作為字元串傳遞給 PyTorch 中負責內聯編譯的函式。在執行 Python 檔案時，即時編譯出動態連結檔案，並匯入函式進行後續運算。torch.jit.torchscript 是 PyTorch 提供的即時編譯模組，它是 Python 語言的一個靜態類型子集，在支持 Python 語法的同時也可從 Python 中分離出來，只用於在 PyTorch 中表示神經網路模型所需的特性。本節主要介紹 TorchScript 的基本語法及注釋。

9.1.1　術語及類型

在進入 TorchScript 學習之前需要先了解 TorchScript 的基本術語，TorchScript 中常見的一些術語及其含義見表 9-1。

表 9-1　術語表

術　語	含　義
::=	表示特定符號可被定義為
" "	表示語法中的關鍵字或分隔符號
A|B	表示A或B
( )	表示組合
[ ]	表示選擇
A+	表示正則表達式中A至少出現一次
A*	表示正則表達式中A出現零次或多次

TorchScript 和 Python 語言最大的區別在於 TorchScript 僅支持用於表示神經網路的一小部分類型，並不支持 Python 完整的語法。TorchScript 類型系統主要由 TSType 和 TSModuleType 兩部分構成，虛擬碼如下：

```
TSALLType：：=TSType|TSModuleType
```

在上述虛擬碼中，TS 表示 TorchScript，整個式子的含義是 TorchScript 的所有類型由 TorchScript 的常規類型和模型類型構成。TSType 主要由元類型、原始類型、結構類型及自定義類型構成，表示如下：

```
TSType：：=TSM etaType|TSPrimitiveType|TSStructural-
Type|TSNominalType
```

TSType 表示 TorchScript 中可組合且能被用於 TorchScript 注釋的組成部分。TSModuleType 主要表示 torch.nn.Module 及其子類，它是不同於 TSType 的。TSModuleType 的類型部分來自於對象例項，部分來自於自定義類型，因此，TSModule 可以不遵循靜態類型模式。TSModule 不能被用於 TorchScript 類型注釋，同時出於類型安全考慮最好不和 TSType 組合使用。

元類型是抽象類型，更像是類型限制而不是具體的類型，目前 TorchScript 定義了一種元類型 Any，表示 TorchScript 的任何類型。因為 Any 表示 TorchScript 的任何類型，沒有類型限制，所以 Any 沒有類型檢查，可以表示任意的 Python 和 TorchScript 資料類型。元類型的表示如下：

```
TSM etaType：：=" Any "
```

上述表示式中 Any 關鍵字用於定義 TSMetaType，Any 是 typing 模型中的 Python 類名，因此使用 Any 時必須匯入 typing，如 from typing import Any。同時由於 Any 表示 TorchScript 的任意類型，故能使用的運算子集合是有限的，僅支持 Python 中 Object 支持的運算子和方法。引入 Any 是為了描述在編譯不需要精確靜態類型時的資料類型，程式碼如下：

```
# 匯入所需要的包
import torch
# 匯入 typing 模型中的 Any 類型
from typing import Tuple
from typing import Any
```

定義函式進行測試，程式碼如下：

```
# 第 9 章／9.1.1 術語及類型
# 裝飾器
@torch.jit.export
def inc_first_element(x：Tuple[int,Any])：
  return(x[0]+1,x[1])

# 指令碼化函式 inc_first_element
m=torch.jit.script(inc_first_element)
# 列印結果
print(m((1,2.0)))
print(m((1,(100,200))))
```

結果如下：

```
(2,2.0)
(2,(100,200))
```

TorchScript 的原始類型是指使用單一預定義類型名並表示單一類型值的類型，表示如下：

```
 TSPrimitiveType：：= " int " | " float " | " double " | "
complex " | " bool " | " str " | " None "
```

如上述所示，TSPrimitiveType 中主要包括一些常見的資料類型，如整型、浮點型、雙精度型、複數型等。

結構類型是指非使用者自定義的類型，與 Nominal 型不同。結果類型可以和 TSType 隨意組合，表示如下：

```
# 第 9 章／ 9.1.1 術語及類型
TSStructuralType：：=TSTuple|TSNamedTuple|TSList|TSDict|TSOptional|TSFuture|TSRRef

TSTuple：：= " Tuple " " [ " (TSType " , " )*TSType " ] "

TSNamedTuple：：= " namedtuple " " ( " (TSType " , " )*TSType " ) "

TSList：：= " List " " [ " TSType " ] "

TSOptional：：= " Optional " " [ " TSType " ] "

TSFuture：：= " Future " " [ " TSType " ] "

TSRRef：：= " RRef " " [ " TSType " ] "

TSDict：：= " Dict " " [ " KeyType " , " TSType " ] "

KeyType：：= " str " | " int " | " float " | " bool " |TensorType| " Any "
```

TSStructuralType 主要由 TSTuple、TSNamedTuple、TSList 等組成，從 TSTuple 到 KeyType 分別詳細介紹了組成 TSStructuralType 每個子類的

定義。其中，Tuple、List、Optional、Future 等是 typing 模型中 Python 的類名，使用時需要從 typing 匯入，如 from typing import Tuple。namedtuple 是 Python 的 collections.namedtupe 或者 typing.NamedTuple 類。Future 和 RRef 是 Python 的 torch.futures 和 torch.distributed.rpc 類。結構類型除了能和 TorchScript 類型組合外，還支持對應的 Python 操作和方法。以 namedtuple 定義元組為例，程式碼如下：

```
# 匯入所需要的包
import torch
# 分別從 collections 和 typing 匯入 namedtuple 相關的類
from typing import NamedTuple
from typing import Tuple
from collections import namedtuple
```

接下來定義同時使用 typing.NamedTuple 和 collection.namedtuple，並列印使用後的結果，程式碼如下：

```
# 第 9 章／9.1.1 術語及類型
# 使用 typing.NamedTuple 方法
 _AnnotatedNamedTuple=NamedTuple('_NamedTupleAnnotat-
ed',[('first',int),('second',
int)])
# 使用 collection.namedtuple 方法
 _UnannotatedNamedTuple=namedtuple('_NamedTupleAnnotat-
ed',['first','second'])

# 定義一個函式並呼叫上述的 _AnnotateNamedTuple
```

```
def inc(x：_AnnotatedNamedTuple)- > Tuple[int,int]：
  return(x.first+1,x.second+1)

# 指令碼化並列印結果
m=torch.jit.script(inc)
print(inc(_UnannotatedNamedTuple(1,2)))
```

結果如下：

```
(2,3)
```

Nominal 的 TorchScript 類型是 Python 類，它用自定義名稱宣告並且用類名進行比較，故命名為自定義類型。Nominal 類型主要由三類構成，表示如下：

```
TSNominalType：：=TSBuiltinClass|TSCustomClass|TSEnum
```

TSCustomClass 和 TSEnum 必須能編譯成 TorchScript 中間表示（TorchScript Intermediate Representation），這是強制的類型檢查。TS-BuiltinClass 表示內建類，它的語義內嵌於 TorchScript 系統中，通常僅支持 Python 類定義的方法或屬性。內建類程式碼如下：

```
  TSBuiltinClass：：=TSTensor| " torch.device " | " torch.
Stream " | " torch.dtype " | " torch.nn.
  ModuleList " | " torch.nn.ModuleDict " |...

  TSTensor：：= " torch.Tensor " | " common.SubTensor " |
 " common.SubWithTorchFunction " | " torch.nn.
```

```
parameter.Parameter " |and subclasses of torch.Tensor
```

TSBuiltinClass 定義了內建類，TSTensor 對內建類中的 Tensor 進行了詳細定義，Tensor 除了上述類型外還有 torch.Tensor 的子類。torch.nn.ModuleList 和 torch.nn.ModuleDict 分別被定義為 Python 中的列表和字典，但是在 TorchScript 中使用時更類似於元組。在例項中 ModuleList 或 ModuleDict 是不可變的，在迭代中可以被展開，不同於 torch.nn.Module 的子類，程式碼如下：

```
# 匯入所需要的包
import torch
```

接下來定義一個類，並呼叫 cpu 進行運算，程式碼如下：

```
#第9章／9.1.1 術語及類型
#定義一個自定義類
@torch.jit.script
class A:
    def __init__(self):
        self.x = torch.rand(3)

    #可指定運作的設備
    def f(self, y: torch.device):
        return self.x.to(device = y)

# 指定設備為 cpu
def g():
    a = A()
return a.f(torch.device("cpu"))

#注：A是內建類，使用JupyterNotebook執行時會顯示錯誤，只能使用PyCharm
```

指令碼化函式並列印結果，程式碼如下：

```
#指令碼化函式 g
```

```
script_g=torch.jit.script(g)

# 列印結果
print(script_g.graph)
print(script_g.code)
```

結果如下：

```
# 第 9 章／9.1.1 術語及類型
graph()：
  %15：Device=prim：：Constant[value= " cpu " ]()
  %a.1：__torch__.A=prim：：CreateObject()
  %1：NoneType=prim：：CallM ethod[name= " __init__ " ]
(%a.1)
#C：/Users/Administrator/XXX.py：14：6
  %5：Tensor=prim：：CallM ethod[name= " f " ](%a.1,%15)
#C：/Users/Administrator/XXX.py：15：11
  return(%5)

def g()- > Tensor：
  a=__torch__.A.__new__(__torch__.A)
  _0=(a).__init__()
  return(a).f(torch.device( " cpu " ),)
```

和內建類不同，Custom 類的語義是使用者自定義的，整個類必須能被編譯成 TorchScript 中間語言並且遵循 TorchScript 的類型檢查規則，程式碼如下：

```
# 第9章／9.1.1術語及類型
TSClassDef ::= [ "@torch.jit.script" ]
               "class" ClassName [ "(object)" ] ":"
               MethodDefinition |
               [ "@torch.jit.ignore" ] | [ "@torch.jit.unused" ]
               MethodDefinition
```

TSClassDef 是使用者自定義的方法及可選操作，其中例項是靜態屬性，在初始化函式時宣告，需要注意這裡不支持方法過載。同時，MethodDefinition 滿足 TorchScript 的類型檢查規則且能被編譯成中間語言。裝飾符 @torch.jit.ignore 和 @torch.jit.unused 被用於忽略非完全指令碼化的或者編譯時需要忽視的方法或函式，是編譯時較常使用的方法，程式碼如下：

```
# 第9章／9.1.1術語及類型
# 輸入包
import torch

# 定義裝飾符
@torch.jit.script
class MyClass:
    # 初始化，並聲明靜態屬性
    def __init__(self, x: int):
        self.x = x

    def inc(self, val: int):
        self.x += val
```

列舉類型和使用者自定義類型類似，需要滿足 TorchScript 類型檢查規則並且能被編譯成 TorchScriptIR，程式碼如下：

```
TSEnumDef ::= "class" Identifier "(enum.Enum | TSEnumType)" ":"
              ( MemberIdentifier " = " Value ) +
              ( MethodDefinition ) *
```

TSEnumDef 中的 Value 必須是一個 TorchScript 的整型、浮點型或字元串型的值，與 Python 相比 TorchScript 的列舉類型僅支持 enum.Enum，不支持它的變體，如 enum.IntEnum、enum.Flag、enum.IntFlag 和 enum.auto；TorchScript 的列舉類型成員值必須符合上述要求且都是相同類型，但是 Python 可以組合任意類型；包含方法的列舉類型在 TorchScript 中是被忽略的，範例程式碼如下：

```
# 匯入所需要的包
import torch
# 匯入 TorchScript 的列舉類型 enum.Enum
from enum import Enum
```

定義列舉類型的程式碼如下：

```
# 第9章/9.1.1術語及類型
# 定義一個表示顏色的列舉類型
class Color(Enum):
    RED = 1
    GREEN = 2

# 列舉類型：判斷輸入是否符合x是Red或者y和x是否相等(x和y都是Color類)
# 返回布林類型
def enum_fn(x: Color, y: Color) -> bool:
    if x == Color.RED:
        return True
    return x == y
```

TorchScript 的列舉類型需要滿足限制且可以編譯，故使用 script() 方法進行編譯並列印結果，程式碼如下：

```
# 第 9 章／ 9.1.1 術語及類型
# 指令碼化 enum_fn 函式
m=torch.jit.script(enum_fn)

# 輸入不同的類型列印結果
print( " Eager： " ,enum_fn(Color.RED,Color.GREEN))
print( " TorchScript： " ,m(Color.RED,Color.GREEN))
print( " Test： " ,m(Color.RED,Color.RED))
```

結果如下：

```
Eager：True

TorchScript：True

Test：True
```

TSModuleType 是一種特殊的類型，從 TorchScript 外部建立對象例項。TSModule 是 Python 類的對象例項命名方法，初始化函式 __init__ () 不用考慮 TorchScript 方法，所以 TSModule 不是必須遵循 TorchScript 的類型檢查規則的。有可能出現具有相同例項類型的兩個對象使用兩種不同的類型模式，在這個意義上來說，TSModule 不是真正的靜態類型，因此，出於類型安全考慮，TSModule 不會被用於 TorchScript 類型注釋或和 TSType 組合使用，程式碼如下：

```
TSModuleType：：= " class " Identifier " (torch.nn.Module)
" " ： "
ClassBodyDefinition
```

TSModuleType 雖然在初始化函式時可以不用考慮 TorchScript 方法，但是 forward（）方法及使用裝飾符 @torch.jit.export 修飾的方法需要滿足編譯規則。TSModuleType 在模型中必須存在 forward（）方法，或是使用 @torch.jit.export 修飾的方法，程式碼如下：

```
# 匯入所需要的包
import torch
import torch.nn as nn
```

定義一個符合 TSModuleType 的類型並列印結果，程式碼如下：

```
#第9章/9.1.1術語及類型
#定義模型
class MyModule(nn.Module):
    def __init__(self, x):
        super().__init__()
        self.x = x

#滿足編譯規則的 forwar()
    def forward(self, inc: int):
        return self.x + inc

#列印結果
Test1 = torch.jit.script(MyModule(1))
print(f"First instance:{Test1(3)}")

Test2 = torch.jit.script(MyModule(torch.ones([5])))
print(f"Second instance:{Test2(3)}")
```

結果如下：

```
First instance：4

Second instance：tensor([4.,4.,4.,4.,4.])
```

9.1.2 類型注釋

因為 TorchScript 是靜態類型，所以程式需要在 TorchScript 的關鍵節點進行注釋以保證每個局部變數或例項資料都有一個靜態屬性，每個函式和方法都由靜態類型表示。

一般來講，類型注釋在靜態類型不能自動推斷的地方才會使用，例如在方法或函式中參數輸入或返回類型時，通常局部變數類型和資料屬性可以從賦值語句中自動推斷出來。有時自動推斷機制過於局限。例如，透過 x=None 推斷出 x 的資料類型是 NoneType，然而 x 是可選擇輸入的，在這種情況下使用類型注釋可以覆蓋自動推斷。注意，因為類型注釋必須符合 TorchScript 的類型檢查規則，所以即使是對可以自動推斷的局部變數類型或資料屬性進行類型注釋也是安全的。

當參數、區域性變數或資料屬性既沒有類型注釋也並不能自動推斷時，TorchScript 通常假定它的類型是 TensorType、List[TensorType] 或者 Dict[str，TensorType]。TorchScript 有 Python 3 和 Mypy 兩種注釋風格。Python 3 允許單獨的參數或者返回值不加注釋，不加注釋時參數預設為 TensorType，而返回值是可以自動推斷的，程式碼如下：

```
Python3Annotation::="def" Identifier["("ParamAnnot*")"][ReturnAnnot]":"
                        FuncOrMethodBody
ParamAnnot::= Identifier[":" TSType]","
ReturnAnnot::= "->" TSType
```

Python3Annotation 表示的是 Python 3 風格注釋，ParamAnnot 和 ReturnAnnot 分別對參數注釋和返回值注釋風格進行定義，注意使用 Python 3 風格時，self 類型可以自行推斷，不需要注釋。

Mypy 風格注釋一般在函式或方法宣告的正下方進行注釋，由於在 Mypy 風格中參數名沒有出現在注釋語句中，所以所用的參數都必須注釋，程式碼如下：

```
MyPyAnnotation：：= " #type：" " ( " ParamAnnot* " )
" [ReturnAnnot]
ParamAnnot：：=TSType " , "
ReturnAnnot：：= " - > " TSType
```

MyPyAnnotation 表示的是 Mypy 風格注釋。同理，ParamAnnot 和 ReturnAnnot 分別對參數注釋和返回值注釋風格進行定義，使用該風格注釋的程式碼如下：

```
# 第 9 章／ 9.1.2 類型注釋
# 匯入所需要的包
import torch

 # 定義函式 f 並使用 Mypy 風格注釋，如果不進行注釋 ，則
所有的參數 x、k、b 都預設為 Tensor 類
def f(x,k,b)：
  #type：(torch.Tensor,int,int)- > torch.Tensor
return k*x+b

# 指令碼化函式
Test=torch.jit.script(f)
```

使用 Mypy 風格注釋函式並指令碼化後，可列印編譯後的結果，程式碼如下：

```
# 第 9 章／ 9.1.2 類型注釋
# 生成隨機張量 x
x=torch.rand([6])

# 列印輸入的張量值 x
print( " Input-x " ,x)
# 列印測試結果
print( " TorchScript(Mypy)： " ,Test(x,2,20))
```

結果如下：

```
Input-x tensor([0.4352,0.6321,0.2323,0.1631,0.8984,0.8268])

TorchScript(Mypy)：ten sor([20.8704,21.2641,20.4646,20.3261
,21.7969,21.6535])
```

一般情況，資料屬性或者局部變數可以在賦值語句中自動推斷出來，但當變數和屬性與不同類型值相關聯時，需要顯示擴充類型，程式碼如下：

```
LocalVarAnnotation：：=Identifier[ " ： " TSType] " = "
Expr
```

LocalVarAnnotation 表示給已定義的資料或局部變數擴充屬性或類型，程式碼如下：

```
# 第9章／9.1.2類型注釋
# 輸入所需要的包
import torch

# 定義一個屬性變化的value值，並擴充它的屬性
def f(a,setVal: bool):
    value: Optional[torch.Tensor] = None
    if setVal:
        value = a
return value

# 腳本化函數 f
Test = torch.jit.script(f)
```

定義完測試的函式後，可分別輸入 True 和 False 對注釋進行測試，檢查 value 的屬性是否是選擇的，程式碼如下：

```
# 第 9 章／ 9.1.2 類型注釋
# 生成隨機張量 a
a=torch.rand([6])
# 列印輸入值 a

print( " Input-a " ,a)
# 分別列印 setVal 是 True 和 False 時，返回的 value 的變化
print( " TorchScript(True)： " ,Test(a,True))
print( " TorchScript(False)： " ,Test(a,False))
```

結果如下：

```
Input-a tensor([0.1016,0.3639,0.3938,0.3669,0.4237,0.6682])

 TorchScript(True)：ten sor([0.1016,0.3639,0.3938,0.3669,0.42
```

```
37,0.6682])

TorchScript(False)：None
```

對於模型類，可以使用 Python 3 風格注釋，程式碼如下：

```
" class " ClassIdentifier " (torch.nn.Module)："
InstanceAttrIdentifier " : " [ " Final( " ]TSType[ " ) " ]
...
```

InstanceAttrIdentifier 是例項屬性的名稱，Final 是可供選擇的，選擇後屬性不能被初始化函式 __init__ () 外的函式重新賦值，或者被其子類覆蓋，程式碼如下：

```
#第9章/9.1.2類型注釋
#輸入所需要的包
import torch
import torch.nn as nn

#自定義一個module並對於self屬性注釋
class MyModule(nn.Module):
    offset: int

    def __init__(self, off):
        self.offset = off

    ...
```

除了可直接在函式或方法中進行注釋外，TorchScript 也提供了 API 對表示式進行注釋。通常在使用過程中，當預設表示式的類型不是所期待的類型時，可以用 torch.jit.annotate（T，expr）進行注釋，有些時候也被用來初始化空列表，更改列表預設的 Tensor 屬性，共同使用 tensor.tolist（）注釋返回值。注意，不能使用 torch.jit.annotate（T，expr）注釋模型中的 __init__（）函式，需要用 torch.jit.Attribute（）替換，程式碼如下：

```
# 第 9 章／ 9.1.2 類型注釋
# 匯入所需要的包
import torch
from typing import List

# 定義函式 g
def g(l：List[int],val：int)：
  l.append(val)
  return l

# 使用 torch.jit.annotate 宣告 List 的值不是預設 Tensor
def f(val：int)：
  l=g(torch.jit.annotate(List[int],[]),val)
return l

# 指令碼化函式 f
Test=torch.jit.script(f)
```

列印指令碼化後的結果，程式碼如下：

```
# 列印原始函式 f 的結果
print( " Eager： " ,f(5))
# 列印呼叫後的結果
print( " TorchScript： " ,Test(3))
```

結果如下：

```
Eager：[5]

TorchScript：[3]
```

TorchScript 支持 Python 3 中的神經網路方法，但部分功能和方法是受限的。PyTorch 1.10.0 版本的 TorchScript 不支持或部分支持的方法見表 9-2。

表 9-2　TorchScript 不支持或部分支持的方法

方　法	現　狀
typing.Any	擴展中
typing.NoReturn	不支持
typing.Union	擴展中
typing.Callable	不支持
typing.Literal	不支持
typing.ClassVar	不支持
typing.Final	支持模型屬性、類屬性和注釋，不支持函數
typing.AnyStr	不支持
typing.overload	擴展中
類型別名	不支持
NewType	不支持
泛型	不支持

9.2　PyTorch 模組轉換為 TorchScript

Java 程式在執行之前也有一個編譯過程，但是並不是將程式編譯成機器語言執行，而是透過 JVM 將它編譯成位元組碼。類似地，PyTorch 模型也有一個中間表示 TorchScript，它是 Python 程式語言的子集，可以透過 TorchScript 編譯器進行解析、編譯和改良。此外，已編譯的 Torch-

Script 可以選擇序列化磁碟檔案格式，然後可以在像 C++ 這樣高效能的環境中執行。本節主要講述將 PyTorch 模組轉換為 TorchScript 的特定方法：追蹤現有模組、使用 script（）方法直接編譯模組、組合編譯和追蹤兩種方法及儲存和載入 TorchScript 模組。

9.2.1　追蹤量子及古典神經網路

追蹤模型使用 torch.jit.trace（），trace 透過例項輸入對模型的結構進行評估並記錄這些輸入在模型中的流向來捕捉模型結構。雖然 PyTorch 1.10.0 更新後可追蹤具有控制流結構的模型，但是 trace 比較適用於控制流較少的模型。先檢查已安裝的 PyTorch 版本號，程式碼如下：

```
import torch
# 檢視已安裝的 PyTorch 版本
print(torch.__version__)
```

如果輸出為 1.10.0 ＋ cpu，則已為 2021 年的版本，1.10.0 之前的版本在接下來的追蹤和編譯模組時會有部分顯示錯誤，建議安裝最新版 PyTorch。切換到命令列視窗後輸入安裝命令，程式碼如下：

```
conda activate 'your environments'
 # 如果忘記已建立的虛擬環境，則可使用 conda info--envs 命
令檢視
# 使用 conda 或 pip 安裝
conda&pip install torch==1.10.0
```

環境配置完成後開始追蹤模型，程式碼如下：

```
# 匯入所需要的包
```

```
import torch
import torch.nn as nn
```

接下來定義一個簡單的模型嘗試追蹤，程式碼如下：

```
#第9章／9.2.1追蹤量子及古典神經網路
class MyModule(nn.Module):
    #初始化函數，添加self.linear屬性
    def __init__(self):
        super(MyModule,self).__init__()
        self.linear = torch.nn.Linear(4,4)

    #在forward中使用self.linear
    def forward(self,x,h):
        new_h = torch.tanh(self.linear(x) + h)
        return new_h,new_h
```

torch.nn.Linear 是 PyTorch 標準庫中的 Module，可以使用呼叫語法建立 Module 的層次結構。定義好模型後使用 torch.jit.trace（）追蹤 MyModule（）例項化模型並傳遞例項輸入，程式碼如下：

```
#第 9 章／ 9.2.1 追蹤量子及古典神經網路
#生成例項，輸入隨機資料
x=torch.rand(3,4)
h=torch.rand(3,4)
#例項化模型
module=MyModule()
#使用 torch.jit.trace() 追蹤模型
traced_module=torch.jit.trace(module,(x,h))
```

列印 traced_module 的結果，程式碼如下：

```
# 列印追蹤模型結構
print(traced_module)
# 輸出結果
traced_module(x,h)
```

結果如下：

```
#第9章／9.2.1追蹤量子及古典神經網路
MyModule(
original_name = MyModule
  (linear): Linear(original_name = Linear)
)

(tensor([[0.6493, 0.4018, 0.3991, 0.9194],
        [0.7994, 0.3863, 0.7865, 0.8155],
        [0.6857, 0.6420, 0.6507, 0.5481]], grad_fn = <TanhBackward0>),
tensor([[0.6493, 0.4018, 0.3991, 0.9194],
        [0.7994, 0.3863, 0.7865, 0.8155],
        [0.6857, 0.6420, 0.6507, 0.5481]], grad_fn = <TanhBackward0>))
```

其中，grad_fn 是 PyTorch 自動微分的詳細資訊，稱為 autograd，感興趣的讀者可以自行查閱 PyTorch 官方文件了解和學習。

torch.jit.trace（）呼叫了 Module，記錄了執行模型時發生的操作，並建立了 torch.jit.ScriptModule 的例項（TracedModule 是例項），TorchScript 將其定義記錄在中間表示（TorchScriptIR）中，在深度學習中通常稱為圖，可以檢查圖結構，程式碼如下：

```
# 列印 .graph 屬性的圖
print(traced_module.graph)
```

結果如下：

```
#第9章／9.2.1追蹤量子及古典神經網路
graph( %self.1 : __torch__.MyModule,
      %x : Float(3, 4, strides = [4, 1], requires_grad = 0, device = cpu),
      %h : Float(3, 4, strides = [4, 1], requires_grad = 0, device = cpu)):
  %linear : __torch__.torch.nn.modules.linear.Linear = prim::GetAttr[name = "linear"]
( %self.1)
  %20 : Tensor = prim::CallMethod[name = "forward"]( %linear, %x)
  %11 : int = prim::Constant[value = 1]()
#C:\Users\Administrator\AppData\Local\Temp/ipyKernel_7056/XXX.py:7:0
  %12 : Float(3, 4, strides = [4, 1], requires_grad = 1, device = cpu) = aten::add( %20,
%h, %11)
#C:\Users\Administrator\AppData\Local\Temp/ipyKernel_7056/XXX.py:7:0
  %13 : Float(3, 4, strides = [4, 1], requires_grad = 1, device = cpu) = aten::tanh( %12)
#C:\Users\Administrator\AppData\Local\Temp/ipyKernel_7056/XXX.py:7:0
  %14 : (Float(3, 4, strides = [4, 1], requires_grad = 1, device = cpu), Float(3, 4, strides = [4,
1], requires_grad = 1, device = cpu)) = prim::TupleConstruct( %13, %13)
  return ( %14)
```

這是較低階的表示形式，.graph 中包含的大部分資訊對終端使用者是無用的。可以使用 .code 屬性提供 Python 的語法解釋，程式碼如下：

```
# 使用 .code 檢查
print(traced_module.code)
```

結果如下：

```
# 第 9 章／ 9.2.1 追蹤量子及古典神經網路
def forward(self,x)
  x：Tensor,
  h：Tensor)- > Tuple[Tensor,Tensor]：
 linear=self.linear
 _0=torch.tanh(torch.add((linear).forward(x,),h))
 return(_0,_0)
```

根據書中的參數化量子線路，這裡選擇的是相互資訊中純量子線路部分，不含古典神經網路層，程式碼如下：

```
# 第 9 章／ 9.2.1 追蹤量子及古典神經網路
# 匯入所需要的包
import torch
import torch.nn as nn
Import numpy as np

#deepquamtum 包中所需要的類和函式
from deepquantum import Circuit
 from deepquantum.utils import dag,measure_state,ptrace,multi_
kron,encoding,expecval_
ZI,measure
```

接下來定義量子相互資訊模型，Qu_mutual（）可根據需要自行定義量子線路位元數進行例項化，然後輸入兩個資料得到相互資訊後的結果，輸入的資料為量子態資料，故需要在輸入前將資料轉換為半正定矩陣後進行歸一化處理得到輸入例項，程式碼如下：

```
# 第9章／9.2.1追蹤量子及古典神經網路
# 聲明量子相互學習操作的類
class Qu_mutual(nn.Module):
    # 初始化函數
    def __init__(self, n_qubits,
             gain = 2 ** 0.5, use_wscale = True, lrmul = 1):
        super().__init__()
        he_std = gain * 5 ** (-0.5)
        if use_wscale:
            init_std = 1.0 / lrmul
            self.w_mul = he_std * lrmul
        else:
            init_std = he_std / lrmul
            self.w_mul = lrmul
        self.n_qubits = n_qubits  #輸入位元數進行初始化
        self.weight = nn.Parameter(nn.init.uniform_(torch.empty(6 * self.n_qubits), a = 0.0,
b = 2 * np.pi) * init_std)
# 定義相互學習操作函數，返回對應的操作閘
    def qumutual(self):
        w = self.weight * self.w_mul
    cir = Circuit(self.n_qubits)
        # 量子線路深度
        deep_size = 6
        #旋轉閘
        for which_q in range(0, self.n_qubits):
            cir.rx(which_q, w[deep_size * which_q + 0])
            cir.ry(which_q, w[deep_size * which_q + 1])
            cir.rz(which_q, w[deep_size * which_q + 2])
        #受控閘
        for which_q in range(0, self.n_qubits - 1):
            cir.cnot(which_q, which_q + 1)
        cir.cnot(self.n_qubits - 1,0)
        # 旋轉閘
        for which_q in range(0, self.n_qubits):
            cir.rx(which_q, w[deep_size * (which_q) + 3])
            cir.ry(which_q, w[deep_size * (which_q) + 4])
            cir.rz(which_q, w[deep_size * (which_q) + 5])
        U = cir.get()
        return U

    # 定義量子相互學習的資料流，輸出為兩種資訊相互對應的訊息
def forward(self, inputA, inputB):
        U_qum = self.qumutual()
        # 對輸入資料進行張量積計算，混合兩項資料訊息
        inputAB = torch.kron(inputA, inputB)
        U_AB = U_qum @ inputAB @ dag(U_qum)
        inputBA = torch.kron(inputB, inputA)
        U_BA = U_qum @ inputBA @ dag(U_qum)

        # 偏跡運算保留3位元資訊
        mutualBatA = ptrace(U_AB,3,1)
        mutualAatB = ptrace(U_BA,3,1)
        return mutualBatA, mutualAatB
```

例項化函式，然後生成隨機數，將生成的資料轉換為量子態資料，作為相互資訊模型的輸入資料即輸入例項，程式碼如下：

```
# 第 9 章／ 9.2.1 追蹤量子及古典神經網路
# 例項化一個 4 位元的相互資訊量子線路
QU=Qu_mutual(4)
# 生成隨機資料並轉換為量子資料
A1=torch.rand(4,4)
B1=torch.rand(4,4)
A=encoding(A1)
B=encoding(B1)
```

追蹤相互資訊模型，程式碼如下：

```
# 第 9 章／ 9.2.1 追蹤量子及古典神經網路
# 使用 torch.jit.trace() 追蹤模型並輸出模型子結構
traced_QU=torch.jit.trace(QU,(A,B))
print('traced_module：',traced_QU)
```

結果如下：

```
traced_module：Qu_mutual(original_name=Qu_mutual)
```

純量子線路沒有使用 nn.Module 中的神經網路層，故直接輸出看不出網路結構，可使用 .code 或 .graph 屬性檢視，程式碼如下：

```
print('traced_module.code：',traced_QU.code)
print('traced_module.graph：',traced_QU.graph)
```

結果如下：

```
#第9章/9.2.1追蹤量子及古典神經網路
traced_module.code: def forward(self,
      inputA: Tensor,
      inputB: Tensor) ->Tuple[Tensor, Tensor]:
  weight = self.weight
  w = torch.mul(weight, CONSTANTS.c0)
  phi = torch.select(w, 0, 0)
  _0 = torch.cos(torch.div(phi, CONSTANTS.c1))
  _1 = torch.unsqueeze(_0, 0)
  _2 = torch.sin(torch.div(phi, CONSTANTS.c1))
  _3 = torch.mul(torch.unsqueeze(_2, 0), CONSTANTS.c2)
  _4 = torch.sin(torch.div(phi, CONSTANTS.c1))
  _5 = torch.mul(torch.unsqueeze(_4, 0), CONSTANTS.c2)
  _6 = torch.cos(torch.div(phi, CONSTANTS.c1))
  _7 = torch.cat([_1, _3, _5, torch.unsqueeze(_6, 0)])
 rst = torch.reshape(_7, [2, -1])
  _8 = torch.eye(2, dtype = 6, layout = None, device = torch.device("cpu"), pin_memory =
False)
  _9 = torch.add(_8, CONSTANTS.c3)
  rst0 = torch.kron(rst, _9)
  rst1 = torch.kron(rst0, _9)
  U = torch.kron(rst1, _9)
  phi0 = torch.select(w, 0, 1)
  _10 = torch.cos(torch.div(phi0, CONSTANTS.c1))
  _11 = torch.unsqueeze(_10, 0)
  _12 = torch.sin(torch.div(phi0, CONSTANTS.c1))
  _13 = torch.mul(torch.unsqueeze(_12, 0), CONSTANTS.c4)
  _14 = torch.sin(torch.div(phi0, CONSTANTS.c1))
  _15 = torch.unsqueeze(_14, 0)
  _16 = torch.cos(torch.div(phi0, CONSTANTS.c1))
  _17 = [_11, _13, _15, torch.unsqueeze(_16, 0)]
  _18 = torch.reshape(torch.cat(_17), [2, -1])
  rst2 = torch.add(_18, CONSTANTS.c3)
  _19 = torch.eye(2, dtype = 6, layout = None, device = torch.device("cpu"), pin_memory =
False)
...
  _277 = torch.matmul(_276, rhoAB0)
  _278 = torch.reshape(torch.select(id20, 0, 0), [2, 1])
  p1 = torch.matmul(_277, torch.kron(id10, _278))
  pout2 = torch.add_(pout1, p1)
  _279 = torch.kron(id10, torch.select(id20, 0, 1))
  _280 = torch.matmul(_279, rhoAB0)
  _281 = torch.reshape(torch.select(id20, 0, 1), [2, 1])
  p2 = torch.matmul(_280, torch.kron(id10, _281))
  return (_272, torch.add_(pout2, p2))

traced_module.graph: graph(%self : __torch__.Qu_mutual,
     %inputA :ComplexFloat(4, 4, strides = [4, 1], requires_grad = 0, device = cpu),
     %inputB :ComplexFloat(4, 4, strides = [4, 1], requires_grad = 0, device = cpu)):
  %weight : Tensor = prim::GetAttr[name = "weight"](%self)
  %6 : Double(requires_grad = 0, device = cpu) = prim::Constant[value = {0.632456}]()
#C:\Users\Administrator\AppData\Local\Temp/ipyKernel_14384/XXX.py:17:0
  %w : Float(24, strides = [1], requires_grad = 1, device = cpu) = aten::mul(%weight, %6)
#C:\Users\Administrator\AppData\Local\Temp/ipyKernel_14384/XXX.py:17:0
  %33 : int = prim::Constant[value = 0]()
#C:\Users\Administrator\AppData\Local\Temp/ipyKernel_14384/XXX.py:21:0
  %34 : int = prim::Constant[value = 0]()
#C:\Users\Administrator\AppData\Local\Temp/ipyKernel_14384/XXX.py:21:0
```

```
  %phi.1 : Float(requires_grad=1, device=cpu) = aten::select(%w, %33, %34)
#C:\Users\Administrator\AppData\Local\Temp/ipyKernel_14384/XXX.py:21:0
  %36 : Long(requires_grad=0, device=cpu) = prim::Constant[value={2}]()
#...\lib\site-packages\deepquantum\gates.py:56:0
  %37 : Float(requires_grad=1, device=cpu) = aten::div(%phi.1, %36)
#...\lib\site-packages\deepquantum\gates.py:56:0
  %38 : Float(requires_grad=1, device=cpu) = aten::cos(%37)
#...\lib\site-packages\deepquantum\gates.py:56:0
  %39 : int = prim::Constant[value=0]()
#...\lib\site-packages\deepquantum\gates.py:56:0
...
%1561 :ComplexFloat(16, 8, strides=[8, 1], requires_grad=0, device=cpu) = aten::kron
(%id1, %1560)
#...\lib\site-packages\deepquantum\utils.py:141:0
  %p :ComplexFloat(8, 8, strides=[8, 1], requires_grad=1, device=cpu) = aten::matmul
(%1553, %1561)
#...\lib\site-packages\deepquantum\utils.py:141:0
  %1563 : int = prim::Constant[value=1]()
#...\lib\site-packages\deepquantum\utils.py:142:0
  %1564 :ComplexFloat(8, 8, strides=[8, 1], requires_grad=1, device=cpu) = aten::add_
(%pout, %p, %1563)
#...\lib\site-packages\deepquantum\utils.py:142:0
  %1565 : (ComplexFloat(8, 8, strides=[8, 1], requires_grad=1, device=cpu),
ComplexFloat(8, 8, strides=[8, 1], requires_grad=1, device=cpu)) = prim::TupleConstruct
(%1503, %1564)
  return (%1565)
```

9.2.2 script () 方法編譯量子模型及其函式

script () 方法可編譯函式或模型，在模型中新增裝飾器，TorchScript 編譯器可以根據 TorchScript 語言施加限制直接解析和編譯模型程式碼。Python 中的裝飾器是指任何可以修改函式或類的可呼叫對象，允許一些類似於其他語言的附加功能。這裡 script () 方法支持的類型包括 Tensor、Tuple[T0，T1]、int、float、List[T]。使用 TorchScript 編譯一個函式，程式碼如下：

```
#匯入所需要的包
import torch
```

定義一個函式，使用裝飾符指令碼化函式，使用裝飾函式體來建立一個 ScriptFunction 對象，程式碼如下：

```
# 第 9 章／ 9.2.2 script() 方法編譯量子模型及其函式
# 使用裝飾符指令碼化函式 foo
@torch.jit.script
def foo(x,tup)：
  #type：(int,Tuple[Tensor,Tensor])- > Tensor
  t0,t1=tup
return t0+t1+x
print(foo(3,(torch.rand(3),torch.rand(3))))
```

列印函式類型及編譯後的圖，程式碼如下：

```
# 列印 foo 類型
print(type(foo))
# 列印編譯後的圖
print(foo.code)
```

結果如下：

```
<class 'torch.jit.ScriptFunction'>

def foo(x: int,
    tup: Tuple[Tensor, Tensor]) -> Tensor:
  t0, t1, = tup
  return torch.add(torch.add(t0, t1), x)
```

根據結果可知，裝飾符 @torch.jit.script 指令碼化了一個函式，建立了一個 ScriptFunction 的對象。指令碼化一個函式，當該函式的輸入和輸出均為 Tensor 類型時，可直接編譯；當輸入類型不唯一時，需要宣告輸入類型及返回類型，如在上述程式碼中 #type：(int，Tuple[Tensor，Tensor]) ->Tensor，不可省略，否則會顯示錯誤：

```
#第9章/9.2.2 script()方法編譯量子模型及其函式
RuntimeError:
Tensor (inferred) cannot be used as a tuple:
  File
"C:\Users\Administrator\AppData\Local\Temp/ipyKernel_13296/XXX.py", line 4
def foo(x, tup):

    t0, t1 = tup
            ~~~ <--- HERE
    return t0 + t1 + x
```

指令碼化 Pauli-X 閘方法，程式碼如下：

```
#第9章/9.2.2 script() 方法編譯量子模型及其函式
#輸入 Phi 後指令碼化 Pauli-X 閘
def rx(phi):
    return torch.cat((torch.cos(phi/2).unsqueeze(dim=0),torch.
sin(phi/2).unsqueeze
(dim=0)*-1j,
    torch.sin(phi/2).unsqueeze(dim=0)*-1j,torch.cos(phi/2).un-
squeeze(dim=0)),dim=0).
reshape(2,-1)
```

注意，*-1j 只能寫在表示式後面不能寫在表示式之前，否則編譯會出錯，結果如下：

```
#第9章/9.2.2 script()方法編譯量子模型及其函式
RuntimeError:
Arguments for call are not valid.
The following variants are available:

aten::cat(Tensor[] tensors, int dim = 0) -> (Tensor):
  Expected a value of type 'List[Tensor]' for argument 'tensors' but instead found type 'Tuple
[Tensor, complex, Tensor, Tensor]'.

aten::cat.names(Tensor[] tensors, str dim) -> (Tensor):
  Expected a value of type 'List[Tensor]' for argument 'tensors' but instead found type 'Tuple
[Tensor, complex, Tensor, Tensor]'.

aten::cat.names_out(Tensor[] tensors, str dim, *, Tensor(a!) out) -> (Tensor(a!)):
  Expected a value of type 'List[Tensor]' for argument 'tensors' but instead found type 'Tuple
[Tensor, complex, Tensor, Tensor]'.

aten::cat.out(Tensor[] tensors, int dim = 0, *, Tensor(a!) out) -> (Tensor(a!)):
  Expected a value of type 'List[Tensor]' for argument 'tensors' but instead found type 'Tuple
[Tensor, complex, Tensor, Tensor]'.

The original call is:
  File "<ipython-input-13-e0d70d0bf5aa>", line 9
    """

    return torch.cat((torch.cos(phi / 2).unsqueeze(dim = 0), -1j * torch.sin(phi / 2).
unsqueeze(dim = 0),
          ~~~~~~~~~~ <--- HERE
torch.sin(phi / 2).unsqueeze(dim = 0) * -1j, torch.cos(phi / 2).unsqueeze(dim = 0)),dim = 0).
reshape(2, -1)
```

指令碼化偏跡函式，程式碼如下：

```
#第9章/9.2.2 script()方法編譯量子模型及其函式
@torch.jit.script
def ptrace(rhoAB, dimA, dimB):
    #type: (Tensor, int, int) -> Tensor
    """
    rhoAB : 輸入密度矩陣
    dimA: 保留dimA位元資料
    dimB: 保留dimB位元資料
    """
    mat_dim_A = 2 ** dimA
    mat_dim_B = 2 ** dimB

    #強制性轉換為整型，編譯後會被轉換為浮點型
    mat_dim_A = int (mat_dim_A)
    mat_dim_B = int (mat_dim_B)

    id1 = torch.eye(mat_dim_A) + 0.j
    id2 = torch.eye(mat_dim_B) + 0.j

    #不能賦值為0，否則編譯時會將其當作整型，返回時會顯示錯誤
    pout = torch.zeros([mat_dim_A,mat_dim_A]) + 0.j
    for i in range(mat_dim_B):
        p = torch.kron(id1, id2[i]) @ rhoAB @ torch.kron(id1, id2[i].reshape(mat_dim_B, 1))
        pout += p
    return pout
```

注意，mat_dim_A=2**dimA 使用的乘方運算在編譯完後會轉換為浮點型，需要將乘方結果強制轉換為整型，否則會顯示錯誤，結果如下：

```
#第9章/9.2.2 script()方法編譯量子模型及其函式
RuntimeError:
Arguments for call are not valid.
The following variants are available:

aten::eye(int n, *, int? dtype = None, int? layout = None, Device? device = None, bool? pin_
memory = None) -> (Tensor):
  Expected a value of type 'int' for argument 'n' but instead found type 'float'.

aten::eye.m(int n, int m, *, int? dtype = None, int? layout = None, Device? device = None,
bool? pin_memory = None) -> (Tensor):
  Expected a value of type 'int' for argument 'n' but instead found type 'float'.

aten::eye.out(int n, *, Tensor(a!) out) -> (Tensor(a!)):
  Expected a value of type 'int' for argument 'n' but instead found type 'float'.

aten::eye.m_out(int n, int m, *, Tensor(a!) out) -> (Tensor(a!)):
  Expected a value of type 'int' for argument 'n' but instead found type 'float'.

The original call is:
  File
"C:\Users\Administrator\AppData\Local\Temp/ipyKernel_13296/XXX.py", line 24
# mat_dim_B = mat_dim_B * 2

   id1 = torch.eye(mat_dim_A) + 0.j
         ~~~~~~~~~~ <--- HERE
   id2 = torch.eye(mat_dim_B) + 0.j
```

這裡的 pout 不可以直接賦值為 0，否則在編譯過程中無論後面怎樣賦值都會將其當作整型資料而出現錯誤，結果如下：

```
RuntimeError:
Return value was annotated as having type Tensor but is actually of type int:
  File "<ipython-input-17-1bb6fc83cfa6>", line 31
      print(p)
      pout += p
   return pout
~~~~~~~~~~~~ <--- HERE
```

指令碼化一個模型時，預設編譯模型的 forward () 方法，並遞迴編譯 nn.Module 的子模組及被 forward () 呼叫的函式，使用 torch.jit.script () 編譯模型，程式碼如下：

```
# 匯入所需要的包
import torch
import torch.nn as nn
```

然後定義一個簡單的神經網路模型作為編譯測試，程式碼如下：

```
# 第9章／9.2.2 script()方法編譯量子模型及其函式
# 定義一個含古典神經網路的模型
class MyModule(nn.Module):
    # 初始化函數
    def __init__(self,N,M):
        super(MyModule,self).__init__()
        self.weight = nn.Parameter(torch.rand(N,M))
        # 添加一個self.linear屬性
        self.linear = nn.Linear(N,M)

    # 向前傳播
    def forward(self,input):
        output = self.weight.mv(input)
        # 使用self.linear屬性
        output = self.linear(output)

        return output
```

接下來使用 torch.jit.script（）指令碼化模型，並輸出指令碼化後的結果，程式碼如下：

```
scripted_module=torch.jit.script(MyModule(2,3))
print(type(scripted_module))
print(scripted_module.code)
```

指令碼化模型時不需要輸入示範，只需直接指令碼化一個例項化的模型，列印結果如下：

```
# 第 9 章／ 9.2.2 script() 方法編譯量子模型及其函式
< class 'torch.jit._script.RecursiveScriptModule' >

def forward(self,
  input：Tensor)- > Tensor：
 weight=self.weight
 output=torch.mv(weight,input)
 linear=self.linear
 return(linear).forward(output,)
```

指令碼化 MyModule（) 建立了一個 RecursiveScriptModule 對象，使用 9.2.1 節的相互資訊模型進行指令碼化，trace 只記錄 Tensor 和對 Tensor 的操作，而 script（) 方法會去理解所有的程式碼，真正像一個編譯器去進行詞法分析、語法分析及句法分析，因此有些操作和語法 script（) 方法是不支持的，需要單獨編寫一些函式支持量子線路的編譯，目前 DeepQuantum 僅 0.0.4 和 1.4.15 版本支持 script（) 編譯，打開命令列視窗進行安裝，程式碼如下：

```
conda activate 'your environments'
# 可使用 conda 或 pip 安裝
conda&pip install deepquantum==0.0.1
 #'conda&pip install deepquantum==1.4.15' 目前兩個版本均支
持編譯
```

匯入所需要的包和模型定義，可沿用 9.2.1 節的相互資訊模型，這裡不再贅述。接下來直接使用 torch.jit.script（) 指令碼化模型並輸出結果，程式碼如下：

```
# 指令碼化量子相互資訊模型
scripted_module=torch.jit.script(QU)
# 輸出編譯後的結果
print(type(scripted_module))
print(scripted_module.code)
```

指令碼化模型後結果如下：

```
# 第9章／9.2.2 script()方法編譯量子模型及其函式
<class 'torch.jit._script.RecursiveScriptModule'>

def forward(self,
    inputA: Tensor,
    inputB: Tensor) ->Tuple[Tensor, Tensor]:
  U_qum = (self).qumutual()
  inputAB = torch.kron(inputA, inputB)
  _0 = torch.matmul(U_qum, inputAB)
  _1 = __torch__.deepquantum.utils.dag(U_qum, )
  U_AB = torch.matmul(_0, _1)
  inputBA = torch.kron(inputB, inputA)
  _2 = torch.matmul(U_qum, inputBA)
  _3 = __torch__.deepquantum.utils.dag(U_qum, )
  U_BA = torch.matmul(_2, _3)
  mutualBatA = __torch__.deepquantum.utils.ptrace(U_AB, 3, 1, )
  mutualAatB = __torch__.deepquantum.utils.ptrace(U_BA, 3, 1, )
  return (mutualBatA, mutualAatB)
```

9.2.3 混合編譯、追蹤及儲存載入模型

在許多情況下，追蹤或指令碼化是將模型轉換為 TorchScript 更簡單的方法。同時也可以將追蹤和指令碼混合使用來滿足模型一部分的特定要求。script（）方法可以呼叫 trace（）方法。當需要根據簡單的前饋模型使用控制流時，這尤其有用。混合使用時，程式碼如下：

```
# 匯入所需要的包
import torch
```

接下來定義函式並使用 script () 和 trace () 混合的方法，程式碼如下：

```
# 第 9 章／ 9.2.3 混合編譯、追蹤及儲存載入模型
def foo(x,y)：
  return 2*x+y

traced_foo=torch.jit.trace(foo,(torch.rand(3),torch.rand(3)))

@torch.jit.script
def bar(x)：
  return traced_foo(x,x)
```

列印追蹤和指令碼混合結果，程式碼如下：

```
# 列印類型
print(type(bar))
# 列印計算圖
print(bar.code)
```

結果如下：

```
< class 'torch.jit.ScriptFunction' >

def bar(x：Tensor)- > Tensor：
 return__torch__.foo(x,x,)
```

trace（）方法可以呼叫 script（）方法。這在模型的一小部分需要控制流時很有用，即使大部分模型只是一個前饋網路。當 script（）方法有內部控制流語句時，呼叫 trace（）方法可以正確保留控制流，程式碼如下：

```
#第9章/9.2.2 script()方法編譯量子模型及其函式
@torch.jit.script
def foo(x, y):
    if x.max() >y.max():
        r = x
    else:
        r = y
    return r


def bar(x, y, z):
    return foo(x, y) + z
```

使用 torch.jit.script（）追蹤，程式碼如下：

```
traced_bar=torch.jit.trace(bar,(torch.rand(3),torch.rand(3),torch.rand(3)))
```

列印追蹤和指令碼混合結果，程式碼如下：

```
#列印類型
print(type(traced_bar))
#列印計算圖
print(traced_bar.code)
```

結果如下：

```
#第9章／9.2.3 混合編譯、追蹤及儲存載入模型
<class 'torch.jit.ScriptFunction'>

def bar(x: Tensor,
    y: Tensor,
    z: Tensor) -> Tensor:
  y0 = __torch__.___torch_mangle_1.foo(x, y, )
  return torch.add(y0, z)
```

這種組合也適用於 nn.Module，第一種情況從指令碼模組的方法呼叫追蹤生成子模組，程式碼如下：

```
#匯入所需要的包
import torch
import torch.nn as nn
import torch.nn.functional as F
```

定義含 trace（）方法的模型，程式碼如下：

```
#第9章／9.2.3 混合編譯、追蹤及儲存載入模型
#定義模型
class MyModule(nn.Module):
    def __init__(self):
        super(MyModule, self).__init__()
        #使用 torch.jit.trace()生成 ScriptModule 的 conv1 和 conv2
        self.conv1 = torch.jit.trace(nn.Conv2d(1, 20, 5), torch.rand(1, 1, 16, 16))
        self.conv2 = torch.jit.trace(nn.Conv2d(20, 20, 5), torch.rand(1, 20, 16, 16))

    #向前回饋
    def forward(self, input):
        input = F.ReLU(self.conv1(input))
        output = F.ReLU(self.conv2(input))
        return output
```

使用 torch.jit.script（）指令碼化函式並列印結果，程式碼如下：

```
scripted_module=torch.jit.script(MyModule())
# 列印類型
print('scripted_module：',type(scripted_module))
# 列印計算圖
print('scripted_module.code：',scripted_module.code)
```

結果如下：

```
# 第 9 章／9.2.3 混合編譯、追蹤及儲存載入模型
scripted_module：＜class 'torch.jit._script.RecursiveScript-
Module'＞

scripted_module.code：def forward(self,
 input：Tensor)-＞Tensor：
  conv1=self.conv1
   input0=__torch__.torch.nn.functional.ReLU((conv1).for-
ward(input,),False,)
  conv2=self.conv2
   output=__torch__.torch.nn.functional.ReLU((conv2).for-
ward(input0,),False,)
  return output
```

第二種情況的程式碼如下：

```
#第9章／9.2.3 混合編譯、追蹤及儲存載入模型
#載入的包和上述一樣
#模型沿用第一種情況中的 MyMoudle()
class MyModule(nn.Module):
   #初始化
   def __init__(self):
   super(MyModule, self).__init__()
      #定義兩個Conv2d屬性
      self.conv1 = nn.Conv2d(1, 20, 5)
      self.conv2 = nn.Conv2d(20, 20, 5)

#向前回饋
   def forward(self, input):
      input = F.ReLU(self.conv1(input))
      output = F.ReLU(self.conv2(input))
      return output

#定義模型
class WrapMyModule(nn.Module):
   def __init__(self):

      super(WrapMyModule,self).__init__()
      #使用 torch.jit.script()腳本化 MyModule()
      self.loop = torch.jit.script(MyModule())

#向前回饋
   def forward(self,x):
      y = self.loop(x)
      return torch.ReLU(y)
```

追蹤模型並列印結果，程式碼如下：

```
#第 9 章／9.2.3 混合編譯、追蹤及儲存載入模型
#追蹤模型
```

```
    traced_module=torch.jit.trace(WrapMyModule(),(torch.
rand(1,1,16,16)))
    # 列印類型
    print('traced_module：',type(traced_module))
    # 列印計算圖
    print('traced_module.code：',traced_module.code)
    print('traced_module.graph',traced_module.graph)
```

結果如下：

```
#第9章/9.2.3 混合編譯、追蹤及儲存載入模型
traced_module: <class 'torch.jit._trace.TopLevelTracedModule'>

traced_module.code: def forward(self,
    x: Tensor) -> Tensor:
  loop = self.loop
  y = (loop).forward(x, )
  return torch.ReLU(y)

traced_module.graph graph(%self : __torch__.___torch_mangle_29.WrapMyModule,
      %x : Float(1, 1, 16, 16, strides=[256, 256, 16, 1], requires_grad=0, device=cpu)):
  %loop : __torch__.___torch_mangle_28.MyModule = prim::GetAttr[name="loop"](%self)
  %y : Tensor = prim::CallMethod[name="forward"](%loop, %x)
  %22 : Float(1, 20, 8, 8, strides=[1280, 64, 8, 1], requires_grad=1, device=cpu) =
aten::ReLU(%y)
  #C:\Users\Administrator\AppData\Local\Temp/ipyKernel_14568/XXX.py:8:0
  return (%22)
```

儲存並載入第二種結果的模型，這裡 PyTorch 提供了 API，可以以存檔格式將 TorchScript 模組儲存到磁碟或從磁碟載入 TorchScript 模組。儲存和載入模型的程式碼如下：

```
    # 儲存 traced_module 模型
    traced_module.save('wrapped_rnn.zip')
    # 載入模型
    loaded=torch.jit.load('wrapped_rnn.zip')
```

存檔格式包括程式碼、參數、屬性和偵錯資訊，這意味著 loaded 是模型的獨立表示形式，可以在完全獨立的過程中載入，程式碼如下：

```
# 列印載入結果
print(loaded)
# 列印載入結果的計算圖
print(loaded.code)
```

結果如下：

```
#單位元旋轉sigmax的角度，返回旋轉操作後的tensor
RecursiveScriptModule(
original_name = WrapMyModule
  (loop): RecursiveScriptModule(
original_name = MyModule
    (conv1): RecursiveScriptModule(original_name = Conv2d)
    (conv2): RecursiveScriptModule(original_name = Conv2d)
  )
)

def forward(self,
    x: Tensor) -> Tensor:
  loop = self.loop
  y = (loop).forward(x, )
  return torch.ReLU(y)
```

9.3 Torch 自動求導機制

Torch 的自動求導機制 torch.autograd 並不是必須掌握的，但是熟悉它的機制有助於編寫更高效、更清晰的程式，以便於程式偵錯。從概念上來說，autograd 用於記錄使用者在資料上建立的所有操作，生成一個有向無環圖 DAG，它的葉子節點是輸入張量，根節點是輸出張量，透過追蹤 DAG 從根到葉子的節點，使用鏈式規則自動計算求導。本節主要介紹自動求導機制在 Torch 中的使用方法及自動求導機制中的計算圖。

9.3.1 自動求導機制的使用方法

古典神經網路簡單理解是在某些輸入資料上執行的巢狀函式的集合。這些函式由權重和偏差組成的參數定義，而參數就儲存在 Torch 的張量之中。

autograd 是 Torch 的自動求導機制，可為神經網路訓練提供支持。訓練神經網路可以分為兩個步驟。

1· 正向傳播

在正向傳播中，神經網路透過對每個函式執行輸入資料進行預測，以便能對正確的輸出進行最佳預測。

2· 反向傳播

在反向傳播中，神經網路根據預測中的誤差調整參數。反向傳播透過從輸出後向遍歷，收集相關函式參數的誤差導數並使用梯度下降改良參數，函式參數的誤差導數即梯度。

為了更容易理解神經網路訓練過程自動求導的使用方法，這裡以第 4 章古典卷積神經網路訓練為例，完成神經網路模型的建立後定義，載入資料集中的輸入資料和標籤資料，程式碼如下：

```
# 自己建立的模型，可以自行修改
model=ConvNet(num_classes).to(device)
#images 是輸入資料
images=images.to(device)
```

```
#labels 為正確輸出的標籤資料
labels=labels.to(device)
```

接下來進行正向傳播，使用模型執行和預測輸入資料，程式碼如下：

```
# 正向傳播，outputs 是預測結果
outputs=model(images)
```

使用模型的預測值和相應的標籤值計算誤差，即損失函式。在誤差張量上呼叫 .backward () 屬性開始反向傳播，自動求導機制會計算模型參數梯度並儲存在參數的 .grad 屬性中，程式碼如下：

```
# 呼叫 CrossEntropyLoss() 計算預測值和對應標籤之間的誤差
criterion=nn.CrossEntropyLoss()
loss=criterion(outputs,labels)
# 反向傳播，並把參數梯度記錄在 .grad 屬性中
loss.backward()
```

載入優化器，在優化器中註冊模型的所有參數，並呼叫 .step () 啟動梯度下降。優化器透過 .grad 中儲存的梯度調整每個參數，程式碼如下：

```
# 載入優化器
optimizer=torch.optim.SGD(module.parameters(),lr=learning_
rate)
# 啟動梯度下降優化參數
optimizer.step()
```

上述是使用自動求導機制進行簡單神經網路訓練的過程。需要注意的是，神經網路的訓練可以當作一個有向無環圖，根據鏈式規則進行計

算和求導。DAG 在 Torch 中是在每次迭代時動態地從頭建立的，這正是允許在模型中使用控制流語句的原因，DAG 可做到在每次迭代時都改變整體的形狀和大小。在準備訓練求解微分時無須編碼所有可能的路徑。

9.3.2 自動求導的微分及有向無環圖

requires_grad 是自動求導機制的重要屬性，除非呼叫 nn.Parameter，否則預設為 False。它在正向和反向傳播中都有意義，可用來精細地排除梯度圖中的子圖。在正向傳播過程中最少有一個輸入張量需要梯度才會被記錄在反向傳播的運算元中；在反向傳播過程中只有葉子節點張量的 requires_grad=True 時才會將它的梯度資訊記錄在 .grad 屬性中。非葉子節點是 DAG 的各類 function（或稱為運算元）。葉子節點計算梯度時，非葉子節點是梯度計算的中間結果，一般情況下非葉子節點的 require_grad 自動被設定為 True。

為了進一步理解自動求導是怎樣收集梯度的，首先建立兩個張量 ***a*** 和 ***b***，它們的屬性 requires_grad=True，程式碼如下：

```
# 匯入 torch
import torch

# 建立兩個輸入值並設定 requires_grad=True
x=torch.rand(3,requires_grad=True)
a=torch.rand(3,requires_grad=True)
```

使用 ***a*** 和 ***b*** 計算出張量 ***y***，計算公式如 $y=5\times a^2+5\times(b-2)$，程式碼如下：

```
# 根據計算公式計算張量 y
y=5*a**+5*(b-2)
```

假設 ***a*** 和 ***b*** 是神經網路的參數，***y*** 是誤差。在神經網路的訓練過程中，需要的相對誤差（梯度）為 $\frac{\partial y}{\partial a}=10\times a$ 和 $\frac{\partial y}{\partial b}=5\times b$。當在 ***y*** 上呼叫 .backward（）時，autograd 會計算這些梯度並儲存在各張量的 .grad 屬性中，接下來用反向傳播進行驗證，程式碼如下：

```
# 反向傳播
y.sum().backward()
# 驗證梯度是否正確且儲存在 .grad 屬性中
print(10*a==a.grad)
print(5==b.grad)
```

結果如下：

```
tensor([True,True,True])
tensor([True,True,True])
```

從概念上來說，autograd 在由函式對象組成的 DAG 中記錄張量和所有執行的操作產生的新張量，即輸出資料。在正向傳播時，autograd 執行計算請求的同時在 DAG 中維護操作的梯度函式。根節點呼叫 .backward（）開始反向傳播，autograd 呼叫 .grad_fn（）計算梯度並將計算結果記錄在 .grad 屬性中，然後使用鏈式規則追蹤到葉子節點為止。根據上述例項，DAG 更直觀的表示如圖 9-1 所示。

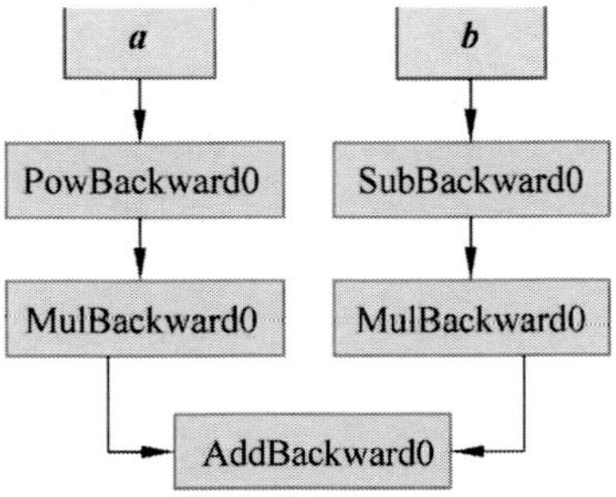

圖 9-1 有向無環圖

a 和 ***b*** 是輸入張量作為 DAG 的葉子節點，PowBackward0、SubBackward0 等表示運算元，箭頭指向正向傳播方向。在 DAG 中，autograd 會追蹤所有 requires_grad 屬性為 True 的張量。如果將該屬性設定為 False，則從梯度計算 DAG 中排除。DAG 中會記錄對輸入資料進行的運算元操作，並將輸出結果作為下一節點的輸入，再對輸入進行運算元操作並將輸出結果作為下一節點的輸入，這樣重複進行直到追蹤完 DAG 為止，故圖 9-1 也可以表示為如圖 9-2。

圖 9-2 中的 OP 代表運算元，CPU ／ GPU 代表運算元在中央處理器或圖像處理器中進行，然後得到輸出結果作為下一節點的輸入，重複操作直到追蹤完 DAG 完成計算。在古典的神經網路過程中也會生成類似圖 9-1 或圖 9-2 所示的梯度 DAG，DAG 會記錄每個帶 .grad 屬性的張量資料及對資料的操作，以及在訓練過程中根據圖進行的預測、求導及最佳化等。

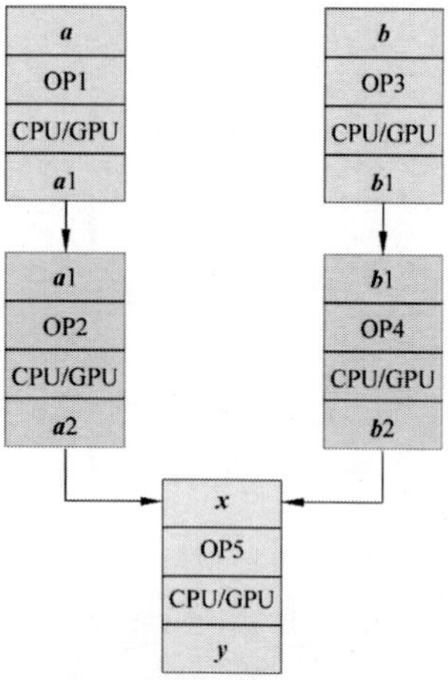

圖 9-2　帶計算設備的有向無環圖

9.3.3　量子運算元及編譯原理

量子運算是一種遵循量子理論學習規律、調控量子資訊單元進行計算的新型計算模式，如今已有多種基於量子理論進行量子運算的框架和方法。本書中基於 DeepQuantum 的量子運算在 PyTorch 框架的基礎上模擬量子線路，並設置不同的 Pauli 旋轉閘和受控閘，對量子資訊單元進行求導、最佳化等計算。以單位元 Pauli-X 閘為例，程式碼如下：

```
# 單位元旋轉sigmax的角度,返回旋轉操作後的tensor
def rx(phi):
    return torch.cat((torch.cos(phi / 2).unsqueeze(dim = 0), - 1j * torch.sin(phi / 2).
unsqueeze(dim = 0),
                    - 1j * torch.sin(phi / 2).unsqueeze(dim = 0), torch.cos(phi / 2).
unsqueeze(dim = 0)),dim = 0).reshape(2, - 1)
```

基於 DeepQuantum 的量子運算過程模擬量子位元對資料進行處理，處理過程中呼叫了 Torch 自帶的 torch.sin ()、torch.cos () 等操作。量子運算的資料和運算元可以產生如圖 9-2 所示的 DAG，然後追蹤從根節點到葉子節點完成梯度計算和最佳化，因此，純量子演算法或古典量子混合演算法的訓練和最佳化是在同一 DAG 中進行的。

量子運算使用的 torch () 函式和方法對輸入資料進行一系列的函式操作，這一系列的運算元操作即為 DAG 中的 OP，可將多個 OP 看作 DAG 中一個較大的 OP，這一項抽象操作並不會影響 DAG 的完整性，計算仍舊經由追蹤 DAG 進行。而這時由於 DeepQuantum 的量子運算是遵循量子理論的，在進行演算法訓練的過程中，DAG 中的量子 OP 可在模擬 QPU 上進行運算，古典 OP 在中央處理器或圖像處理器中進行運算。

TorchScript 追蹤量子模型和古典神經網路得到能在 C++ 高效能環境中執行的中間表示，列印結果可以發現，對於古典神經網路中的 nn.Linear 等，nn.Module 中的子類操作會直接列印，而這些運算元都是由 PowBackward0、SubBackward0 等基礎操作構成後抽象的。同理，量子演算法中的 Pauli 旋轉閘和受控閘等操作也可直接抽象為 Rx、Ry、Rz、CNOT 等，將量子態資料輸入特定位元數且按一定規律設置 Pauli 旋轉閘、受控閘並進行偏跡運算等操作的量子線路中。

程式設計師使用高級程式語言（如 C、C++ 等）將程式編寫好後，會先使用編譯器將源語言轉換成組合語言儲存起來，等到執行時再透過彙編器或後端轉換為機器語言執行。將量子演算法放於模擬 QPU 中執行，過程如圖 9-3 所示。

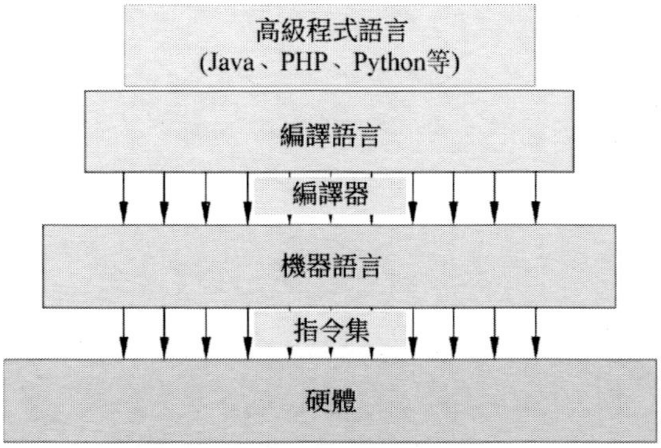

圖 9-3　高級程式語言的執行過程

什麼是編譯器？編譯器是一個程式，它可以閱讀某種語言編寫的程式，並把該程式翻譯為一個等價的、用另一種語言編寫的程式，即執行源語言到目標語言的等價轉換。編譯器可能產生一個組合語言程式作為其輸出，因為組合語言比較容易輸出和偵錯，傳統編譯器架構分為 3 部分，如圖 9-4 所示。

圖 9-4　傳統編譯器

前端主要對輸入源語言進行詞法分析、語法分析、語義分析、生成中間程式碼，然後優化器對中間程式碼進行最佳化，最後後端生成機器碼。量子程式編譯也不例外。量子軟體程式執行的過程包括量子演算法的程式設計、量子程式的編譯、量子程式執行及結果分析。

1· 編譯階段

量子編譯器的輸入是用某種程式語言執行的量子演算法，輸出是採用中間表示描述的古典或量子程式。

2· 電路生成階段

電路生成階段是在電腦上執行的。輸入是中間表示描述的量子或古典程式，輸出是量子線路。

3· 執行階段

執行階段執行在量子電腦的控制器中。輸入是量子線路中間表示所描述的量子線路，輸出是測量結果。

詞法分析是從文字檔案中逐一字元地去掃描內容，然後按照語言的語法規則把字元序列辨識成變數、數字、字元串、運算子和關鍵字等，這些變數、數字和字元串是組成程式的基本元素，基本元素可以稱為單字 (Token)。進行詞法分析的程式或者函式叫做詞法分析器 (Lexical Analyzer，簡稱為 Lexer），也叫掃描器（Scanner）。

待分析的簡單語言的詞法分為 4 類：①單字，包括 begin、if、then、while、do 和 end；②其他單字，包括辨識符號（ID）和整型常數（NUM），如 ID=letter（letter|digit）* 和 NUM=digit digit*；③運算元和界符，包括 +、-、*、/、:、:=、＜、＜＞、＜=、＞、＞=、=、;、(、)、#；④空格。

分析出 Token 後，編譯器就開始嘗試釐清 Token 之間的邏輯關係，這樣語法分析就產生了。語法分析的作用是在詞法分析的基礎上將單字序列組合成各類語法短語。語法分析程式判斷源程式在結構上是否正確，源程式的結構由與上、下文無關的語法描述，可透過抽象語法樹（Abstract Syntax Tree，AST）直觀地呈現，是中間程式碼的一種呈現形式，樹中的每個內部節點表示一個運算，而該節點的子節點表示該運算的分量。以一個簡單的程式碼為例生成 AST，程式碼如下：

```
while b ≠ 0
if a > b
a：=a-b
else
b：=b-a
return a
```

上述程式碼對應的 AST 如圖 9-5 所示。

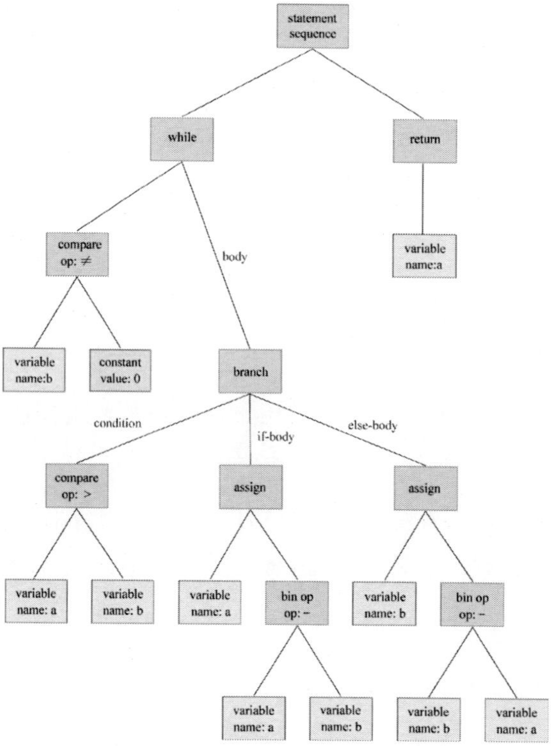

圖 9-5　語法樹

語法分析源語言得到中間表示，即中間程式碼。它主要有兩種表示方法：一種表示方法是 AST，如圖 9-5 所示；另一種表示方法是三地址程式碼，它是一個由三地址指令組成的序列，其中每個指令只執行一個運算。

9.3.4　量子求導及編譯

PyTorch 提供了函式可以自行定義自動求導中的 forward 和 backward，即演算法的正向傳播和反向傳播過程。根據量子互學習模組中量子模組的計算過程，匯入所需要的包，程式碼如下：

```
# 匯入所需要的包
import torch
import torch.nn as nn
import deepquantum
import numpy as np
```

然後單獨定義在量子演算法中需要訓練的參數，用於正向傳播的計算和後向傳播求導更新參數，程式碼如下：

```
# 第 9 章／ 9.3.4 量子求導及編譯
# 定義參數
init_std=1.0
lrmul=1
he_std=2**0.5*5**(-0.5)
w_mul=he_std*lrmul
  weight=nn.Parameter(nn.init.uniform_(torch.empty-
(6*6),a=0.0,b=2*np.pi)*init_
std)
w=weight*w_mul
```

將量子線路結構定義在正向傳播過程裡，並將上述的訓練參數傳入，以保證在量子神經網路計算過程中，正向傳播過程包含量子線路結構及更新參數。這裡需要注意的是，正向傳播輸入的參數個數和反向傳播輸出的參數個數相同，並且不需要更新的參數返回 None，程式碼如下：

```
#第9章/9.3.4量子求導及編譯
class QML_QNN(torch.autograd.Function):
    #將需要更新的參數和初始態輸入前向傳播過程中
    @staticmethod                                       #@staticmethod  靜態函數裝飾器
    def forward(ctx, w,input_state):
        cir = Circuit(6)                                #生成6位元線路
        deep_size = 6                                   #量子線路的深度是6
        #設置量子線路操作閘
        for which_q in range(0, 6):

            cir.rx(which_q, w[deep_size * which_q + 0])
            cir.ry(which_q, w[deep_size * which_q + 1])
            cir.rz(which_q, w[deep_size * which_q + 2])
        for which_q in range(0, 5):
            cir.cnot(which_q, which_q + 1)
        cir.cnot(self.n_qubits - 1, 0)
        for which_q in range(0, 6):
            cir.rx(which_q, w[deep_size * (which_q) + 3])
            cir.ry(which_q, w[deep_size * (which_q) + 4])
            cir.rz(which_q, w[deep_size * (which_q) + 5])
        #獲得線路結構資源
        ctx.circuit = cir
        #獲得線路的list
        ctx.assemble = cir.gate_list
        ctx.save_for_backward(input_state)
                        #compiler 正在開發
        result = compiler(ctx.assemble,input_state)
        return result
    @staticmethod
    def backward(ctx, grad_output):
        input_state, = ctx.saved_tensors
        ps = parameter_shift(ctx.circuit, input_state)
        #用參數位移法計算梯度
        grad = ps.cal_params_grad()
        return grad * grad_output,None
```

在正向傳播過程中，可以自定義一個量子編譯器對量子線路結構的程式碼進行編譯，得到彙編指令或機器碼，對量子運算晶片或超導設備進行偵錯，得到位元數為 6 位元的線路並按定義結構設置各類量子閘，即編譯器最終做到使量子運算晶片或超導設備建立量子演算法中的量子線路，並將初始態輸入量子線路中進行演化，演化完後返回演化結果，該結果為量子演算法前向傳播的計算結果。

在 DeepQuantum 中使用 gate_list（）方法可以得到定義 cir 最終的線路結構表示，程式碼如下：

```
# 第9章/9.3.4量子求導及編譯
[{'gate': 'rx',
  'theta': tensor(0.0330, grad_fn = <SelectBackward0>),
  'which_qubit': 0},
{'gate': 'ry',
  'theta': tensor(3.4195, grad_fn = <SelectBackward0>),
  'which_qubit': 0},
{'gate': 'rz',
```

```
  'theta': tensor(0.2137, grad_fn=<SelectBackward0>),
  'which_qubit': 0},
 {'gate': 'rx',
  'theta': tensor(1.1925, grad_fn=<SelectBackward0>),
  'which_qubit': 1},
 {'gate': 'ry',
  'theta': tensor(3.1883, grad_fn=<SelectBackward0>),
  'which_qubit': 1},
 {'gate': 'rz',
  'theta': tensor(2.1116, grad_fn=<SelectBackward0>),
  'which_qubit': 1},
 {'gate': 'rx',
  'theta': tensor(2.4827, grad_fn=<SelectBackward0>),
  'which_qubit': 2},
 {'gate': 'ry',
  'theta': tensor(3.4056, grad_fn=<SelectBackward0>),
  'which_qubit': 2},
 {'gate': 'rz',
  'theta': tensor(2.6962, grad_fn=<SelectBackward0>),
  'which_qubit': 2},
 {'gate': 'rx',
  'theta': tensor(1.2420, grad_fn=<SelectBackward0>),
  'which_qubit': 3},
 {'gate': 'ry',
  'theta': tensor(1.6510, grad_fn=<SelectBackward0>),
  'which_qubit': 3},
 {'gate': 'rz',
  'theta': tensor(0.8176, grad_fn=<SelectBackward0>),
  'which_qubit': 3},
 {'gate': 'rx',
  'theta': tensor(3.2735, grad_fn=<SelectBackward0>),
  'which_qubit': 4},
 {'gate': 'ry',
  'theta': tensor(2.8650, grad_fn=<SelectBackward0>),
  'which_qubit': 4},
 {'gate': 'rz',
  'theta': tensor(1.8620, grad_fn=<SelectBackward0>),
  'which_qubit': 4},
 {'gate': 'rx',
  'theta': tensor(1.4789, grad_fn=<SelectBackward0>),
  'which_qubit': 5},
 {'gate': 'ry',
  'theta': tensor(2.5773, grad_fn=<SelectBackward0>),
  'which_qubit': 5},
 {'gate': 'rz',
```

```
  'theta': tensor(3.1008, grad_fn=<SelectBackward0>),
  'which_qubit': 5},
{'gate': 'cnot', 'theta': 1, 'which_qubit': 0},
{'gate': 'cnot', 'theta': 2, 'which_qubit': 1},
{'gate': 'cnot', 'theta': 3, 'which_qubit': 2},
{'gate': 'cnot', 'theta': 4, 'which_qubit': 3},
{'gate': 'cnot', 'theta': 5, 'which_qubit': 4},
{'gate': 'cnot', 'theta': 0, 'which_qubit': 5},
{'gate': 'rx',
  'theta': tensor(3.7905, grad_fn=<SelectBackward0>),
  'which_qubit': 0},
{'gate': 'ry',
  'theta': tensor(1.3680, grad_fn=<SelectBackward0>),
  'which_qubit': 0},
{'gate': 'rz',
  'theta': tensor(3.4551, grad_fn=<SelectBackward0>),
  'which_qubit': 0},
{'gate': 'rx',
  'theta': tensor(0.9840, grad_fn=<SelectBackward0>),
  'which_qubit': 1},
{'gate': 'ry',
  'theta': tensor(3.5220, grad_fn=<SelectBackward0>),
  'which_qubit': 1},
{'gate': 'rz',
  'theta': tensor(3.6117, grad_fn=<SelectBackward0>),
  'which_qubit': 1},
{'gate': 'rx',
  'theta': tensor(3.8778, grad_fn=<SelectBackward0>),
  'which_qubit': 2},
{'gate': 'ry',
  'theta': tensor(2.0701, grad_fn=<SelectBackward0>),
  'which_qubit': 2},
{'gate': 'rz',
  'theta': tensor(3.7769, grad_fn=<SelectBackward0>),
  'which_qubit': 2},
{'gate': 'rx',
  'theta': tensor(2.0700, grad_fn=<SelectBackward0>),
  'which_qubit': 3},
{'gate': 'ry',
  'theta': tensor(2.3842, grad_fn=<SelectBackward0>),
  'which_qubit': 3},
{'gate': 'rz',
  'theta': tensor(2.5100, grad_fn=<SelectBackward0>),
  'which_qubit': 3},
{'gate': 'rx',
```

```
  'theta': tensor(3.6139, grad_fn=<SelectBackward0>),
  'which_qubit': 4},
{'gate': 'ry',
  'theta': tensor(1.3289, grad_fn=<SelectBackward0>),
  'which_qubit': 4},
{'gate': 'rz',
  'theta': tensor(1.1746, grad_fn=<SelectBackward0>),
  'which_qubit': 4},
{'gate': 'rx',
  'theta': tensor(3.8433, grad_fn=<SelectBackward0>),
  'which_qubit': 5},
{'gate': 'ry',
  'theta': tensor(3.6830, grad_fn=<SelectBackward0>),
  'which_qubit': 5},
{'gate': 'rz',
  'theta': tensor(3.9700, grad_fn=<SelectBackward0>),
  'which_qubit': 5}]
```

這裡的 gate 表示量子閘，rx、ry 和 rz 表示 Pauli 旋轉閘，cnot 表示受控閘，which_qubit 表示將旋轉閘設置於某位元的量子線路上。

後向傳播是基於參數化量子線路的梯度求導，有兩種方案可以達成：第一種是使用自定義的參數位移法來計算么正矩陣參數的梯度；第二種是使用 TorchScript 對線路的操作進行追蹤，根據操作的類型分別在各自的自定義類 nn.Function 裡編寫求複值導數公式，最後計算得到每一步操作參數的梯度。

第 10 章

量子 StyleGAN 預測新冠毒株 Delta 變異結構

2019 年的新型冠狀病毒（COVID-19）由嚴重急性呼吸綜合症冠狀病毒 2（SARS-CoV-2）引起，隨著疫情的發展，新冠病毒產生了具有更強傳染性和致病性的變異毒株例如 Delta，迅速傳播並造成了較高的死亡率。根據現存的大量 SARS-CoV-2 突變 RNA 序列資料，尤其會提前預測新冠病毒流行株的變異結構，尤其是棘突蛋白 Spike Protein，從而為早期預防和治療提供可能，為控制疫情貢獻力量。

本章主要利用量子機器學習和基於風格的生成對抗網路（StyleGAN），提出了一個名為 QuStyleGAN 的模型架構，執行新冠病毒流行株 Delta 的棘突蛋白變異結構的預測。此外，QuStyleGAN 還首次完成了類似於古典機器學習中深度卷積（Depthwise Convolution）的量子啟發模糊卷積（Quantum-inspired Blur Convolution）和量子版本的漸進訓練（Progressive Training）。QuStyleGAN 能夠達到生成變異結構較高的保真度和較穩定收斂的訓練過程，在變異結構預測領域有廣泛的應用潛力。

10.1　古典 StyleGAN 模型

StyleGAN 是輝達（NVIDIA）繼 ProGAN 之後提出的新的生成網路。

ProGAN 解決了生成高品質高解析度圖像的問題，其核心思想在於漸進式訓練：從解析度非常低的圖像（如 4×4）的生成器和判別器開始，逐步訓練並增加圖像解析度以對越來越精細的細節進行建模，直到生成器能夠生成高目標解析度（如 1024×1024）的圖像，但 ProGAN 難以控制所生成圖像的特定特徵，對輸入的隨機向量輕微修改也會引起最終生成圖像中的多個屬性一起變化。

StyleGAN 很好地解決了上述問題，它能夠透過各層級的輸入隨機向量來控制特定的特徵。以人臉為例，粗糙尺度（4×4 至 8×8）的輸入能控制一些粗略特徵，如姿勢、大致髮型、臉型和眼鏡等；中等尺度（16×16 至 32×32）的輸入能控制一些中級特徵，如更加細節的臉部特徵、髮型細節、嘴的張閉等；精細尺度（64×64 至 1,024×1,024）的輸入能控制一些細節特徵，如整體的色調（髮色、膚色及背景色等）與一些微觀結構。

StyleGAN 的創新主要在於生成器部分，判別器沿用了 ProGAN 中的判別器。接下來將透過 3 方面對它的生成器進行簡要的概述，包括傳統輸入的移除、對映網路的新增和生成網路的特點。

10.1.1　移除傳統輸入

傳統的 GAN 都需要為生成網路輸入一個潛碼（Latent Code）來生成圖像，這個潛碼決定了生成圖像的視覺特徵，但是在 StyleGAN 中，生成圖像的特徵是由對映網路的輸出和自適應例項正則化（AdaIN）來控制的，這使傳統輸入的隨機變數顯得冗餘，並且有假設認為，將這一項傳統輸入移除，用可學習的常數替換，可以在一定程度上減少特徵之間的糾纏，有益於生成圖像的品質。

10.1.2　新增對映網路

StyleGAN 的對映網路包含 8 個全連接層，將潛碼 $\boldsymbol{z}$ 對映到中間潛向量 $\boldsymbol{w}$，使中間潛向量 $\boldsymbol{w}$ 可以控制不同尺度的視覺特徵。

若只依賴於潛碼 z，則模型所控制的特徵常常是耦合的（coupled）或者說是糾纏的（entangled）。這是因為潛碼 z 往往需要服從訓練資料的機率密度分布，如果訓練資料中某一類出現得多一些，則潛碼 z 中的值就更可能被對映到這一類上。

但對映網路可以生成一個不用服從訓練資料集分布的中間潛向量 w，減少特徵之間的相關性（解耦、特徵分離），有利於模型特徵的分離與控制，如圖 10-1 所示。

10.1.3 生成網路與特徵控制

StyleGAN 的生成網路一共包含 18 層，每個解析度（4×4 至 1,024×1,024）所對應的模組包含 2 層卷積，如圖 10-2 所示。

在各解析度模組中的卷積層之後，都接有自適應例項正則化（AdaIN）操作，該操作用於控制解析度層級的視覺特徵。

$$\mathrm{AdaIN}(x_i, y) = y_{s,i}\frac{x_i - \mu(x_i)}{\sigma(x_i)} + y_{b,i} \tag{10-1}$$

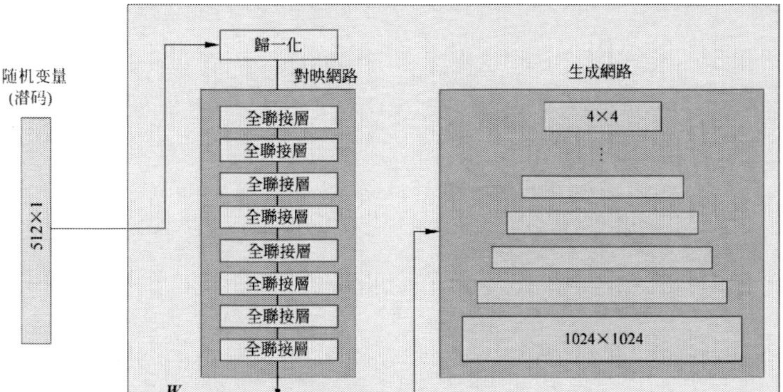

圖 10-1　對映網路

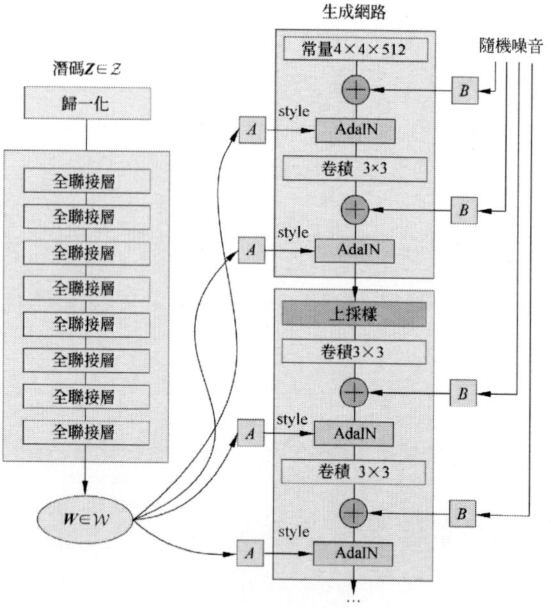

圖 10-2　StyleGAN

具體操作是首先對卷積層的輸出進行例項正則化，即對每個通道的特徵圖 x_i 進行歸一化 $\frac{x_i-\mu(x_i)}{\sigma(x_i)}$，然後透過一個可學習的仿射變換（全連接層）$A$ 將中間潛向量 $\boldsymbol{W}$（維度為 512）轉換為 style，即 AdaIN 中的縮放因子 $y_{s,i}$ 與平移因子 $y_{b,i}$，維度為 $2n$；最後對每個通道歸一化後的特徵圖進行尺度和平移變換。經過訓練，中間潛向量 $\boldsymbol{W}$ 所代表的權重能夠被轉換為視覺表示，如圖 10-3 所示。

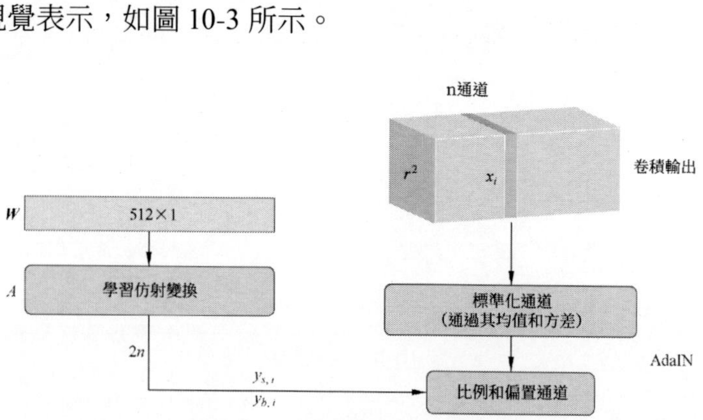

圖 10-3　正則化操作（AdaIN）

為了增加生成圖像的多樣性和考慮一些人臉特徵（例如雀斑、皺紋等）的隨機性，StyleGAN 在各解析度模組中的卷積層之後和 AdaIN 之前都新增了隨機噪音。具體操作是將高斯噪音透過可學習的縮放變換（全連接層）*B* 加入卷積後的每個通道的特徵圖上。

10.2 StyleGAN 部分程式碼

StyleGAN 的完整程式碼比較複雜，此處主要展現生成器和古典判別器的模組建立，程式碼如下：

```
# 第 10 章／ 10.2 StyleGAN 部分程式碼
# 匯入包
import os
import datetime
import time
import timeit
import copy
import random
import numpy as np
from collections import OrderedDict
import numpy as np
import math
import torch
import torch.nn as nn
from torch.nn.functional import interpolate
from data.rna_process import get_ori_sp
```

```
import models.Losses as Losses
from data import get_data_loader
from models import update_average
from models.Blocks import DiscriminatorTop,Discriminator-
Block,InputBlock,
GSynthesisBlock,QDiscriminatorBlock,QDiscriminatorTop
from models.CustomLayers import EqualizedConv2d,Pixel-
NormLayer,
EqualizedLinear,Truncation,encoding
```

對映網路的建立，程式碼如下：

```
#第10章/10.2 StyleGAN部分程式碼
class GMapping(nn.Module):
def __init__(self, latent_size = 512, dlatent_size = 512,
dlatent_broadcast = None,
mapping_layers = 8, mapping_fmaps = 512,
mapping_lrmul = 0.01, mapping_nonlinearity = 'lReLU',
use_wscale = True, normalize_latents = True, **kwargs):
      super().__init__()
      self.latent_size = latent_size                    #潛碼Z的維度
      self.mapping_fmaps = mapping_fmaps                #映射層中的特徵圖數量
      self.dlatent_size = dlatent_size                  #中間潛向量w的維度
      self.dlatent_broadcast = dlatent_broadcast        #中間潛向量w是否傳播
      #[minibatch, dlatent_size] or [minibatch, dlatent_broadcast, dlatent_size]
      #激勵函數
      act, gain = {'ReLU': (torch.ReLU, np.sqrt(2)),
'lReLU': (nn.LeakyReLU(negative_slope = 0.2),
np.sqrt(2))}[mapping_nonlinearity]

      layers = []
      #潛碼歸一化
      if normalize_latents:
         layers.append(('pixel_norm', PixelNormLayer()))

      #映射層
      layers.append(('dense0',EqualizedLinear(self.latent_size,self.mapping_fmaps, gain = gain,
lrmul = mapping_lrmul, use_wscale = use_wscale)))
      layers.append(('dense0_act', act))
      for layer_idx in range(1, mapping_layers):
         fmaps_in = self.mapping_fmaps
         fmaps_out = self.dlatent_size if layer_idx == mapping_layers - 1
      else self.mapping_fmaps
      layers.append(('dense{:d}'.format(layer_idx),EqualizedLinear(fmaps_in, fmaps_out,
gain = gain, lrmul = mapping_lrmul, use_wscale = use_wscale)))
         layers.append(('dense{:d}_act'.format(layer_idx), act))
   #輸出
         self.map = nn.Sequential(OrderedDict(layers))
   def forward(self, x):
      #最開始的輸入:潛碼Z   [mini_batch, latent_size]
      x = self.map(x)
      #Broadcast ->batch_size * dlatent_broadcast * dlatent_size
      if self.dlatent_broadcast is not None:
         x = x.unsqueeze(1).expand(-1, self.dlatent_broadcast, -1)
      return x
```

生成網路的建立，程式碼如下：

```
#第10章／10.2 StyleGAN部分程式碼
class GSynthesis(nn.Module):
def __init__(self, dlatent_size = 512, num_channels = 1, resolution = 1024, fmap_base = 8192,
fmap_decay = 1.0, fmap_max = 512, use_styles = True, const_input_layer = True, use_noise =
True, nonlinearity = 'lReLU', use_wscale = True, use_pixel_norm = False, use_instance_norm =
True, blur_filter = None, structure = 'linear', ** kwargs):
        super().__init__()
#定義每個階段的特徵圖數目
    def nf(stage):
        return min(int(fmap_base / (2.0 ** (stage * fmap_decay))),fmap_max)
        self.structure = structure                          #選擇是否漸進式訓練
        resolution_log2 = int(np.log2(resolution))          #分辨率
        assert resolution == 2 ** resolution_log2 and resolution >= 4
        self.depth = int(resolution_log2 / 2)               #深度
        self.num_layers = 2 * self.depth                    #層數
        self.num_styles = self.num_layers if use_styles else 1    #是否使用風格
        act, gain = {'ReLU': (torch.ReLU, np.sqrt(2)), 'lReLU': (nn.LeakyReLU(negative_slope = 0.
2),
np.sqrt(2))}[nonlinearity]
        #生成網路的第1個模組
        self.init_block = InputBlock(nf(1), dlatent_size, const_input_layer, gain, use_
wscale, use_noise, use_pixel_norm, use_instance_norm, use_styles, act)
        #將輸出轉換為RGB圖像
        rgb_converters = [EqualizedConv2d(nf(1), num_channels, 1, gain = 1, use_wscale = use_
wscale)]
        #生成網路的其他模組
        blocks = []
        for res in range(4, resolution_log2 + 1, 2):
            last_channels = nf(res - 3)
            channels = nf(res - 1)
            #name = '{s}x{s}'.format(s = 2 ** res)
            blocks.append(GSynthesisBlock(last_channels, channels, blur_filter,
dlatent_size, gain, use_wscale, use_noise, use_pixel_norm, use_instance_norm, use_styles,
act))
            rgb_converters.append(EqualizedConv2d(channels, num_channels, 1,
gain = 1, use_wscale = use_wscale))
        self.blocks = nn.ModuleList(blocks)
        self.to_rgb = nn.ModuleList(rgb_converters)
        #生成臨時上採樣含數
        self.temporaryUpsampler = lambda x: interpolate(x, scale_factor = 4)
    def forward(self, dlatents_in, depth = 0, alpha = 0., labels_in = None):
        assert depth < self.depth, "Requested output depth cannot be produced"
        #不採用漸進式訓練
        if self.structure == 'fixed':
            x = self.init_block(dlatents_in[:, 0:2])
            for i, block in enumerate(self.blocks):
                x = block(x, dlatents_in[:, 2 * (i + 1):2 * (i + 2)])
            images_out = self.to_rgb[-1](x)
        #漸進式訓練
        elif self.structure == 'linear':
            x = self.init_block(dlatents_in[:, 0:2])
            if depth > 0:
                for i, block in enumerate(self.blocks[:depth - 1]):
                    x = block(x, dlatents_in[:, 2 * (i + 1):2 * (i + 2)])
                residual = self.to_rgb[depth - 1](self.temporaryUpsampler(x))
                straight = self.to_rgb[depth](self.blocks[depth - 1](x,
dlatents_in[:, 2 * depth:2 * (depth + 1)]))
            images_out = (alpha * straight) + ((1 - alpha) * residual)
            else:
            images_out = self.to_rgb[0](x)
        else:
            raise KeyError("Unknown structure: ", self.structure)
```

生成器的建立，程式碼如下：

```
#第10章/10.2 StyleGAN部分程式碼
class Generator(nn.Module):
   def __init__(self, resolution, latent_size=512, dlatent_size=512,
           truncation_psi=0.7, truncation_cutoff=8, dlatent_avg_beta=0.995,
style_mixing_prob=0.9, **kwargs):
       super(Generator, self).__init__()

       self.style_mixing_prob = style_mixing_prob     #訓練時採用風格混合的機率

       self.num_layers = (int(np.log2(resolution)) / 2) * 2
       #映射風格
       self.g_mapping = GMapping(latent_size, dlatent_size,
dlatent_broadcast=self.num_layers, **kwargs)
       #生成網路
       self.g_synthesis = GSynthesis(resolution=resolution, **kwargs)
       #截斷技巧乘數
       if truncation_psi>0:
           self.truncation = Truncation(avg_latent=torch.zeros(dlatent_size),
                                        max_layer=truncation_cutoff,
                                        threshold=truncation_psi,
                                        beta=dlatent_avg_beta)
       else:
           self.truncation = None
   def forward(self, latents_in, depth, alpha, labels_in=None):
       dlatents_in = self.g_mapping(latents_in)
       if self.training:
           if self.truncation is not None:
               self.truncation.update(dlatents_in[0, 0].detach())
           #使用風格混合技巧
           if self.style_mixing_prob is not None and self.style_mixing_prob>0:
               latents2 = torch.randn(latents_in.shape).to(latents_in.device)
               dlatents2 = self.g_mapping(latents2)
               layer_idx = torch.from_numpy(np.arange(self.num_layers)[np.newaxis, :,
np.newaxis]).to(latents_in.device)
               cur_layers = 2 * (depth + 1)
               mixing_cutoff = random.randint(1, cur_layers)
if random.random()<self.style_mixing_prob else cur_layers:
               dlatents_in = torch.where(layer_idx<mixing_cutoff, dlatents_in,dlatents2)
#應用截斷技巧
           if self.truncation is not None:
               dlatents_in = self.truncation(dlatents_in)
       fake_images = self.g_synthesis(dlatents_in, depth, alpha)
       fi_min = fake_images.min()
       fi_max = fake_images.max()
       fake_images = (fake_images-fi_min)/(fi_max-fi_min) ##[0,1]
       return fake_images
```

判別器的建立，程式碼如下：

```
#第10章/10.2 StyleGAN部分程式碼
class Discriminator(nn.Module):
def __init__(self, resolution, num_channels = 1, fmap_base = 8192,fmap_decay = 1.0, fmap_max = 512,
nonlinearity = 'lReLU', use_wscale = True, mbstd_group_size = 4, mbstd_num_features = 1,
            blur_filter = None, structure = 'linear', ** kwargs):
        super(Discriminator, self).__init__()
        #返回在第stage層中的特徵圖數量',stage<=4,特徵圖數量為512;
        #stage>4,每多一層特徵圖數量減半。
        def nf(stage):
            return min(int(fmap_base / (2.0 ** (stage * fmap_decay))), fmap_max)
        self.mbstd_num_features = mbstd_num_features #mbstd通道數
        self.mbstd_group_size = mbstd_group_size     #mbstd組數
        self.structure = structure
        resolution_log2 = int(np.log2(resolution))
        assert resolution == 2 ** resolution_log2 and resolution >= 4
        self.depth = int(resolution_log2 / 2)
        act, gain = {'ReLU': (torch.ReLU, np.sqrt(2)),
            'lReLU': (nn.LeakyReLU(negative_slope = 0.2), np.sqrt(2))}[nonlinearity]
        #建立判別器模組
        blocks = []
        from_rgb = []
        for res in range(resolution_log2, 2, -2):
            #name = '{s}x{s}'.format(s = 2 ** res)
            blocks.append(DiscriminatorBlock(nf(res - 1), nf(res - 3), gain = gain,
use_wscale = use_wscale, activation_layer = act, blur_Kernel = blur_filter))
        #轉換RGB圖像輸入
        from_rgb.append(EqualizedConv2d(num_channels, nf(res - 1),
Kernel_size = 1, gain = gain, use_wscale = use_wscale))
        self.blocks = nn.ModuleList(blocks)
        #建立最後一個判別器
        self.final_block = DiscriminatorTop(self.mbstd_group_size,
self.mbstd_num_features,in_channels = nf(1),intermediate_channels = nf(1),
                    gain = gain, use_wscale = use_wscale, activation_layer = act)
        from_rgb.append(EqualizedConv2d(num_channels, nf(1), Kernel_size = 1,
                                gain = gain, use_wscale = use_wscale))
        self.from_rgb = nn.ModuleList(from_rgb)
        #生成臨時下採樣函數
        self.temporaryDownsampler = nn.AvgPool2d(4)
    def forward(self, images_in, depth, alpha = 1., labels_in = None):
        assert depth <self.depth, "Requested output depth cannot be produced"
        #不採用漸進式訓練
```

```
        if self.structure == 'fixed':
            x = self.from_rgb[0](images_in)
            for i, block in enumerate(self.blocks):
                x = block(x)
            scores_out = self.final_block(x)
        # 採用漸進式訓練
        elif self.structure == 'linear':
            if depth > 0:
                residual = self.from_rgb[self.depth - depth]
(self.temporaryDownsampler(images_in))
                straight = self.blocks[self.depth - depth - 1]
(self.from_rgb[self.depth - depth - 1](images_in))
                x = (alpha * straight) + ((1 - alpha) * residual)
                for block in self.blocks[(self.depth - depth):]:
                    x = block(x)
            else:
                x = self.from_rgb[-1](images_in)
            scores_out = self.final_block(x)
else:
            raise KeyError("Unknown structure: ", self.structure)
        return scores_out
```

10.3 量子 QuStyleGAN 模型

QuStyleGAN 是一種用於預測新冠病毒流行株變異結構的古典量子混合模型。該模型將一些變種的棘突蛋白基因序列作為訓練資料集，來生成具有 SARS-CoV-2 突變特徵的變異結構，然後將生成結構對映到流行毒株 (如 Delta) 的棘突蛋白基因序列中。QuStyleGAN 主要包括兩個關鍵部分，一個是古典生成器；另一個是量子漸進判別器。

10.3.1 QuStyleGAN 模型建構

生成器在前文已經詳細講解過，本節主要對判別器進行闡述。

量子漸進判別器包含 5 個量子線路模組，從 10 量子位元到 2 量子位元，每一塊比前一塊減少 2 量子位元，如圖 10-4 所示。前 4 個模組中的每一塊均包含兩個量子卷積層、兩個量子池化層和一個量子模糊卷積層，並具有相應的量子位元數目。由於每個量子層都對應一個么正矩陣，以這種形式展示了量子判別器的網路結構。其中，量子觀測算符表示偏跡操作，即將密度矩陣中的兩個量子位元的資訊丟棄，以達到量子網路中的下取樣。量子漸進判別器的最後一個模組包含一個量子卷積層、一個量子池化層、一個量子稠密層和一個量子位元觀測。該模組的輸出將是最終的判斷結果。

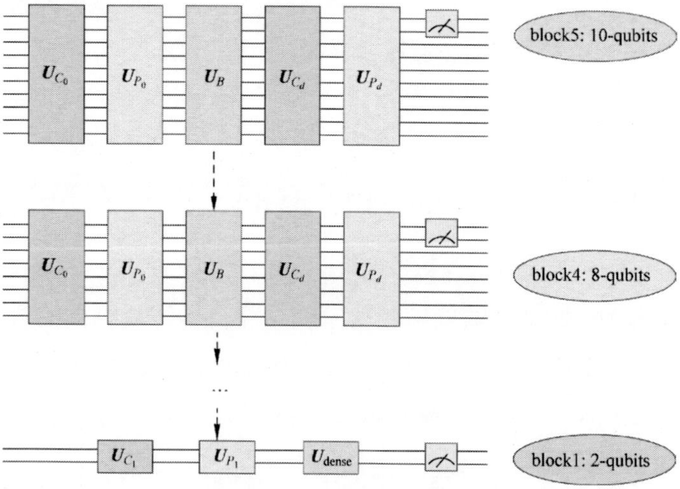

圖 10-4　量子漸進判別器

QuStyleGAN 的工作流程如圖 10-5 所示。棘突蛋白基因序列首先進行量子編碼，代表真實的量子資料，同時，生成器生成假的棘突蛋白變異結構，然後將兩種資料輸入量子漸進判別器中，得到它們的真假判斷分數。最後根據損失函式，更新生成器和判別器中的參數。至此，一步式模型訓練已經完成。

10.3.2　量子啟發模糊卷積

基於古典機器學習中的深度卷積（Depthwise Convolution）提出了量子機器學習中的量子啟發模糊卷積（Quantum-inspired Blur Convolution），這也使在本章提出的量子漸進判別器與古典的漸進判別器很好地對應。同時，期望量子啟發模糊卷積具有與古典深度卷積同樣的效果，即減少參數，同時對輸入進行降噪和提取特徵。

量子啟發模糊卷積包含如圖 10-6 所示的 3 個關鍵步驟。為了簡潔，以 4 量子位元大小的特徵圖為例。首先將特徵圖劃分為一些矩陣並編碼為 2 量子位元量子態，然後，用 Ry 和 Ryy 量子閘構立一個包含 5 個參數的量子模糊層，並定義相關的么正矩陣進行演化。最後，將所有經過演化的 2 量子位元密度矩陣按順序組合起來，建立一個新的 4 量子位元密度矩陣。顯然，由於只使用了 2 量子位元的量子線路，參數的數量顯著減少。

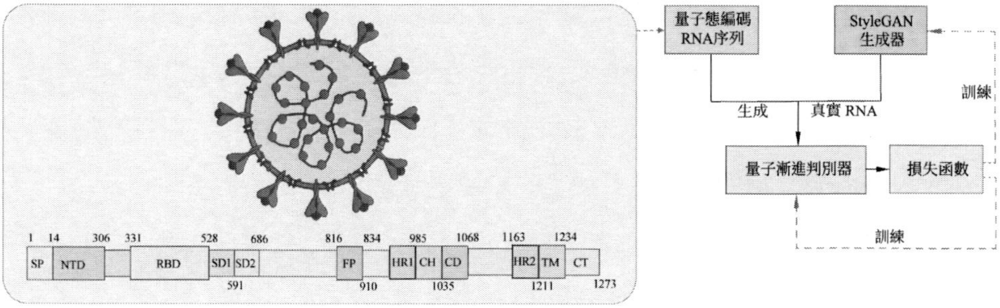

圖 10-5　QuStyleGAN 的工作流程

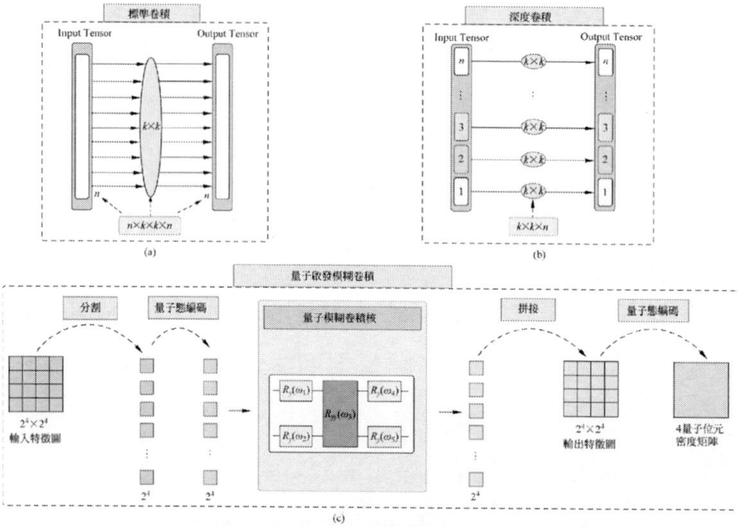

圖 10-6　量子啟發模糊卷積

10.3.3　量子漸進式訓練

QuStyleGAN 訓練採用與古典 StyleGAN 相同的漸進式生長方法，逐步引入預先配置的量子層，開始使用 2 量子位元塊進行訓練，然後將較大的 2*n* 量子位元塊新增到訓練網路中。為了平滑地接入新量子層，QuStyleGAN 採用與 ResNet 類似的操作和密度矩陣下取樣。與古典漸進式訓練中的平均池化下取樣不同，在量子漸進式訓練中使用偏跡運算來對 2*n* 量子位元密度矩陣下取樣，如圖 10-7 所示。量子漸進式訓練的好處是簡化了將潛碼對映到變異結構的原始生成問題，穩定了訓練過程並縮短了訓練時間。

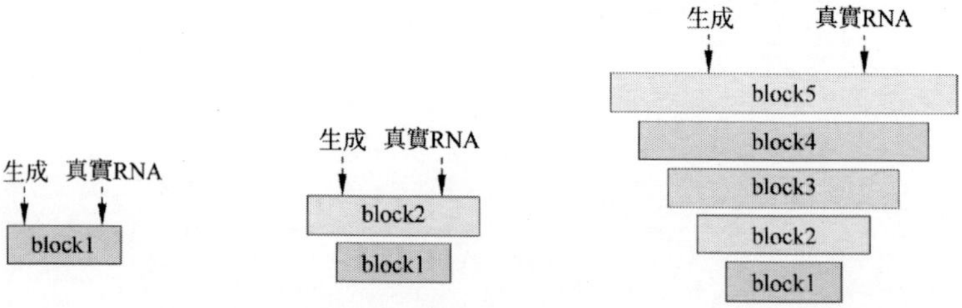

圖 10-7　QuStyleGAN 中的 block

10.4　QuStyleGAN 部分程式碼

完整QuStyleGAN比較複雜，此處主要呈現量子漸進判別器的建立。

3 種量子卷積層的建立如圖 10-8 所示。

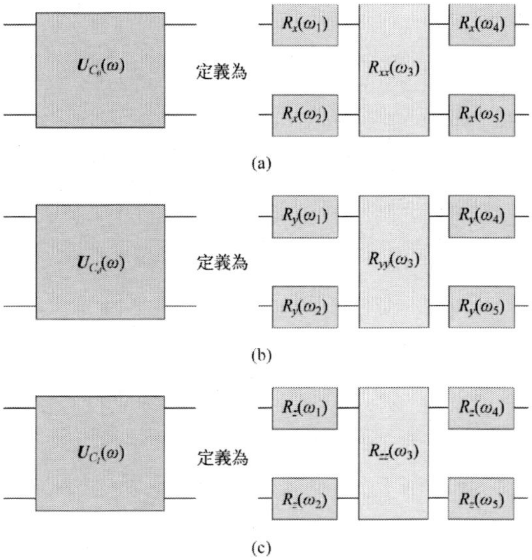

圖 10-8　量子卷積層的建構

程式碼如下：

```
#第10章/10.4　QuStyleGAN部分程式碼
class QEqualizedConv0(nn.Module):
    """
    量子卷積層1
    放置5個量子閘，即有5個參數。
    """
def __init__(self, n_qubits, gain = 2 ** 0.5, use_wscale = True, lrmul = 1):
        super().__init__()
        #初始化參數
        he_std = gain * 5 ** (-0.5)
```

```
        if use_wscale:
            init_std = 1.0 / lrmul
self.w_mul = he_std * lrmul
        else:
            init_std = he_std / lrmul
            self.w_mul = lrmul
        self.weight = nn.Parameter(nn.init.uniform_(torch.empty(5), a = 0.0, b = 2 * np.pi) *
init_std)
        self.n_qubits = n_qubits
def qconv0(self):
        w = self.weight * self.w_mul
        cir = Circuit(self.n_qubits)
for which_q in range(0, self.n_qubits, 2):
        cir.rx(which_q, w[0])
        cir.rx(which_q, w[1])
        cir.ryy(which_q, which_q + 1, w[2])
        cir.rz(which_q, w[3])
        cir.rz(which_q + 1, w[4])
U = cir.get()
U = dag(U)
return U
```

```
    def forward(self, x):
        E_qconv0 = self.qconv0()
        qconv0_out = E_qconv0 @ x @ dag(E_qconv0)
        return qconv0_out
class QEqualizedConvDown(nn.Module):
    """
    量子卷積層2
    放置5個量子閘，即有5個參數。
    """
def __init__(self, n_qubits, gain = 2 ** 0.5, use_wscale = True, lrmul = 1):
        super().__init__()
        #初始化參數
        he_std = gain * 5 ** (-0.5)
        if use_wscale:
            init_std = 1.0 / lrmul
            self.w_mul = he_std * lrmul
        else:
            init_std = he_std / lrmul
            self.w_mul = lrmul
        self.weight = nn.Parameter(nn.init.uniform_(torch.empty(5), a = 0.0, b = 2 * np.pi) *
init_std)
        self.n_qubits = n_qubits
def qconv_down(self):
        w = self.weight * self.w_mul
        cir = Circuit(self.n_qubits)
for which_q in range(0, self.n_qubits, 2):
        cir.rz(which_q, w[0])
        cir.rz(which_q + 1, w[1])
        cir.rzz(which_q, which_q + 1, w[2])
        cir.rz(which_q, w[3])
        cir.rz(which_q + 1, w[4])
U = cir.get()
U = dag(U)
return U
def forward(self, x):
        E_qconv_down = self.qconv_down()
        qconv_down_out = E_qconv_down @ x @ dag(E_qconv_down)
        return qconv_down_out
class QEqualizedConvLast(nn.Module):
    """
    量子卷積層3
    放置5個量子閘，即有5個參數。
    """
def __init__(self, gain = 2 ** 0.5, use_wscale = True, lrmul = 1):
        super().__init__()
```

```
        #初始化參數
        he_std = gain * 5 ** (-0.5)
        if use_wscale:
            init_std = 1.0 / lrmul
            self.w_mul = he_std * lrmul
        else:
            init_std = he_std / lrmul
            self.w_mul = lrmul
        self.weight = nn.Parameter(nn.init.uniform_(torch.empty(5), a = 0.0, b = 2 * np.pi) *
init_std)
    def qconv_last(self):
        w = self.weight * self.w_mul
        cir = Circuit(self.n_qubits)
        cir.rx(2,0,w[0])
        cir.rx(2,1,w[1])
        cir.ryy(w[2])
        cir.rz(2,1,w[3])
        cir.rz(2,1,w[4])
        U = cir.get()
        return U
    def forward(self, x):
        E_qconv_last = self.qconv_last()
        qconv_last_out = E_qconv_last @ x @ dag(E_qconv_last)
        return qconv_last_out
```

3 種量子池化層的建立，如圖 10-9 所示。每個類的初始化都用到了與卷積層中類似的 He 初始化，為了突顯結構，之後省略初始化操作，程式碼如下：

```
#第10章/10.4  QuStyleGAN部分程式碼
class QPool(nn.Module):
    """
    量子池化層1
    放置4個量子閘，即2個參數。
    """
def __init__(self, n_qubits, gain = 2 ** 0.5, use_wscale = True, lrmul = 1):
        super().__init__()
    def qpool(self):
        w = self.weight * self.w_mul
        cir = Circuit(self.n_qubits)
        for which_q in range(0, self.n_qubits, 2):
            cir.rx(which_q,w[0])
            cir.rx(which_q + 1,w[1])
            cir.cnot(which_q,which_q + 1)
            cir.rx(which_q + 1,rx( - w[1])
```

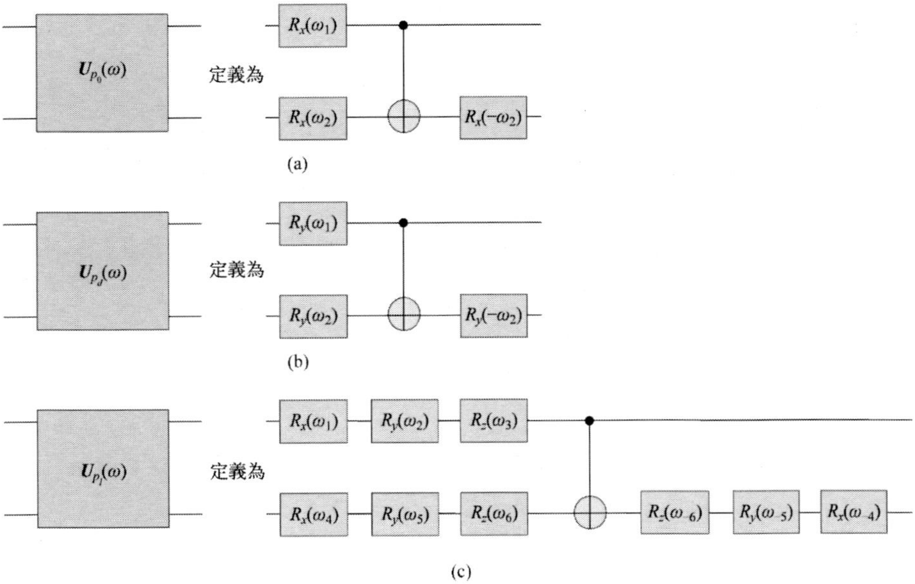

圖 10-9 量子池化層的建構

```
        U = cir.get()
        return U
    def forward(self, x):
        E_qpool = self.qpool()
        qpool_out = E_qpool @ x @ dag(E_qpool)
        return qpool_out
class QPoolDown(nn.Module):
    """
    量子池化層2
    放置4個量子閘，即2個參數。
    """
    def __init__(self, n_qubits, gain = 2 ** 0.5, use_wscale = True, lrmul = 1):
        super().__init__()

    def qpool_down(self):
        w = self.weight * self.w_mul
        cir = Circuit(self.n_qubits)
        for which_q in range(0, self.n_qubits, 2):
            cir.rx(which_q,w[0])
            cir.rx(which_q + 1,w[1])
            cir.cnot(which_q,which_q + 1)
            cir.rx(which_q + 1,rx( - w[1])
```

```
        U = cir.get()
        return U

    def forward(self, x):
        E_qpool_down = self.qpool_down()
        qpool_down_out = E_qpool_down @ x @ dag(E_qpool_down)
        # 偏跡運算
        qpool_down_out_pt = ptrace(qpool_down_out, self.n_qubits - 2, 2)
        return qpool_down_out_pt
class QPoolLast(nn.Module):
    """
    量子池化層3
    放置10個量子閘，即6個參數。
    """
    def __init__(self, gain = 2 ** 0.5, use_wscale = True, lrmul = 1):
        super().__init__()
    def qpool_last(self):
        w = self.weight * self.w_mul
        cir = Circuit(self.n_qubits)
        cir.rx(2,0,w[0])
        cir.ry(2,0,w[1])
        cir.rz(2,0,w[2])
        cir.rx(2,1,w[3])
        cir.ry(2,1,w[4])
        cir.rz(2,1,w[5])
        cir.cot()
        cir.rz(2,1, - w[5])
        cir.ry(2,1, - w[4])
        cir.rx(2,1, - w[3])
        U = cir.get()
        return U
    def forward(self, x):
        E_qpool_last = self.qpool_last()
        qpool_last_out = E_qpool_last @ x @ dag(E_qpool_last)
        return qpool_last_out
```

量子稠密層的建構如圖 10-10 所示。

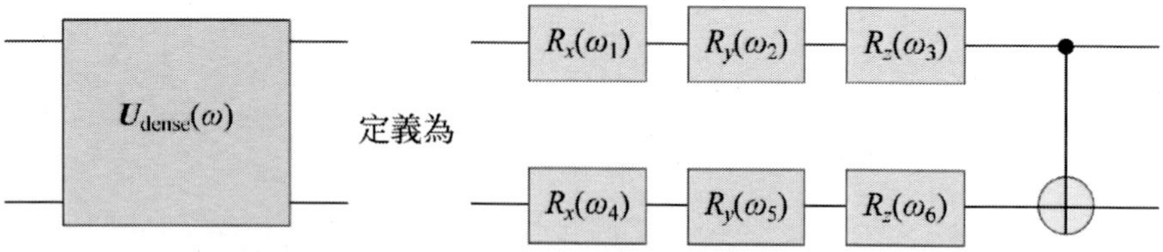

圖 10-10　量子稠密層的建構

```
#第10章／10.4  QuStyleGAN部分程式碼
class QDense(nn.Module):
    """
量子稠密層
放置7個量子閘，即6個參數。
    """
    def __init__(self, gain=2 ** 0.5, use_wscale=True, lrmul=1):
        super().__init__()

    def qdense(self):
        w = self.weight * self.w_mul
        cir = Circuit(self.n_qubits)
        cir.rx(2,0,w[0])
        cir.ry(2,0,w[1])
        cir.rz(2,0,w[2])
        cir.rx(2,1,w[3])
        cir.ry(2,1,w[4])
        cir.rz(2,1,w[5])
        cir.cot()
        U = cir.get()
        return U

    def forward(self, x):
        E_qdense = self.qdense()
        qdense_out = E_qdense @ x @ dag(E_qdense)
        Hzi = torch.kron(z_gate(), torch.eye(2))
        qdense_out_measure = (qdense_out @ Hzi).trace()
        return (qdense_out_measure.real + 1) / 2
```

量子啟發模糊卷積的程式碼如下：

```
#第10章/10.4  QuStyleGAN部分程式碼
class QBlur(nn.Module):
    """
    量子啟發模糊卷積
    放置5個量子閘，即有5個參數。
    """
    def __init__(self, n_qubits, gain = 2 ** 0.5, use_wscale = True, lrmul = 1):
        super().__init__()
    def qblur(self):
        w = self.weight * self.w_mul
        cir = Circuit(self.n_qubits)
        cir.ry(2,0,w[0])
        cir.ry(2,1,w[1])
        cir.ryy(w[2])
        cir.ry(2,0,w[3])
        cir.ry(2,1,w[4])
        U = cir.get()
        return U
    def forward(self, x):
        E_qblur = self.qblur()
        chunk_list = qchunk(x, self.n_qubits)
        blur_list = []
        for i in range(len(chunk_list)):
            blur_inner_list = []
            for j in range(len(chunk_list[i])):
                if chunk_list[i][j].norm() != 0:
                    blur_inner_out = E_qblur @ encoding(chunk_list[i][j]) @ dag(E_qblur)
                else:
                    blur_inner_out = chunk_list[i][j]
                blur_inner_list.append(blur_inner_out)
            blur_list.append(blur_inner_list)
        blur_out = qconcat(blur_list)
        blur_out = encoding(blur_out)
        return blur_out
```

量子模組建構的程式碼如下：

```
#第10章/10.4 QuStyleGAN部分程式碼
class QDiscriminatorBlock(nn.Sequential):
    def __init__(self, n_qubit, gain, use_wscale):
        super().__init__(OrderedDict([
            ('qconv0',QEqualizedConv0(n_qubit, gain = gain,use_wscale = use_wscale)),
            ('qpool', QPool(n_qubit, gain = gain, use_wscale = use_wscale)),
            ('qblur', QBlur(n_qubit, gain = gain, use_wscale = use_wscale)),
            ('qconv_down', QEqualizedConvDown(n_qubit, gain = gain,use_wscale = use_wscale)),
            ('qpool_down', QPoolDown(n_qubit, gain = gain,use_wscale = use_wscale))]))
class QDiscriminatorTop(nn.Sequential):
    def __init__(self, gain, use_wscale):
        layers = []
        layers.append(('qconv_last', QEqualizedConvLast(gain = gain,
                                        use_wscale = use_wscale)))
        layers.append(('qpool_last', QPoolLast(gain = gain, use_wscale = use_wscale)))
        layers.append(('qdense', QDense(gain = gain, use_wscale = use_wscale)))
        super().__init__(OrderedDict(layers))
```

量子判別器建構的程式碼如下：

```
#第10章/10.4 QuStyleGAN部分程式碼
class QDiscriminator(nn.Module):
def __init__(self, resolution, fmap_base=8192, fmap_decay=1.0,
fmap_max=512, use_wscale=True, structure='linear'):
        super(QDiscriminator, self).__init__()
        def nf(stage):
            return min(int(fmap_base / (2.0 ** (stage * fmap_decay))),
                         fmap_max)
        self.structure = structure
        resolution_log2 = int(np.log2(resolution))
        assert resolution == 2 ** resolution_log2 and resolution >= 4
        self.depth = int(resolution_log2 / 2)
        gain = np.sqrt(2)
        #建立前4塊
        blocks = []
        from_rgb = []
        for res in range(resolution_log2, 2, -2):
            #name = '{s}x{s}'.format(s=2 ** res)
            blocks.append(QDiscriminatorBlock(res,gain=gain, use_wscale=use_wscale))
self.blocks = nn.ModuleList(blocks)
        #建立最後一塊
        self.final_block = QDiscriminatorTop(gain=gain, use_wscale=use_wscale)
        self.temporaryDownsampler = nn.AvgPool2d(4)
    def forward(self, images_in, depth, alpha=1.):
        """
        images_in:[1,1,2 ** res,2 ** res] or [2 ** res,2 ** res]古典資料
        """
        depth = int(depth)
        assert depth <self.depth, "Requested output depth cannot be produced"
        images_in = images_in.squeeze()
        if self.structure == 'fixed':
            x = encoding(images_in)
            for i, block in enumerate(self.blocks):
                x = block(x)
            scores_out = self.final_block(x)
        #ResNet
        elifself.structure == 'linear':
            if depth > 0:
                residual = encoding((self.temporaryDownsampler(images_in.unsqueeze(0))).squeeze())
                straight = self.blocks[self.depth - depth - 1](encoding(images_in))
                x = (alpha * straight) + ((1 - alpha) * residual)
                for block in self.blocks[(self.depth - depth):]:
                    x = block(x)
            else:
                x = encoding(images_in)
            scores_out = self.final_block(x)
        else:
            raise KeyError("Unknown structure: ", self.structure)
        return scores_out
```

10.5 QuStyleGAN 生成表現

量子網路建立完畢後，用 Logistic Loss 和 Relativistic-Hinge Loss 對古典 StyleGAN 和 QuStyleGAN 分別進行訓練，並對量子網路生成的變異結構用保真度進行衡量，得到如圖 10-11 和圖 10-12 所示的訓練結果。

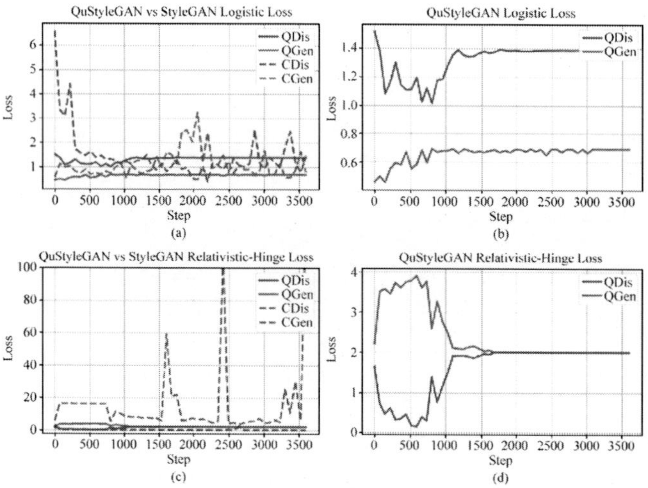

圖 10-11　訓練結果

可見，QuStyleGAN 相對古典模型訓練穩定且收斂，並且生成的變異結構也能達到 96%及以上的保真度，展現了量子機器學習的巨大潛力。

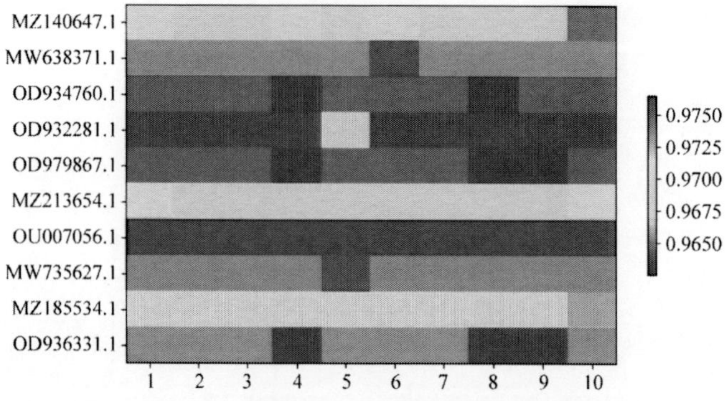

圖 10-12　保真度熱圖

第 11 章

模擬材料相變過程的路徑搜尋

隨著機器學習方法的發展，利用機器學習加速材料合成已經被應用於某些材料領域。材料結構設計的一個主要挑戰是如何有效地搜尋廣闊的化學設計空間，以找到具有所需效能的材料。一個有效的策略是開發搜尋演算法，用於在廣闊的結構空間中模擬材料結構相變的過程，搜尋出一些可行的合成路徑及方法。

傳統搜尋演算法的建立需要整個結構相變過程的全部資訊，在複雜材料領域的應用並不現實。與傳統的搜尋演算法（例如 A^*）不同，強化學習演算法不需要一個嚴格的模型支持整個搜尋過程，對於建模要求較寬鬆，透過其探索－利用機制，只需整個過程的幾種可選動作及預設的獎勵值的回饋，便能夠迭代出一條價值最佳或次佳的途徑。

11.1 建模方法

1. 環境的建構方式，材料問題物理過程對應

建構環境是強化學習應用於物理、材料等領域中的基礎，可以視為對真實環境的模擬。

本節在模擬過程中採取的方法是將不同的材料結構分別進行特徵表示，隨後從特徵空間中找出一條可行的材料結構的相變路徑，作為材料合成過程的一種指引。

環境建構的具體流程如下：

(1) 獲取新型太陽能光電材料 $Ca_6Sn_4S_{14}$-xOx 的多種可能組成結構，以及每種結構中所包含的原子在三維空間中的座標。將三維座標加上原子本身的化學屬性組成 14×3 的高維陣列，用這個陣列區別在特徵空間裡多種不同結構的表示。

(2) 將上述獲取的高維陣列輸入 t-SNE 視覺化降維演算法，利用 t-SNE 演算法為大量結構的特徵提供相似程度度量指標，並對資料進行壓縮，獲得每種結構在二維空間上的表示。

(3) 根據材料組成原子個數的不同，計算獲取每種材料結構的能量初值。

(4) 將材料相變環境的初始溫度設定為 500K，作為相變過程中材料能夠吸收的最大能量閾值 (0.04333eV)。

(5) 不同材料結構具有不同的相似度，本書設定的度量標準是在二維空間表示中兩點間的距離，並且規定距離不大於 20 的為相似結構。

(6) 規定材料可以在相似度內的結構間變化，變化時需要根據自身的能量初始值大小吸收或釋放能量，其中吸收能量有上限限制。

2· 強化學習搜尋相變過程方式

強化學習的過程是一個馬可夫過程，可以描述為狀態在轉置矩陣下的演化。在本節中，狀態被設計為各種結構在特徵空間的不同表示，動作被設計為選取相似度內的結構進行相變。獎勵函數可以分情況進行設定：

(1) 若未知起點或終點，則可以利用相變過程中的能量吸收或釋放值作為獎勵設定參考值。

(2) 若已知起點和終點，則可以自行設計獎勵來加快強化學習的過程，以便於找到最佳的相變路徑。

本節的材料問題具有起點和終點，起點是一個低能效的點，終點是一個高能效的點，因此可採用第二種情況對獎勵進行設定。

為了使智慧體能夠盡快找出所需的最佳路徑，設定智慧體在不超出能量閾值的情況下，每步獎勵為 -1，在到達終點時，將獲得一個較大的正值獎勵。當智慧體轉移到超出能量閾值所能允許的範圍外時，任務結束。

11.2　執行方案

本節使用 7.4.2 節提出的參數化量子強化學習模型 Q-Policy Gradient 對晶體材料的相變過程進行搜尋，智慧體的具體程式碼如下：

```
#第11章/11.2 執行方案
import torch
import torch.nn as nn
import torch.nn.functional as F
import torch.optim as optim
```

```
from torch.distributions import Categorical
import numpy as np
import gym

class Policy(nn.Module):
    //放置n個量子閘，有x個參數，參數由量子閘的多少決定
    def __init__(self, n_qubits = 4, gain = 2 ** 0.5, use_wscale = True, lrmul = 1):
        super().__init__()
        //可對訓練參數進行標準化
        he_std = gain * 5 ** (-0.5)
        if use_wscale:
            init_std = 1.0 / lrmul
            self.w_mul = he_std * lrmul
        else:
            init_std = he_std / lrmul
            self.w_mul = lrmul
        self.weight1 = nn.Parameter(nn.init.uniform_(torch.empty(8), a = 0.0, b = 2 * np.pi) *
init_std)
        self.weight2 = nn.Parameter(torch.FloatTensor(16))
        self.weight3 = nn.Parameter(nn.init.uniform_(torch.empty(8), a = 0.0, b = 2 * np.pi) *
init_std)

        self.n_qubits = n_qubits
        self.saved_log_probs = []
        self.rewards = []
        //讀取資料
        c = np.loadtxt('D:/工作/0624/Qx_encoding.txt')
        self.c = c

def layers(self, x):
        #w = self.weight * self.w_mul
        cir = Circuit(self.n_qubits)    #線路列表
        x = x
        #量子閘的放置

        for which_q in range(0, self.n_qubits):
            cir.rz(which_q, self.weight1[which_q])

        for which_q in range(0, self.n_qubits):
            cir.ry(which_q, self.weight1[which_q + self.n_qubits])

        for which_q in range(0, self.n_qubits - 1):
            cir.cnot(which_q, which_q + 1)
        cir.cnot(self.n_qubits - 1, 1)
```

```
        for which_q in range(0, self.n_qubits):
            cir.ry(which_q, self.weight2[which_q] * x[which_q])

        for which_q in range(0, self.n_qubits):
            cir.rz(which_q, self.weight2[which_q + self.n_qubits] * x[which_q + self.n_
qubits])

        for which_q in range(0, self.n_qubits):
            cir.ry(which_q, self.weight2[which_q + self.n_qubits * 2] * x[which_q + self.n_
qubits * 2])

        for which_q in range(0, self.n_qubits):
            cir.rz(which_q, self.weight2[which_q + self.n_qubits * 3] * x[which_q + self.n_
qubits * 3])
        for which_q in range(0, self.n_qubits):
            cir.rz(which_q, self.weight3[which_q])

        for which_q in range(0, self.n_qubits):
            cir.ry(which_q, self.weight3[which_q + self.n_qubits])

        for which_q in range(0, self.n_qubits - 1):
            cir.cnot(which_q, which_q + 1)
        cir.cnot(self.n_qubits - 1, 1)

    for which_q in range(0, self.n_qubits):
        cir.ry(which_q, self.weight4[which_q] * x[which_q])
    for which_q in range(0, self.n_qubits):
        cir.rz(which_q, self.weight4[which_q + self.n_qubits] * x[which_q + self.n_qubits])

    for which_q in range(0, self.n_qubits):
        cir.ry(which_q, self.weight4[which_q + self.n_qubits * 2] * x[which_q + self.n_qubits * 2])
    for which_q in range(0, self.n_qubits):
        cir.rz(which_q, self.weight4[which_q + self.n_qubits * 3] * x[which_q + self.n_qubits * 3])
    for which_q in range(0, self.n_qubits):
        cir.rz(which_q, self.weight5[which_q])
    for which_q in range(0, self.n_qubits):
        cir.ry(which_q, self.weight5[which_q + self.n_qubits])
    for which_q in range(0, self.n_qubits - 1):
        cir.cnot(which_q, which_q + 1)
    cir.cnot(self.n_qubits - 1, 1)
    u = cir.get()
     return u

    # 計算輸出的量子么正變換，對比密度矩陣對角線元素的模組長度選擇作用
    def forward(self, x):
```

```
a = torch.ones(self.n_qubits ** 2)
a = (a / a.sum()) ** 0.5
a = a.type(dtype = torch.complex64).reshape( - 1, 1)
temp = self.c[x]
temp = torch.tensor(temp, dtype = torch.complex64)
output = self.layers(temp)
temp_a = output @ a
temp_a1 = dag(temp_a)
q = []
for i in range(16):
    eye = torch.zeros(16, 16)
    eye[i][i] = 1
    eye = eye.type(dtype = torch.complex64)
    q.append((temp_a1 @ eye @ temp_a).real)
//返回機率值
return q
```

第 12 章

蛋白質－生物分子親和能力預測

相較於實驗，電腦輔助藥物設計能加速藥物研製流程，同時節省時間和成本，藥物篩選是電腦輔助藥物設計最重要的任務之一，其對於新藥的發現和舊藥新用都很有意義。藥物和靶標間的結合需要具有專一性和穩定性，這樣才能更好地發揮藥效。這要求準確描述蛋白質和小分子間的相互作用。

藥物分子與蛋白質之間有著一定的「吸引力」，如果要克服吸引力而將它們分開，則需要作一定的功，這個功的大小是結合能（結合親和力），它反映了各部分結合的緊密程度。配體（藥物分子）與蛋白質之間的生物分子辨識在藥物開發中發揮著十分重要的作用，結合能的預測在其中扮演著重要角色，透過預測配體與蛋白質的結合能，來加快藥物發現的過程，節省時間和成本，如圖 12-1 所示。

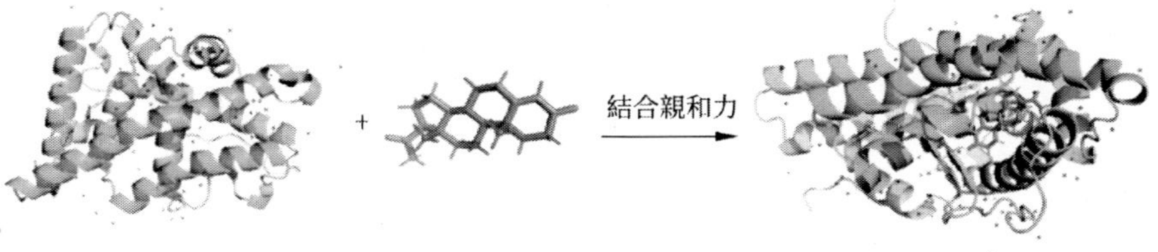

圖 12-1　蛋白質－配體結合形成複合物

本章介紹兩種基於量子線路預測結合能的模型：一種是基於多層量子卷積神經網路；另一種是基於量子相互資訊過程。

第 1 個模型利用量子卷積神經網路方法預測蛋白質和配體的結合能。該模型的特徵包括三部分：結合口袋、小分子（配體藥物）和蛋白

質 (受體蛋白質)。其中，結合口袋是具有口袋形結構的蛋白質，其形狀與配體互補性越大，受體與配體的結合能也就越大。模型透過量子卷積神經網路利用資料之間的相互關聯性高效地提取特徵，克服了古典卷積神經網路模型過大就難以學習的缺點，能夠穩定地訓練，有效地預測結合能。模型包括量子卷積神經網路特徵提取部分和古典全連接迴歸預測部分。

基於深度學習的方法，按照需要資料的維度可以被分為 1D、2D 和 3D，其中 1D 的方法使用最簡單的一級序列資料；2D 的方法常常使用分子圖的資料作為輸入；3D 的方法則將複合物的三維空間結構作為原始輸入資料。當然也有不少方法組合不同維度的資料作為輸入。低維度的資料具有簡單、占用記憶體小的優勢，但往往需要更複雜的模型以獲得一定的準確度；高維度資料具有描述準確的優勢，但存在資料量不夠、品質不好的問題。基於此，這裡採用 1D 的資料。

此模型分別對藥物分子、蛋白質分子和結合口袋進行 embedding，再透過 encoding 編碼成量子態 (生成密度矩陣)。3 種資料分別當一次「主體」，每經過一次卷積層，都會有新種類的資料加進來繼續經過下一個卷積層，直到 3 種資料全部參與運算，然後得到關於該主體的輸出表達。分別得到 3 個主體相關的 3 個輸出以後，輸入進全連接層，進行結合能的預測，如圖 12-2 所示。

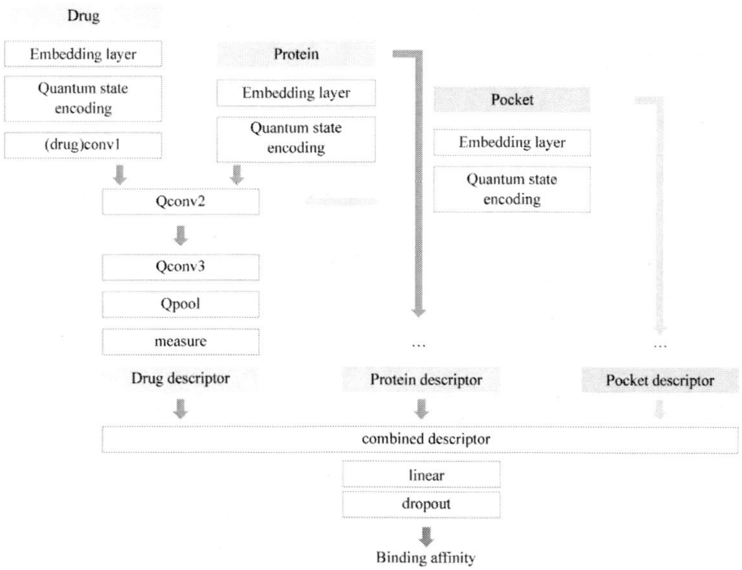

圖 12-2　演算法流程圖（模型 1）

接下來，對量子演算法部分進行詳細介紹並附上執行程式碼。

首先需要載入環境中的 DeepQuantum 框架，程式碼如下：

```
# 載入庫檔案
import numpy as np
import pandas as pd
import torch.nn as nn
import torch
import torch.nn.functional as F
from deepquantum.utils import dag,measure_state,ptrace,multi_
kron,encoding
from deepquantum import Circuit
```

對結合口袋、小分子和蛋白質的資料進行預處理，將可能用到的字元進行整數編碼。其中，smiles 指用 ASCII 字元串明確描述分子結構式的規範，程式碼如下：

```
# 第12章
# 使用針對口袋的25個維度特徵向量編碼局部口袋特徵
VOCAB_PROTEIN = { "A": 1, "C": 2, "B": 3, "E": 4, "D": 5, "G": 6,
                  "F": 7, "I": 8, "H": 9, "K": 10, "M": 11, "L": 12,
          "O": 13, "N": 14, "Q": 15, "P": 16, "S": 17, "R": 18,
                  "U": 19, "T": 20, "W": 21,
                  "V": 22, "Y": 23, "X": 24,
                  "Z": 25 }
# 將藥物小分子smiles中的每一個字符進行整數編碼
VOCAB_LIGAND_ISO = {"#": 29, "%": 30, ")": 31, "(": 1, "+": 32, "-": 33, "/": 34, ".": 2,
                 "1": 35, "0": 3, "3": 36, "2": 4, "5": 37, "4": 5, "7": 38, "6": 6,
                 "9": 39, "8": 7, "=": 40, "A": 41, "@": 8, "C": 42, "B": 9, "E": 43,
                 "D": 10, "G": 44, "F": 11, "I": 45, "H": 12, "K": 46, "M": 47, "L": 13,
                 "O": 48, "N": 14, "P": 15, "S": 49, "R": 16, "U": 50, "T": 17, "W": 51,
                 "V": 18, "Y": 52, "[": 53, "Z": 19, "]": 54, "\\": 20, "a": 55, "c": 56,
                 "b": 21, "e": 57, "d": 22, "g": 58, "f": 23, "i": 59, "h": 24, "m": 60,
                 "l": 25, "o": 61, "n": 26, "s": 62, "r": 27, "u": 63, "t": 28, "y": 64}
# 定義輸入smiles序列轉換成整數的函數
def smiles2int(drug):
return [VOCAB_LIGAND_ISO[s] for s in drug]
#定義輸入蛋白質序列轉換成整數的函數
def seqs2int(target):
return [VOCAB_PROTEIN[s] for s in target]
```

然後建立量子卷積神經網路中的卷積層，這裡卷積層使用常用的學習率，並且學習率相等。放置 5 個量子閘，有 5 個參數，程式碼如下：

```
#第12章
#聲明量子卷積層的類
class QEqualizedConv0(nn.Module):
    #定義構造函數,進行結構初始化
    def __init__(self, n_qubits,
                 gain = 2 ** 0.5, use_wscale = True, lrmul = 1):
        super().__init__()
#定義卷積層和卷積層參數
#初始化參數
        he_std = gain * 5 ** (-0.5)
        if use_wscale:
            init_std = 1.0 / lrmul
            self.w_mul = he_std * lrmul
        else:
            init_std = he_std / lrmul
            self.w_mul = lrmul
        self.weight = nn.Parameter(nn.init.uniform_(torch.empty(5), a = 0.0, b = 2 * np.pi) *
init_std)
        self.n_qubits = n_qubits
    def qconv0(self):
        w = self.weight * self.w_mul
        cir = Circuit(self.n_qubits)
        for which_q in range(0, self.n_qubits, 2):
            cir.rx(which_q, w[0])
            cir.rx(which_q + 1, w[1])
            cir.ryy([which_q,which_q + 1], w[2])
            cir.rz(which_q, w[3])
            cir.rz(which_q + 1, w[4])
        U = cir.get()
        return U
#定義卷積層資料流
def forward(self, x):
        #  資料x經由卷積層輸出為 E_qconv0
        E_qconv0 = self.qconv0()
        qconv0_out = dag(E_qconv0) @ x @ E_qconv0
        return qconv0_out
```

在卷積層的後面是量子池化層，這裡放置 4 個量子閘，有兩個參數，程式碼如下：

```
#第12章
#聲明量子池化層的類
class QPool(nn.Module):
    def __init__(self, n_qubits, gain = 2 ** 0.5, use_wscale = True, lrmul = 1):
        super().__init__()
        he_std = gain * 5 ** (-0.5)
        if use_wscale:
            init_std = 1.0 / lrmul
            self.w_mul = he_std * lrmul
        else:
            init_std = he_std / lrmul
            self.w_mul = lrmul
        self.weight = nn.Parameter(nn.init.uniform_(torch.empty(6), a = 0.0, b = 2 * np.pi) *
init_std)
        self.n_qubits = n_qubits
    #定義池化層的函數
    def qpool(self):
        w = self.weight * self.w_mul
        cir = Circuit(self.n_qubits)
        for which_q in range(0, self.n_qubits, 2):
            cir.rx(which_q, w[0])
            cir.rx(which_q + 1, w[1])
            cir.ry(which_q, w[2])
            cir.ry(which_q + 1, w[3])
            cir.rz(which_q, w[4])
            cir.rz(which_q + 1, w[5])
            cir.cnot(which_q, which_q + 1)
            cir.rz(which_q + 1, (-w[5]))
            cir.ry(which_q + 1, (-w[3]))
            cir.rx(which_q + 1, (-w[1]))
        U = self.get()
        return U
    #定義資料流
    def forward(self, x):
        #  資料x經由池化層輸出為 E_qpool
        E_qpool = self.qpool()
        qpool_out = E_qpool @ x @ dag(E_qpool)
        return qpool_out
```

接下來需要將 3 種序列的古典特徵轉化成量子態，經由量子卷積神經網路進行卷積、池化和測量。這裡有藥物分子、蛋白質和結合口袋 3 種不同的資料，一種資料經過 1 次量子卷積後會加入另一種資料一起進行第 2 次卷積操作，然後加入最後一種資料，一起進行第 3 次卷積操作。這 3 種資料各當一次「主體」，分別得到關於自己的表達（這樣得到的表達包含著特徵之間的關係）。需要注意，這裡 embedding_num_drug 是 input 的 dim，而不是 size；embedding_dim_drug 是 output 的 dim，程式碼如下：

```
# 第12章
# 聲明描述藥物分子序列的類
  class Q_seq_representation1(nn.Module):
  def __init__(self, embedding_num_drug, embedding_dim_drug, embedding_num_target,
embedding_num_pocket, embedding_dim_target = 4, embedding_dim_pocket = 4):
      super().__init__()
      # 用embedding函數對資料進行降維
      self.embed_drug = nn.Embedding(embedding_num_drug, embedding_dim_drug, padding_idx = 0)
      self.embed_target = nn.Embedding(embedding_num_target, embedding_dim_target,
padding_idx = 0)
       self.embed_pocket = nn.Embedding(embedding_num_pocket, embedding_dim_pocket,
padding_idx = 0)
      # 生成3個對象，分別對應6、8和10位元量子進行卷積
      self.qconv1 = QEqualizedConv0(6)
      self.qconv2 = QEqualizedConv0(8)
      self.qconv3 = QEqualizedConv0(10)
      # 10位元量子進行池化
      self.pool = QPool(10)
   # 定義資料流
  def forward(self, drug, target, pocket):
      # 對drug, target, pocket資料進行embedding降維，輸出為x, y, z
      x = self.embed_drug(drug)
      y = self.embed_target(target)
      z = self.embed_pocket(pocket)
      # x, y, z矩陣的轉置乘以本身得到Gram半正定矩陣（如 x.T@x)，再經過encoding就完成了
      # 到量子態qinput_x的轉換
      qinput_x = encoding(x.T@x)
      # 將編碼的量子態經過第1個卷積操作輸出 qconv1_x
      qconv1_x = self.qconv1(qinput_x)
      # 將y矩陣轉換為量子態  qinput_y
      qinput_y = encoding(y.T@y)
      # 加入y的量子態資料到上一個卷積層輸出qconvl_x中（經由直積的方法），加入後將得到的
      # 整體進行eocoding操作，轉換為量子態   qinput_xy
      qinput_xy = encoding(torch.kron(qconv1_x,qinput_y))
      # 將量子態qinput_xy經過第2個卷積操作輸出 qconv1_y
      qconv2_y = self.qconv2(qinput_xy)
      # 將z矩陣轉換為量子態 qinput_z
      qinput_z = encoding(z.T@z)
# 加入z量子態資料道上一個卷積輸出qconvl_y中（經由直積的方法），加入後得到的整體
# 進行eocoding操作，轉換為量子態 qinput_xyz
      qinput_xyz = encoding(torch.kron(qconv2_y,qinput_z))
      # 將量子態qinput_xy經過第2個卷積操作輸出   qconv3_z
      qconv3_z = self.qconv3(qinput_xyz)
      # 3次量子卷積操作後，進行量子池化操作，輸出 qpool_out
      qpool_out = self.pool(qconv3_z)
      # 對池化後的結果進行測量，輸出值為classical_value；返回測量結果
cir = Circuit(self.n_qubits)
      classical_value = measure(qpool_out,10)
      return classical_value
```

將蛋白質分子作為主體，經由上述相似的過程得到關於蛋白質分子的表達，程式碼如下：

```
# 第12章
# 聲明描述蛋白質分子序列的類
class Q_seq_representation2(nn.Module):
    def __init__(self, embedding_num_target, embedding_dim_target, embedding_num_drug,
embedding_num_pocket, embedding_dim_drug = 4,embedding_dim_pocket = 4):
        super().__init__()
        #  用embedding函數對資料進行降維
        self.embed_drug = nn.Embedding(embedding_num_drug, embedding_dim_drug, padding_idx = 0)
        self.embed_target = nn.Embedding(embedding_num_target, embedding_dim_target,
padding_idx = 0)
        self.embed_pocket = nn.Embedding(embedding_num_pocket, embedding_dim_pocket,
padding_idx = 0)
        #  對6、8、10量子位元進行卷積
        self.qconv1 = QEqualizedConv0(6)
        self.qconv2 = QEqualizedConv0(8)
        self.qconv3 = QEqualizedConv0(10)
        #  對10位元量子進行池化
        self.pool = QPool(10)
    #定義資料流
    def forward(self, drug, target, pocket):
        #  對drug, target, pocket資料進行embedding降維，輸出為x, y, z
        y = self.embed_drug(drug)
        x = self.embed_target(target)
        z = self.embed_pocket(pocket)
        #  將x轉換為qinput_x
        qinput_x = encoding(x.T@x)
        #  量子態qinput_x經過第1個卷積層
        qconv1_x = self.qconv1(qinput_x)
        #  將y轉換為量子態 qinput_y
        qinput_y = encoding(y.T@y)
        #  將量子態qinput_y加入第1次卷積層的輸出qconv1_x中，一起進行量子態的轉換
        qinput_xy = encoding(torch.kron(qconv1_x,qinput_y))
        #  量子態qinput_xy經過第2個卷積層得到  qconv2_y
        qconv2_y = self.qconv2(qinput_xy)
        #  將z轉換為量子態 qinput_z
        qinput_z = encoding(z.T@z)
        #  將量子態qinput_Z加入第2次卷積的輸出qconv2_y中，一起進行量子態的轉換
        qinput_xyz = encoding(torch.kron(qconv2_y,qinput_z))
        #  量子態qinput_xyz經過第3個卷積層，得到輸出  qconv3_z
        qconv3_z = self.qconv3(qinput_xyz)
        #  3次量子卷積操作後，進行量子池化操作，輸出  qpool_out
        qpool_out = self.pool(qconv3_z)
        #  將池化的輸出進行測量，返回測量結果
        cir = Circuit(self.n_qubits)
        classical_value = measure(qpool_out,10)
        return classical_value
```

將結合口袋作為主體，跟上面兩個過程的概念相同，程式碼如下：

```
# 第12章
# 聲明描述結合口袋序列的類
class Q_seq_representation3(nn.Module):
    def __init__(self, embedding_num_pocket, embedding_dim_pocket, embedding_num_drug,
embedding_num_target, embedding_dim_drug = 4,embedding_dim_target = 4):
        super().__init__()
        self.embed_drug = nn.Embedding(embedding_num_drug, embedding_dim_drug, padding_idx = 0)
        self.embed_target = nn.Embedding(embedding_num_target, embedding_dim_target,
padding_idx = 0)
        self.embed_pocket = nn.Embedding(embedding_num_pocket, embedding_dim_pocket,
padding_idx = 0)
        self.qconv1 = QEqualizedConv0(6)
        self.qconv2 = QEqualizedConv0(8)
        self.qconv3 = QEqualizedConv0(10)
        self.pool = QPool(10)
    def forward(self, drug, target, pocket):
        z = self.embed_drug(drug)
        y = self.embed_target(target)
        x = self.embed_pocket(pocket)
        cir = Circuit(self.n_qubits)
        qinput_x = encoding(x.T@x)
        qconv1_x = self.qconv1(qinput_x)
        qinput_y = encoding(y.T@y)
        qinput_xy = encoding(torch.kron(qconv1_x,qinput_y))
        qconv2_y = self.qconv2(qinput_xy)
        qinput_z = encoding(z.T@z)
        qinput_xyz = encoding(torch.kron(qconv2_y,qinput_z))
        qconv3_z = self.qconv3(qinput_xyz)
        qpool_out = self.pool(qconv3_z)
        classical_value = measure(qpool_out,10)
        return classical_value
```

至此，量子演算法的模型已經建立完成，將上述 3 種資料的各自表達整合到一起，透過線性的全連接層和啟用層，得到最後的親和力預測值。接下來建立古典演算法的線性全連接層和啟用層，程式碼如下：

```
# 第12章
# 聲明古典演算法的線性全連接層和激勵層的類
class DTImodel(nn.Module):
    def __init__(self):
        super().__init__()
        # 輸入為30，輸出為512的全連接層
        self.linear1 = n.Linear(30, 512)
        # 第1個DropOut層
        self.drop1 = nn.DropOut(0.1)
        # 輸入為512，輸出為512的全連接層
        self.linear2 = nn.Linear(512, 512)
        # 第2個DropOut層
        self.drop2 = nn.DropOut(0.1)
        # 輸入為512，輸出為128的全連接層
        self.linear3 = nn.Linear(512, 128)
        # 第3個DropOut層
        self.drop3 = nn.DropOut(0.1)
        # 輸入為128，輸出為1的全連接層，也是全連接的輸出層
        self.out_layer = nn.Linear(128, 1)
    # 定義資料流
    def forward(self, protein_x, pocket_x, ligand_x):
        # 拼接3種類型資料的表達，輸出為x
        x = torch.cat([protein_x, pocket_x, ligand_x], dim = 0)
        # 將x進行轉置
        x = x.T
        # 經過第1個全連接層後執行激勵函數，輸出x
        x = F.ReLU(self.linear1(x))
        # 經過第1個DropOut層
        x = self.drop1(x)
        # 經過第2個全連接層後執行激勵函數，輸出x
        x = F.ReLU(self.linear2(x))
        # 經過第2個DropOut層
        x = self.drop2(x)
        # 經過第3個全連接層後執行激勵函數，輸出x
        x = F.ReLU(self.linear3(x))
        # 經過第3個DropOut層
        x = self.drop3(x)
        # 經過全連接層的輸出層
        x = self.out_layer(x)
        x = x.view(1)
        return x
```

到這裡，古典全連接層也已經建立完成。用模型對資料集進行訓練，程式碼如下：

```
# 第12章
# 建立一個全連接層模型
model = DTImodel()
# 損失函數是均方誤差
criterion = nn.MSELoss()
```

```
import torch.optim as optim
# 經過SGD隨機梯度下降法訓練模型
optimizer = optim.SGD(model.parameters(),lr = 0.001)
# 迭代20次
for epoch in range(20):
    # 初始化值
    running_loss = 0.0
    MSE = 0
    prelist = []
    explist = []
    avepre = 0
    aveexp = 0
    # 載入資料
    dataset = pd.read_csv("E:/QDDTA/data/training_dataset.csv")
    for i in range(dataset.shape[0] - 2,dataset.shape[0]):
        data = dataset.iloc[i,]
        drug, target, pocket, label = data['smiles'], data['sequence'], data['pocket'], data
['label']
        drug = smiles2int(drug)
        if len(drug) < 150:
            drug = np.pad(drug, (0, 150 - len(drug)))
        else:
            drug = drug[:150]
        target = seqs2int(target)
        if len(target) < 1000:
            target = np.pad(target, (0, 1000 - len(target)))
        else:
            target = target[:1000]
        pocket = seqs2int(pocket)
        if len(pocket) < 63:
            pocket = np.pad(pocket, (0, 63 - len(pocket)))
        else:
            pocket = pocket[:63]
        # 獲得特徵矩陣
        drug, target, pocket, exp = torch.tensor(drug, dtype = torch.long), torch.tensor
(target, dtype = torch.long), torch.tensor(pocket, dtype = torch.long), torch.tensor(label,
dtype = torch.float).unsqueeze(-1)
        embedding_num_drug = 64
        embedding_dim_drug = 64
        embedding_num_target = 25
        embedding_num_pocket = 25
        # 將藥物分子特徵序列轉換為量子態，並進行卷積、池化和測量(藥物分子作為主體)，得到
        # 關於藥物分子的表達
        drugencoder = Q_seq_representation1(embedding_num_drug, embedding_dim_drug,
embedding_num_target,embedding_num_pocket)
```

```
        ligand_x = drugencoder(drug, target, pocket)
        embedding_num_target = 25
        embedding_dim_target = 64
        embedding_num_drug = 64
        embedding_num_pocket = 25
        #將蛋白質分子特徵序列轉換為量子態，並進行卷積、池化和測量(蛋白質分子作為主體)，
        #得到關於蛋白質分子的表達
        targetencoder = Q_seq_representation2(embedding_num_target, embedding_dim_target,
embedding_num_drug,embedding_num_pocket)
        protein_x = targetencoder(drug, target, pocket)
        embedding_num_pocket = 25
        embedding_dim_pocket = 64
        embedding_num_drug = 64
        embedding_num_target = 25
        # 將結合口袋特徵序列轉換為量子態，並進行卷積、池化和測量(結合口袋作為主體)，得到
        # 關於結合口袋的表達
        pocketencoder = Q_seq_representation3(embedding_num_pocket, embedding_dim_pocket,
embedding_num_drug,embedding_num_target)
        pocket_x = pocketencoder(drug, target, pocket)
        # 將3種表達拼接整合，並經過全連接層
        pre = model(protein_x,pocket_x,ligand_x)
        # 經過SGD隨機梯度下降法訓練模型，學習誤差經由量子神經網路進行反向傳播以調整參
        # 數，經由反覆訓練，得到整體最佳解
        optimizer.zero_grad()
        loss = criterion(pre,exp)
        loss.backward()
        optimizer.step()
        running_loss += loss.item()
        if (i + 1) % 2000 == 0:
            print('[ %d, %5d] loss: %.3f' % (epoch + 1,i + 1,running_loss/2000))
            running_loss = 0.0
        error2 = (float(pre - exp)) ** 2
        MSE = MSE + error2
        prelist.append(pre)
        explist.append(exp)
        avepre = avepre + pre
        aveexp = aveexp + exp
    MSE = MSE/(int(dataset.shape[0]))
    RMSE = MSE ** 0.5
    avepre = avepre/(int(dataset.shape[0]))
    aveexp = aveexp/(int(dataset.shape[0]))
    c = 0
    d = 0
    e = 0
    for j in range(0,len(prelist)):
```

```
        a = prelist[j]
        b = explist[j]
        c = c + (a - avepre) * (b - aveexp)
        d = d + (a - avepre) ** 2
        e = e + (b - aveexp) ** 2
    Rp = c/(d * e) ** 0.5
print('Train:Rp:' + '%.3f' % Rp + '\n' + 'MSE:' + '%.2f' % MSE + '\n' + 'RMSE:' + '%.2f' % RMSE)
print('Finished training')
```

至此，模型的建立和訓練工作結束，接下來進行測試，程式碼如下：

```
# 第12章
# 儲存訓練完的模型
PATH = './demoQ.pth'
torch.save(model.state_dict(),PATH)
with torch.no_grad():
    dataset = pd.read_csv("E:/QDDTA/data/validation_dataset.csv")
    MSE = 0
    prelist = []
explist = []
avepre = 0
aveexp = 0
    for i in range(dataset.shape[0] - 1,dataset.shape[0]): #0
        data = dataset.iloc[i,]
        drug, target, pocket, label = data['smiles'], data['sequence'], data['pocket'], data
['label']
        drug = smiles2int(drug)
        if len(drug) < 150:
            drug = np.pad(drug, (0, 150 - len(drug)))
        else:
            drug = drug[:150]
        target = seqs2int(target)
        if len(target) < 1000:
            target = np.pad(target, (0, 1000 - len(target)))
        else:
            target = target[:1000]
        pocket = seqs2int(pocket)
        if len(pocket) < 63:
            pocket = np.pad(pocket, (0, 63 - len(pocket)))
        else:
            pocket = pocket[:63]
        drug, target, pocket, exp = torch.tensor(drug, dtype = torch.long), torch.tensor
(target, dtype = torch.long), torch.tensor(pocket, dtype = torch.long), torch.tensor(label,
dtype = torch.float).unsqueeze(-1)
```

```
        embedding_num_drug = 64
        embedding_dim_drug = 64
        embedding_num_target =  25
        embedding_num_pocket = 25
        drugencoder = Q_seq_representation1(embedding_num_drug, embedding_dim_drug,
embedding_num_target,embedding_num_pocket)
        ligand_x = drugencoder(drug, target, pocket)
        embedding_num_target = 25
        embedding_dim_target = 64
        embedding_num_drug = 64
        embedding_num_pocket = 25
        targetencoder = Q_seq_representation2(embedding_num_target, embedding_dim_target,
embedding_num_drug,embedding_num_pocket)
        protein_x = targetencoder(drug, target, pocket)
        embedding_num_pocket = 25
        embedding_dim_pocket = 64
        embedding_num_drug = 64
        embedding_num_target = 25
        pocketencoder = Q_seq_representation3(embedding_num_pocket, embedding_dim_pocket,
embedding_num_drug,embedding_num_target)
        pocket_x = pocketencoder(drug, target, pocket)
        pre = model(protein_x,pocket_x,ligand_x)
        error2 = (float(pre - exp)) ** 2
        MSE = MSE + error2
        prelist.append(pre)
        explist.append(exp)
        avepre = avepre + pre
        aveexp = aveexp + exp
    MSE = MSE/(int(dataset.shape[0]))
    RMSE = MSE ** 0.5
    avepre = avepre/(int(dataset.shape[0]))
    aveexp = aveexp/(int(dataset.shape[0]))
    c = 0
    d = 0
    e = 0
    for j in range(0,len(prelist)):
        a = prelist[j]
        b = explist[j]
        c = c + (a - avepre) * (b - aveexp)
        d = d + (a - avepre) ** 2
        e = e + (b - aveexp) ** 2
    Rp = c/(d * e) ** 0.5
print('Validation:Rp:' + '%.3f' % Rp + '\n' + 'MSE:' + '%.2f' % MSE + '\n' + 'RMSE:' + '%.2f' %
RMSE)
with torch.no_grad():
```

```
    dataset = pd.read_csv("E:/QDDTA/data/test_dataset.csv")
    MSE = 0
    prelist = []
    explist = []
    avepre = 0
    aveexp = 0
    for i in range(dataset.shape[0] - 1,dataset.shape[0]): # 0
        data = dataset.iloc[i,]
        drug, target, pocket, label = data['smiles'], data['sequence'], data['pocket'], data
['label']
        drug = smiles2int(drug)
        if len(drug) < 150:
            drug = np.pad(drug, (0, 150 - len(drug)))
        else:
            drug = drug[:150]
        target = seqs2int(target)
        if len(target) < 1000:
            target = np.pad(target, (0, 1000 - len(target)))
        else:
            target = target[:1000]
        pocket = seqs2int(pocket)
        if len(pocket) < 63:
            pocket = np.pad(pocket, (0, 63 - len(pocket)))
        else:
            pocket = pocket[:63]
        drug, target, pocket, exp = torch.tensor(drug, dtype = torch.long), torch.tensor
(target, dtype = torch.long), torch.tensor(pocket, dtype = torch.long), torch.tensor(label,
dtype = torch.float).unsqueeze( - 1)
        embedding_num_drug = 64
        embedding_dim_drug = 64
        embedding_num_target = 25
        embedding_num_pocket = 25
        drugencoder = Q_seq_representation1 (embedding_num_drug, embedding_dim_drug,
embedding_num_target,embedding_num_pocket)
        ligand_x = drugencoder(drug, target, pocket)
        embedding_num_target = 25
        embedding_dim_target = 64
        embedding_num_drug = 64
        embedding_num_pocket = 25
        targetencoder = Q_seq_representation2(embedding_num_target, embedding_dim_target,
embedding_num_drug,embedding_num_pocket)
        protein_x = targetencoder(drug, target, pocket)
        embedding_num_pocket = 25
        embedding_dim_pocket = 64
        embedding_num_drug = 64
```

```
        embedding_num_target = 25
        pocketencoder = Q_seq_representation3(embedding_num_pocket, embedding_dim_pocket,
embedding_num_drug,embedding_num_target)
        pocket_x = pocketencoder(drug, target, pocket)
        pre = model(protein_x,pocket_x,ligand_x)
        error2 = (float(pre - exp)) ** 2
        MSE = MSE + error2
        prelist.append(pre)
        explist.append(exp)
        avepre = avepre + pre
        aveexp = aveexp + exp

    MSE = MSE/(int(dataset.shape[0]))
    RMSE = MSE ** 0.5
    avepre = avepre/(int(dataset.shape[0]))
    aveexp = aveexp/(int(dataset.shape[0]))
    c = 0
    d = 0
    e = 0
    for j in range(0,len(prelist)):
        a = prelist[j]
        b = explist[j]
        c = c + (a - avepre) * (b - aveexp)
        d = d + (a - avepre) ** 2
        e = e + (b - aveexp) ** 2
    Rp = c/(d * e) ** 0.5
print('Test:Rp:' + '%.3f' % Rp + '\n' + 'MSE:' + '%.2f' % MSE + '\n' + 'RMSE:' + '%.2f' % RMSE)
```

第 2 種模型用到的特徵包括藥物分子和蛋白質兩種。與第 1 種模型的不同之處是利用了古典卷積層和量子相互資訊結構，如圖 12-3 所示。

此模型用到的特徵是藥物分子和蛋白質的資訊。兩條線路是平行的，分別經過 embedding 層和古典卷積層，這時分成兩條線路，一條線路經過量子態編碼層後進行量子相互資訊，獲取的相互資訊與另一條線路合併起來，一起經過下一個古典卷積層。再將兩個表達合併，經過全連接層，最終得到結合能的預測值。

程式碼如下：

```
# 載入庫檔案
import numpy as np
```

```
import pandas as pd
import torch.nn as nn
import torch
import torch.nn.functional as F
from deepquantum.utils import dag,measure_state,ptrace,multi_kron,encoding
from deepquantum import Circuit
```

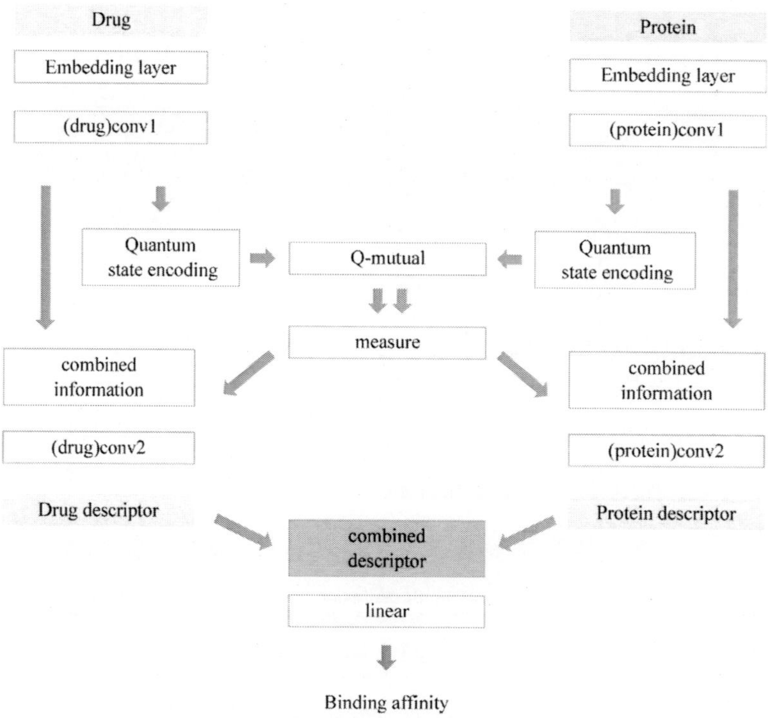

圖 12-3　演算法流程圖 (模型 2)

與第 1 個模型同理，進行藥物分子和蛋白質的編碼，程式碼如下：

```
# 第12章
# 將可能用到的字符進行整數編碼
VOCAB_PROTEIN = { "A": 1, "C": 2, "B": 3, "E": 4, "D": 5, "G": 6,
                  "F": 7, "I": 8, "H": 9, "K": 10, "M": 11, "L": 12,
          "O": 13, "N": 14, "Q": 15, "P": 16, "S": 17, "R": 18,
                  "U": 19, "T": 20, "W": 21,
                  "V": 22, "Y": 23, "X": 24,
                  "Z": 25 }
# 將藥物小分子smiles中的每個字符進行整數編碼
VOCAB_LIGAND_ISO = {"#": 29, "%": 30, ")": 31, "(": 1, "+": 32, "-": 33, "/": 34, ".": 2,
                "1": 35, "0": 3, "3": 36, "2": 4, "5": 37, "4": 5, "7": 38, "6": 6,
                "9": 39, "8": 7, "=": 40, "A": 41, "@": 8, "C": 42, "B": 9, "E": 43,
                "D": 10, "G": 44, "F": 11, "I": 45, "H": 12, "K": 46, "M": 47, "L": 13,
                "O": 48, "N": 14, "P": 15, "S": 49, "R": 16, "U": 50, "T": 17, "W": 51,
                "V": 18, "Y": 52, "[": 53, "Z": 19, "]": 54, "\\": 20, "a": 55, "c": 56,
                "b": 21, "e": 57, "d": 22, "g": 58, "f": 23, "i": 59, "h": 24, "m": 60,
                "l": 25, "o": 61, "n": 26, "s": 62, "r": 27, "u": 63, "t": 28, "y": 64}
# 定義輸入smiles序列轉換成整數的函數
def smiles2int(drug):
return [VOCAB_LIGAND_ISO[s] for s in drug]
# 定義輸入蛋白質序列轉換成整數的函數
def seqs2int(target):
return [VOCAB_PROTEIN[s] for s in target]
```

載入資料，程式碼如下：

到這裡，準備工作已經做好，過程與第 1 個模型基本上一樣。接下來開始建立這個模型的主體部分，包括古典卷積和量子相互學習過程。利用古典卷積來提取特徵，再經過相互學習過程學習出對方對自己的影響，程式碼如下：

```
# 第12章
# 載入資料
dataset = pd.read_csv("./test_dataset.csv")
for i in range(dataset.shape[0] - 1,dataset.shape[0]): # 0
    data = dataset.iloc[i,]
    drug, target, pocket, label = data['smiles'], data['sequence'], data['pocket'], data
['label']
    drug = smiles2int(drug)
    if len(drug) < 150:
        drug = np.pad(drug, (0, 150 - len(drug)))
    else:
        drug = drug[:150]
    target = seqs2int(target)
    if len(target) < 1000:
        target = np.pad(target, (0, 1000 - len(target)))
    else:
        target = target[:1000]
    pocket = seqs2int(pocket)
    if len(pocket) < 63:
        pocket = np.pad(pocket, (0, 63 - len(pocket)))
    else:
        pocket = pocket[:63]
    drug, target, pocket, exp = torch.tensor(drug, dtype = torch.long), torch.tensor(target,
dtype = torch.long), torch.tensor(pocket, dtype = torch.long), torch.tensor(label, dtype =
torch.float).unsqueeze(-1)
```

```
#第12章
# 聲明量子相互資訊操作的類
class Qu_mutual(nn.Module):
    def __init__(self, n_qubits,
                 gain = 2 ** 0.5, use_wscale = True, lrmul = 1):
        super().__init__()
        #初始化參數
        he_std = gain * 5 ** (-0.5)
        if use_wscale:
            init_std = 1.0 / lrmul
            self.w_mul = he_std * lrmul
        else:
            init_std = he_std / lrmul
            self.w_mul = lrmul
        self.n_qubits = n_qubits
        self.weight = nn.Parameter(nn.init.uniform_(torch.empty(6 * self.n_qubits), a = 0.0,
b = 2 * np.pi) * init_std)
# 定義相互資訊操作函數
def qumutual(self):
        w = self.weight * self.w_mul
        cir = Circuit(self.n_qubits)
        deep_size = 6
        for which_q in range(0, self.n_qubits):
            cir.rx(which_q, w[deep_size * which_q + 0])
            cir.ry(which_q, w[deep_size * which_q + 1])
            cir.rz(which_q, w[deep_size * which_q + 2])
        for which_q in range(0, self.n_qubits - 1):
            cir.cnot(which_q, which_q + 1)
cir.cnot(self.n_qubits - 1, 0)
        for which_q in range(0, self.n_qubits):
            cir.rx(which_q, w[deep_size * (which_q) + 3])
            cir.ry(which_q, w[deep_size * (which_q) + 4])
            cir.rz(which_q, w[deep_size * (which_q) + 5])
        U = cir.get()
        return U
    #定義量子相互資訊的資料流,輸出為兩種資訊交互作用後對應的資訊
    def forward(self, inputA, inputB, dimA, dimB):
        U_qum = self.qumutual()
        inputAB = torch.kron(inputA, inputB)
        U_AB = U_qum @ inputAB @ dag(U_qum)
        inputBA = torch.kron(inputB, inputA)
        U_BA = U_qum @ inputBA @ dag(U_qum)
        mutualAatB = ptrace(U_AB, dimA, dimB)
        mutualBatA = ptrace(U_BA, dimB, dimA)
        return mutualAatB, mutualBatA
```

接下來定義一些參數，這裡的超參數 hyber_para=16，16 是 embedding 之後的維度，同時 16×16 又是密度矩陣的大小，qubits 數目為 $\log_2 16$，進行資訊互動／拼接時，qubits 數目要乘以 2，程式碼如下：

```
# 第 12 章
 #16 是 embed 的輸出 dim, 同時 16×16 是 circuit 的輸入密度
矩陣 size,log2(16) 是對應的 qubits
# 數目
dim_embed=hyber_para
hyber_para=16
#qubits 數目 , 進行資訊互動／拼接時 qubits 數目乘以 2
qubits_cirAorB=int(np.log2(hyber_para))
qubits_cirAandB=2*qubits_cirAorB
dim_FC=qubits_cirAandB
```

然後建立模型中古典卷積與量子相互學習操作的結構，透過一維卷積和量子相互學習，再經過全連接層，最後輸出結合能的預測值，程式碼如下：

```
# 第12章
# 聲明古典卷積和量子相互資訊的類
class Qu_conv_mutual(nn.Module):
    def __init__(self, embedding_num_drug, embedding_num_target, embedding_dim_drug = dim_embed,
                embedding_dim_target = dim_embed, conv1_out_dim = qubits_cirAorB):
        super().__init__()
        self.embed_drug = nn.Embedding(embedding_num_drug, embedding_dim_drug, padding_idx = 0)
        self.embed_target = nn.Embedding(embedding_num_target, embedding_dim_target,
padding_idx = 0)
        # 設定藥物部分第1個卷積的參數(一維卷積)
        self.drugconv1 = nn.Conv1d(embedding_dim_drug, conv1_out_dim, Kernel_size = 4,
stride = 1, padding = 'same')
        # 設定藥物部分第2個卷積的參數(二維卷積)
        self.drugconv2 = nn.Conv2d(
            in_channels = 2,
            out_channels = 4,
            Kernel_size = 3,
            stride = 1,
            padding = 1
        )
        # 設定蛋白質部分第1個卷積的參數(一維卷積)
        self.targetconv1 = nn.Conv1d(embedding_dim_target, conv1_out_dim, Kernel_size = 4,
stride = 1, padding = 'same')
        # 設定蛋白質部分第2個卷積的參數(二維卷積)
        self.targetconv2 = nn.Conv2d(
            in_channels = 2,
```

```
            out_channels = 4,
            Kernel_size = 3,
            stride = 1,
            padding = 1
        #   設定量子資訊交換參數
        self.mutual = Qu_mutual(qubits_cirAandB)
        #   設定全連接參數
        self.FC1 = nn.Linear(1 * 2 * 4 * qubits_cirAorB * qubits_cirAorB,32)
        self.FC2 = nn.Linear(32,1)
    #       定義資料流
    def forward(self, drug, target):
        #進行 embedding
        d = self.embed_drug(drug)
        t = self.embed_target(target)
        #生成半正定矩陣
        Gram_d = d.T@d
        Gram_d = Gram_d.view(1,hyber_para,hyber_para)
        #   進行藥物部分的第1次卷積，輸出為d1conv
        d1conv = (self.drugconv1(Gram_d)).view(qubits_cirAorB,dim_embed)
        #   將d1conv進行encoding編碼成量子態，以便接下來進行資訊交換
        d_mutual_input = encoding(d1conv.T @ d1conv)
        #將d1conv進行轉置相乘，得到輸出d2_conv_input，以便與資訊交換後的資訊進行拼接後
        #   一起進行第2次卷積
        d2_conv_input = d1conv @ d1conv.T #conv1_out_dim * conv1_out_dim
        #   對蛋白質的操作與對藥物分子的操作一樣
        Gram_t = t.T@t
        Gram_t = Gram_t.view(1,hyber_para,hyber_para)
        t1conv = (self.targetconv1(Gram_t)).view(qubits_cirAorB,dim_embed)
        t_mutual_input = encoding(t1conv.T @ t1conv)
        t2_conv_input = t1conv @ t1conv.T
        #   藥物和蛋白質資訊交換後輸出d1att1和t1atd1，對應藥物分子部分和蛋白質分子部分
        d1att1, t1atd1 = self.mutual(d_mutual_input, t_mutual_input, qubits_cirAorB, qubits_
cirAorB)
        #   分別進行測量(每一個qubit得到一個結果)
        cir = Circuit(self.n_qubits)
        d_measure = cir.measure(d1att1,qubits_cirAorB)
        t_measure = cir.measure(t1atd1,qubits_cirAorB)
        d2_conv_input_m = d_measure @ d_measure.T
        t2_conv_input_m = t_measure @ t_measure.T
        d2_conv_input = d2_conv_input.view(1, qubits_cirAorB, qubits_cirAorB)
        d2_conv_input_m = d2_conv_input_m.view(1, qubits_cirAorB, qubits_cirAorB)
        #   將交換後流出的資訊與各自的第1次古典卷積流出的資訊進行拼接
        d2convinput = (torch.cat((d2_conv_input, d2_conv_input_m))).view(1, 2, qubits_
cirAorB,qubits_cirAorB)
        #   合併後的訊息進行第2次卷積(二維卷積)，輸出 d2conv
```

```
        d2conv = self.drugconv2(d2convinput)
        #   對蛋白質分子的操作與對藥物分子的操作一樣，輸出 t2conv
        t2_conv_input = t2_conv_input.view(1, qubits_cirAorB, qubits_cirAorB)
        t2_conv_input_m = t2_conv_input_m.view(1, qubits_cirAorB, qubits_cirAorB)
        t2convinput = (torch.cat((t2_conv_input, t2_conv_input_m))).view(1,2,qubits_
cirAorB,qubits_cirAorB)
        t2conv = self.targetconv2(t2convinput)
        #   藥物和蛋白質的資訊合併後輸入古典全連接網路，得到結合能輸出
        input_linear = (torch.cat([d2conv, t2conv],dim = 0)).view(1, 1 * 2 * 4 * qubits_
cirAorB * qubits_cirAorB)
        out = F.leaky_ReLU(self.FC1(input_linear))
        out = F.leaky_ReLU(self.FC2(out))
        out = out.view(1)
        return out
```

以上是結合能預測第 2 種模型的主體部分（後面的訓練及測試與第 1 種模型同理，故不再附上程式碼），該模型的主要概念是中間有一個量子相互資訊的過程，互動後的資訊各自都包含著自己和對方的特徵，再分別將各自量子資訊交互作用後的資訊與古典卷積得到的資訊拼接，最後進行卷積及全連接操作，得到預測的結合能。

第 13 章　關於基因表達

轉錄、翻譯具有遺傳資訊的 DNA 片段，根據遺傳資訊合成具有生物活性的蛋白質是基因表達的過程和目的。針對某些疾病的藥物設計，需要考慮藥物分子結構對基因表達的影響，使藥物分子能誘導基因表達符合預期，達到治療的效果，同時可以根據藥物對基因表達的影響對其副作用做出評估。

如圖 13-1 所示，基因表達過程具有多樣性，表達結果會直接對有機體產生影響，也在一定程度上反映有機體的變化。當患病狀態和正常狀態表達做對比時，基因表達往往有一定的差異。比較人類患病狀態與正常狀態下的全基因組表達譜及藥物處理前後基因表達譜得到的差異表達基因，可以得到疾病表達訊號及藥物表達譜。在其基礎上，引入有監督的量子對抗自編碼生成模型可以學習分子結構與基因表達的分布機率和關聯資訊。

案例程式碼中先將簡化分子線性輸入規範（Simplified Molecular Input Line Entry System，SMILES）資料及基因表達譜的資料量子化，然後使用量子對抗自編碼模型進行訓練。其中，SMILES 資料符號用字母、數字和符號組成的線性序列表示三維化學結構，因此，從語言學的角度來看，它是一種具有語法規範的語言；基因表達譜資料來源於 LINCS（the Library of Integrated Network-Based Cellular Signatures）的 L1000 資料集，LINCS 是美國國立衛生研究院（National Institutes of Health，NIH）旗下的資料庫，經由化合物擾亂、干擾 shRNA、CRISPR（Clustered Regularly Interspersed Short Palindromic Repeats，成簇的規律間隔的短迴文重複序列）等方式擾動細胞程式，然後對比細胞擾動前後細胞表達譜或細胞程式變化。L1000 資料集中包含約 1,059,450 個表達譜，其中主要的是約 718,055 個化學、158,003 個 shRNA、140,945 個 CRISPR 等擾動下的 978

個標記基因的表達譜。

在量子對抗自編碼網路中，編碼器對輸入分子資料進行壓縮，主要保留與基因表達譜無關的分子結構資料，應用於藥物中則相當於影響基因表達的藥效團以外的結構資訊。解碼器中的輸入為混有基因表達差異的編碼後分子結構資訊的量子態資料，這裡由於混入了基因資料，故輸入量子態矩陣增加，使用的量子解碼器線路位元數比編碼器位元數大，希望透過解碼最終重構輸入分子資料，找到與基因表達相關的分子結構資訊。經由對量子 SAAE 模型的訓練，量子編碼器和解碼器可以區分出分子結構中的藥效團，最終模型可以產生新的分子結構，該結構具有誘導既定基因表達變化的作用，或預測已知分子結構的基因表達的影響。由於量子線路的特性，這裡只選取了 64 個基因片段，在電腦效能允許和精確要求下可將 L1000 資料集中的所有基因考慮進去。

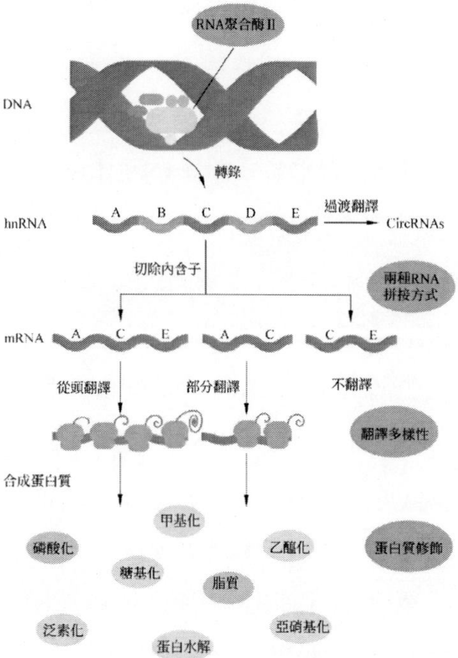

圖 13-1　基因表達過程

啟用 PyTorch 框架的虛擬環境後匯入包，程式碼如下：

```
# 匯入模型所需要的包
import torch
import torch.nn as nn
import numpy as np
import pandas as pd
from deepquantum import Circuit
 from deepquantum.utils import dag,measure_state,ptrace,multi_
kron,encoding,expecval_ZI,
measurefrom scipy.linalg import sqrtm,logm
```

匯入完所需要的包後，進行資料預處理，需要將古典的 SMILES 和基因表達譜資料進行編碼，轉換成包含古典資料資訊的量子態資料。首先，定義預處理 SMILES 資料和基因表達譜的函式，程式碼如下：

```
# 第13章
# SMILES資料的字典序
_t2i = {
    '>': 1, '<': 2, '2': 3, 'F': 4, 'Cl': 5, 'N': 6, '[': 7, '6': 8,
    'O': 9, 'c': 10, ']': 11, '#': 12, '=': 13, '3': 14, ')': 15,
    '4': 16, '-': 17, 'n': 18, 'o': 19, '5': 20, 'H': 21, '(': 22,
    'C': 23, '1': 24, 'S': 25, 's': 26, 'Br': 27, '+': 28, '/': 29, '7': 30, '8': 31, '@':32, 'I':33,
'P':34, '\\':35, 'B':36, 'Si': 37
}

# 根據字典序用數字表示SMILES資料
def smiles2int(drug):
return [_t2i[s] for s in drug]
```

然後，載入訓練所需的資料，程式碼如下：

```
# 第13章
# 載入資料
def load_data(data_path = './data/'):
print('loading data!')
# YOUR_DATA: 訓練的資料集
    trainset_molecular = pickle.load(open(data_path + "YOUR_DATA", "rb"))
    trainset_gene = pickle.load(open(data_path + "YOUR_DATA", "rb"))

    train_molecular_loader = torch.utils.data.DataLoader(trainset_molecular,
batch_size = train_batch_size, shuffle = True)

    train_gene_loader = torch.utils.data.DataLoader(trainset_gene,
batch_size = train_batch_size, shuffle = True)
    return train_molecular_loader, train_gene_loader
```

SMILES 資料根據字典序轉換成數字組成的序列，並對序列進行量子化編碼得到 SMILES 分子對應的量子態資料，程式碼如下：

```
# 第13章
# 將SMILES資料轉換為量子態資料
def smiles2qstate(smiles):
    data_int = smiles2int(smiles)
    data_torch = torch.tensor(data_int,dtype = torch.long)
embedding_num_molecular = 64
# 字典序長度為37
    embedding_dim_molecular = 37
embed_data = nn.Embedding(embedding_dim_molecular,embedding_num_molecular,padding_idx = 0)
embed_matrix = embed_data(data_torch)
# 約化矩陣
    embed_matrix = embed_matrix.T@embed_matrix
    out_data = encoding(embed_matrix)
return out_data
```

此處使用的是基因表達譜資料，由資料組成可直接編碼轉換為量子態資料，程式碼如下：

```
# 第 13 章
# 將基因資料轉換為量子態資料
def genes2qstate(gene)：
data=genes
```

```
data.shape=(1,978)
# 取前 64 個基因片段輸入模型
 a=data[：,0：64]
 a=torch.tensor(a)
 Qu_genes=a.T@a
 out_data=encoding(Qu_genes)
 return out_data
```

建立量子編碼器對輸入分子資料進行編碼並壓縮，輸出分子的片段資料，用於後續模型的改良和學習，程式碼如下：

```
#第13章
#建立參數化量子線路編碼器
class QuEn(nn.Module):
    #初始化參數
    def __init__(self, n_qubits, gain=2 ** 0.5, use_wscale=True, lrmul=1):
        super().__init__()

        he_std = gain * 5 ** (-0.5)
        if use_wscale:

            init_std = 1.0 / lrmul
            self.w_mul = he_std * lrmul
        else:
            init_std = he_std / lrmul
            self.w_mul = lrmul

        self.n_qubits = n_qubits
        #用 nn.Parameter 對每一個module的參數進行初始化
        self.weight = nn.Parameter(nn.init.uniform_(torch.empty(3 * self.n_qubits), a=0.0,
b=2 * np.pi) * init_std)

    #根據量子線路圖放置旋轉閘及受控閘
    def layer(self):
        w = self.weight * self.w_mul
        cir = Circuit(self.n_qubits)

        #旋轉閘
        for which_q in range(0, self.n_qubits):
            cir.rx(which_q,w[which_q])
            cir.ry(which_q,w[which_q+6])
            cir.rz(which_q,w[which_q+12])

        #受控閘
        for which_q in range(1,self.n_qubits):
            cir.cnot(which_q-1,which_q)

        #旋轉閘
        for which_q in range(0, self.n_qubits):
            cir.rx(which_q, -w[which_q])
            cir.ry(which_q, -w[which_q+6])
            cir.rz(which_q, -w[which_q+12])
        U = cir.get()
        return U

    def forward(self, x):
        E_qlayer = self.layer()
        qdecoder_out = E_qlayer @ x @ dag(E_qlayer)
        #返回編碼後的資料
        return qdecoder_out

class Q_Encoder(nn.Module):
    def __init__(self,n_qubits):
        super().__init__()
        #n_qubits 量子編碼器可根據需要自行設置，這裡設置 n_qubits=6
        self.n_qubits=n_qubits

        self.encoder = QuEn(self.n_qubits)

    def forward(self, molecular,dimA):
        x = molecular
        x = self.encoder(x)

        dimB=self.n_qubits-dimA
        #偏跡運算
        x_out=ptrace(x,dimA,dimB)

        return x_out
```

建立量子解碼器和量子判別器，並返回解碼結果和判別結果，程式碼如下：

```
#第13章
#建立參數化量子線路解碼器
class QuDe(nn.Module):
    def __init__(self, n_qubits, gain=2 ** 0.5, use_wscale=True, lrmul=1):
        super().__init__()
        #初始化參數
        he_std = gain * 5 ** (-0.5)
        if use_wscale:
            init_std = 1.0 / lrmul
            self.w_mul = he_std * lrmul
        else:
            init_std = he_std / lrmul
            self.w_mul = lrmul

        self.n_qubits = n_qubits
        #用 nn.Parameter 對每一個Module的參數進行初始化
        self.weight = nn.Parameter(nn.init.uniform_(torch.empty(3 * self.n_qubits), a=0.0,
b=2 * np.pi) * init_std)

    #根據量子線路圖放置旋轉閘及受控閘
    def layer(self):
        w = self.weight * self.w_mul
        cir = Circuit(self.n_qubits)
        #print(self.n_qubits)

        #旋轉閘
        for which_q in range(0, self.n_qubits):
            cir.rx(which_q,w[which_q])
            cir.ry(which_q,w[which_q+10])
            cir.rz(which_q,w[which_q+20])
```

```
        # 受控閘
        for which_q in range(1, self.n_qubits):
            cir.cnot(which_q - 1, which_q)

        # 旋轉閘
        for which_q in range(0, self.n_qubits):
            cir.rx(which_q, - w[which_q])
            cir.ry(which_q, - w[which_q + 10])
            cir.rz(which_q, - w[which_q + 20])
        U = cir.get()
        return U

    def forward(self, x):
        E_qlayer = self.layer()
        qdecoder_out = E_qlayer @ x @ dag(E_qlayer)
        # 返回解碼後的資料
        return qdecoder_out

class Q_Decoder(nn.Module):
    def __init__(self, n_qubits):
        super().__init__()
        # n_qubits 量子解碼器可根據需要自行設置，這裡設置  n_qubits = 10
        self.n_qubits = n_qubits
        self.decoder = QuDe(n_qubits)

    def forward(self, molecular, gene, dimA):
        m = molecular
        g = gene
        # 對輸入資料進行張量積運算
        x = torch.kron(m, g)
        x = self.decoder(x)
        dimB = self.n_qubits - dimA
        # 偏跡運算：保留dimA維度資料
        x_out = ptrace(x, dimA, dimB)
        # 返回解碼後的結果
        return x_out
# 建立參數化量子線路判別器
class QuDis(nn.Module):
    # 初始化參數
    def __init__(self, n_qubits, gain = 2 ** 0.5, use_wscale = True, lrmul = 1):
        super().__init__()
        he_std = gain * 5 ** (-0.5)
        if use_wscale:
            init_std = 1.0 / lrmul
            self.w_mul = he_std * lrmul
```

```
        else:
            init_std = he_std / lrmul
            self.w_mul = lrmul

        self.n_qubits = n_qubits
        #用 nn.Parameter 對每一個Module的參數進行初始化
        self.weight = nn.Parameter(nn.init.uniform_(torch.empty(3 * self.n_qubits), a = 0.0, b =
2 * np.pi) * init_std)

    #根據量子線路圖設置旋轉閘及受控閘
    def layer(self):
        w = self.weight * self.w_mul
        cir = Circuit(self.n_qubits)

        #旋轉閘
        for which_q in range(0, self.n_qubits):
            cir.rx(which_q,w[which_q])
            cir.ry(which_q,w[which_q + 4])
            cir.rz(which_q,w[which_q + 8])
        #受控閘
        for which_q in range(1,self.n_qubits):
            cir.cnot(which_q - 1,which_q)
        cir.cnot(which_q - 1,which_q)
        U = cir.get()
        return U
    def forward(self, x):
        cir = Circuit(self.n_qubits)
        E_qlayer = self.layer()
        qdiscriminator = E_qlayer @ x @ dag(E_qlayer)
        qdiscriminator_out = measure(qdiscriminator,self.n_qubits)
        #返回測量值
        return qdiscriminator_out
class Q_Discriminator(nn.Module):
    def __init__(self,n_qubit):
        super().__init__()
        #n_qubits 量子判別器可根據需要自行設置,這裡設置    n_qubits = 4
        self.n_qubit = n_qubit
        self.discriminator = QuDis(self.n_qubit)
    def forward(self, molecular):
        #x:進行判別的量子態資料
        x = molecular
        x_out = self.discriminator(x)
        return x_out
```

解碼的結果是輸入重建分子資料，縮小分子資料和重建資料完成重建訓練過程。判定結果最大化資料分布，完成正則化過程。接下來定義訓練過程，程式碼如下：

```
#第13章
#一個epoch訓練過程
def train(molecular, gene, Quenc, Qudec, Qudis, data_loader):

    TINY = 1e-15
    #將網路設定為訓練模式2
    Quenc.train()
    Qudec.train()
    Qudis.train()
    loss_rec_lambda_x = 1
    loss_latent_lambda = 1
    #循環遍歷資料集，從每一個資料集中獲取一批樣本
    #資料集大小必須是批量處理大小的整數倍數，否則將返回無效樣本
    for molecular, gene in data_loader:
        #將分子和基因資料編碼為量子態
        x = smiles2qstate(molecular)
        y = genes2qstate(gene)
        #梯度清零
        P.zero_grad()
        Q.zero_grad()
        D_gauss.zero_grad()
        #正則化(對抗訓練)階段
        #量子生成器
        z_x = Quenc(x,4)
        rec_mel = Qudec(z_x, y,6)
        rec_x = -get_hybird_fid(x, rec_mel).mean()
        discr_outputs = QuDis(z_x)
        latent_loss = nn.BCEWithLogitsLoss()(discr_outputs,torch.ones_like(discr_outputs))
        g_loss = (rec_x * loss_rec_lambda_x + latent_loss * loss_latent_lambda)
        g_loss.backward()
        opt_encoder.step()
        opt_decoder.step()
        Quenc.zero_grad()
        Qudec.zero_grad()
        Qudis.zero_grad()
        #量子判別器
        real_inputs = z_x
        real_dec_out = Qudis(real_inputs)
        #返回一個和輸入大小相同的張量，其由均值為0、方差為1的標準正態分布填充，即
        #torch.randn_like(input)        torch.randn(input.size() dtype = input.dtype,
        #layout = input.layout, device = input.device)
        fake_inputs = torch.randn_like(real_inputs)
        fake_dec_out = Qudis(fake_inputs)

        #將兩個張量連接在一起
        probs = torch.cat((real_dec_out, fake_dec_out), 0)
        targets = torch.cat((torch.zeros_like(real_dec_out), torch.ones_like(fake_dec_
out)), 0)
        #用來衡量真實值和測量值之間的差距
        D_loss = nn.BCEWithLogitsLoss()(probs, targets)
        D_loss.backward()
        Qudis.step()
        Quenc.zero_grad()
        Qudec.zero_grad()
        Qudis.zero_grad()
    return D_loss, G_loss
```

訓練模型並儲存模型結果可用作後續視覺化，程式碼如下：

```
#第13章
#訓練模型
def generate_model(train_molecular_loader, train_gene_loader):
    torch.manual_seed(10)
    #量子編碼器、解碼器和判別器的位元數可在實例化時定義
    Quenc = Q_Encoder(6)
    Qudec = Q_Decoder(10)
    Qudis = Q_Discriminator(4)
    #設定學習率
    gen_lr = 0.0001
    reg_lr = 0.00005
    #設定優化器
    opt_decoder = optim.Adam(Quenc.parameters(), lr=gen_lr)
    opt_encoder = optim.Adam(Qudec.parameters(), lr=gen_lr)
    opt_dis = optim.Adam(Qudis.parameters(), lr=reg_lr)
    #開始訓練
    for epoch in range(epochs):
        D_loss_gauss, G_loss, recon_loss = train(molecular, gene, Quenc, Qudec, Qudis, data_
loader)
        if epoch % 1 == 0:
            report_loss(epoch, D_loss, G_loss)
return Quenc, Qudec, Qudis
if __name__ == '__main__':
    train_molecular_loader, train_gene_loader = load_data()
    Quenc, Qudec, Qudis = generate_model(train_labeled_loader, train_unlabeled_loader)
    save_path = ''
    save_model(Quenc, save_path)
    save_model(Qudec, save_path)
    save_model(Qudis, save_path)
```

附錄 A　神經網路的基礎簡介

A.1　感知器

感知器 (Perceptron) 是弗蘭克 · 羅森布拉特 (Frank Rosenblatt) 在 1957 年就職於康乃爾航空實驗室 (Cornell Aeronautical Laboratory) 時發明的一種人工神經網路。它可以被視為一種最簡單形式的前饋神經網路，是一種二元線性分類器。

弗蘭克 · 羅森布拉特提出了相應的感知器學習演算法，常用的有感知器學習、最小二乘法和梯度下降法。例如，感知器利用梯度下降法對損失函式進行極小化，求出可將訓練資料進行線性劃分的分離超平面，從而求得感知器模型。

感知器是生物神經細胞的簡單抽象。神經細胞結構大致可分為樹突、突觸、細胞體及軸突，如圖 A-1 所示。單一神經細胞可被視為一個只有兩種狀態的機器 —— 激動時為「是」，未激動時為「否」。神經細胞的狀態取決於從其他神經細胞接收到的輸入訊號量，以及突觸的強度 (抑制或加強)。當訊號量總和超過了某個閾值時，細胞體就會激動，產生電脈衝。電脈衝沿著軸突並經由突觸傳遞到其他神經元。為了模擬神經細胞行為，與之對應的感知器基礎概念被提出，如權量 (突觸)、偏置 (閾值) 及激勵函數 (細胞體)。

在人工神經網路領域中，感知器也被稱為單層的人工神經網路，以區別於較複雜的多層感知器 (Multilayer Perceptron)。作為一種線性分類器，(單層) 感知器是最簡單的前向人工神經網路形式。儘管結構簡單，但感知器能夠學習並解決相當複雜的問題。感知器主要的本質缺陷是它不能處理線性不可分問題。

1・歷史

1943 年，心理學家沃倫・麥卡洛克 (Warren Sturgis McCulloch) 和數理邏輯學家沃爾特・皮茨 (Walter Pitts) 在合作的論文〈神經活動中內在思想的邏輯演算〉(*A Logical Calculus of the Ideas Immanent in Nervous Activity*) 中提出了人工神經網路的概念及人工神經元的數學模型，從而開創了人工神經網路研究的時代。1949 年，心理學家唐納・赫布 (Donald O. Hebb) 出版《行為的組織》(*The Organization of Behavior*) 一書中描述了神經元學習法則 —— 赫布型學習。

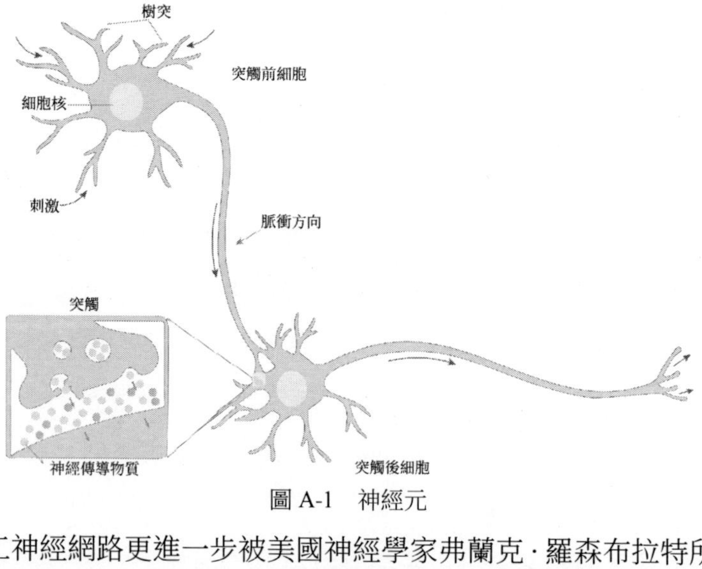

圖 A-1　神經元

人工神經網路更進一步被美國神經學家弗蘭克・羅森布拉特所發展。他提出了可以模擬人類感知能力的機器，稱為感知器。1957 年，在康乃爾航空實驗室中，他成功地在 IBM704 機上完成了感知器的模擬。兩年後，他又成功地完成了能夠辨識一些英文字母、基於感知器的神經電腦 —— Mark1，並於 1960 年 6 月 23 日展示於眾。

為了教導感知器辨識圖像，弗蘭克・羅森布拉特在 Hebb 學習法則的基礎上，發展了一種迭代、嘗試錯誤、類似於人類學習過程的學習演算法 —— 感知器學習。除了能夠辨識出現較多次的字母，感知器也能對不同書寫方式的字母圖像進行概括和歸納，但是，由於本身的局限，感知器除了那些包含在訓練集裡的圖像以外，不能對受干擾（半遮蔽、不同大小、平移、旋轉）的字母圖像進行可靠的辨識。

有關感知器的成果，由弗蘭克・羅森布拉特於 1958 年發表論文〈感知器：一種用於大腦資訊儲存及組織的機率模型〉（*The Perceptron: A Probabilistic Model for Information Storage and Organization in the Brain*）。1962 年，他又出版了《神經動力學原理：感知器及大腦機制理論》（*Principles of Neurodynamics: Perceptrons and the theory of brain mechanisms*）一書，向大眾深入解釋感知器的理論知識及背景假設。此書介紹了一些重要的概念及定理證明，例如感知器收斂定理。

雖然最初感知器被認為有良好的發展潛能，但最終被證明不能處理諸多的模式辨識問題。1969 年，馬文・明斯基（Marvin Minsky）和西摩爾・派普特（Seymour Papert）在《感知器》（*Perceptrons*）一書中，仔細分析了以感知器為代表的單層神經網路系統的功能及局限，證明感知器不能解決簡單的異或（XOR）等線性不可分問題，但弗蘭克・羅森布拉特、馬文・明斯基和西摩爾・派普特等人在當時已經了解到多層神經網路能夠解決線性不可分的問題。

由於弗蘭克・羅森布拉特等人未能及時將感知器學習演算法推廣到多層神經網路上，又由於《感知器》一書在研究領域中的巨大影響，以及人們對書中論點的誤解，造成了人工神經網路領域發展的長年停滯及低潮，直到人們了解到多層感知器沒有單層感知器固有的缺陷，以及反向傳播演算法在 1980 年代的提出，才有所恢復。1987 年，書中的錯誤得到了校正，並再版更名為《感知器：增補版》(*Perceptrons: Expanded Edition*)。

近年，在約阿夫．弗羅因德 (Yoav Freund) 及羅伯特．沙皮爾 (Robert Schapire) (1998) 使用核技巧改進感知器學習演算法之後，越來越多的人對感知器學習演算法產生興趣。麥可．柯林斯 (Michael Collins) 2002 年的研究顯示，除了二元分類，感知器也能應用在較複雜、被稱為 Structured Learning 類型的任務上；萊恩．麥克唐納 (Ryan McDonald)、凱斯．霍爾 (Keith Hall) 和吉登．馬恩 (Gideon Mann) 於 2011 年的研究則呈現了在分散式計算環境中的大規模機器學習問題上的應用。

2．定義

感知器接收由某一事件或某樣事物產生的多個輸入訊號，輸出一個訊號並且輸出訊號只可能取兩個值之一 (例如 0 或 1，-1 或 1) 從而將事件或者事物分為兩類之一，屬於二元分類模型，如圖 A-2 所示。假設有 n 個輸入訊號，每個輸入的值記為 x_i，i=1，2，…，n，由於每個輸入的重要性不同，感知器不能將輸入的值簡單地相加，而要賦予每個輸入權值再相加。設相應的權值為 w_i，i=1，2，…，n，感知器便根據 $\sum_{i=1}^{n} w_i x_i$ 是否大於某個值 (設為 θ) 輸出一個值，寫成數學公式為 $y=\begin{cases} 1, & \sum_{i=1}^{n} w_i x_i \geq \theta \\ -1, & \sum_{i=1}^{n} w_i x_i < \theta \end{cases}$，從而將輸入訊號刻劃的對象分類。寫成向量形式

並使用符號函式，再令 $-\theta=b$（稱為偏置），公式可以寫成 $f(\boldsymbol{x})=\text{sign}(\boldsymbol{w}\cdot\boldsymbol{x}+b)$。

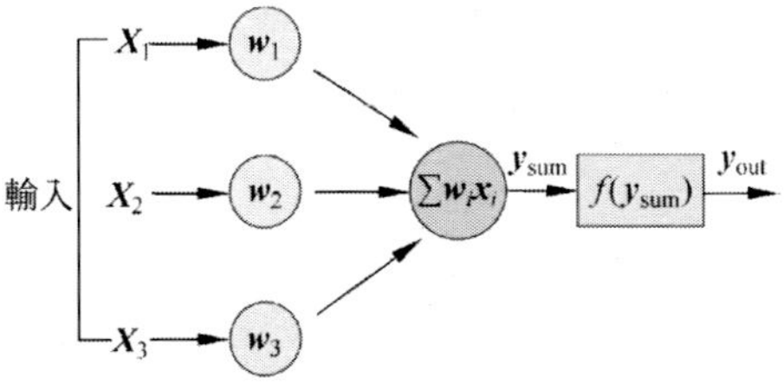

圖 A-2　感知器

簡而言之，感知器是使用特徵向量表示的前饋神經網路，它是一種二元分類器，把矩陣上的輸入 $\boldsymbol{x}$（實數值向量）對映到輸出值 $f(\boldsymbol{x})$ 上（一個二元的值）。

3．其他

感知器也有幾何解釋：$\boldsymbol{w}\cdot\boldsymbol{x}+b=0$ 是 R^n 中的超平面，將空間分為兩部分，對應著兩類。

利用感知器可以生成二元分類模型，需要提供樣本讓感知器學習，具體的學習演算法和收斂性分析可參考坊間著作。

由於感知器是線性模型，對樣本有較高的要求（是線性可分的），簡單的非線性分類問題無法實現（如異或），而多層感知器卻可以實現。

A.2　多層感知器

首先介紹一種簡單的神經網路 —— 多層感知器，如圖 A-3 所示。

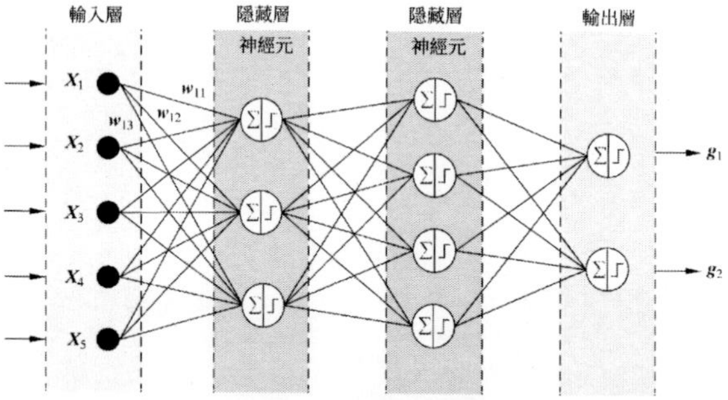

圖 A-3　多層感知器

多層感知器 (Multilayer Perception，MLP) 是一種前向結構的人工神經網路，對映一組輸入向量到一組輸出向量。MLP 可以被看作一個有向圖，由多個節點層組成，節點層由多個感知器組成，每一層都全連接到下一層。多層感知器的基本結構由三層組成：輸入層、隱藏層和輸出層。多層感知器遵循人類神經系統原理，學習並進行資料預測，它使用演算法來調整權重並減少訓練過程中的偏差，即實際值和預測值之間的誤差，主要優勢在於其快速解決複雜問題的能力。MLP 是感知器的推廣，克服了感知器不能對線性不可分資料進行辨識的弱點。

1．構成

多層感知器由三部分組成：

(1) 輸入層 (Input Layer)，眾多神經元 (Neuron) 接收大量非線性輸入訊息。輸入的訊息稱為輸入向量。

(2) 隱藏層 (Hidden Layer)，也稱為隱含層，是輸入層和輸出層之間眾多神經元和連線組成的各個層面。隱藏層可以有一層或多層。隱藏層的節點（神經元）數目不定，但數目越多、神經網路的非線性越顯著，從而神經網路的強健性（控制系統在一定結構、大小等的參數攝動下，維持某些效能的特性）也越顯著。習慣上會選輸入節點 1.2 至 1.5 倍的節點。

(3) 輸出層 (Output Layer)，訊息在神經元連線中傳輸、分析、權衡，形成輸出結果。輸出的訊息稱為輸出向量。

2・術語

多層感知器不是指具有多層的單層感知器，而是每一層由多個感知器組成，也稱為多層感知器網路。此外，MLP 的感知器廣泛而言可以使用任何激勵函數從而自由地執行分類或者回歸。嚴格意義上的感知器則是 A.1 節提到的感知器，使用一個閾值激勵函數，如階躍函式，執行二元分類。本書提到的感知器指嚴格意義上的感知器，除非特別說明。

3・其他

多層感知器可以實現比之前見到的電路更複雜的電路（如異或），而僅透過與非閘的組合就能實現電腦的功能，所以理論上可以說二層感知器就能建構電腦。已有研究證明，二層感知器（嚴格地說是激勵函數使用了非線性 sigmoid 函式的感知器）可以表示任意涵數。

A.3 神經網路

人工神經網路 (Artificial Neural Network，ANN)，簡稱神經網路 (Neural Network，NN) 在機器學習和認知科學領域，是一種模仿生物神經網路（動物的中樞神經系統，尤其是大腦）的結構和功能的數學模型或計算模型，用於對函式進行預估或近似。神經網路由大量的人工神經元連結進行計算。大多數情況下，人工神經網路能在外界資訊的基礎上改變內部結構，是一種自適應系統，通俗地講是具備學習功能。現代神經網路是一種非線性統計性資料建模工具，神經網路通常經由一個基於數學統計學類型的學習方法（Learning Method）得以最佳化，所以也是數學統計學方法的一種實際應用，透過統計學的標準數學方法能夠得到大量可以用函式來表達的局部結構空間。另外，在人工智慧學的人工感知領域，透過數學統計學的應用可以解決人工感知方面決定的問題，即透過統計學的方法，人工神經網路能夠類似人一般具有簡單的決定能力和簡單的判斷能力，這種方法比起正式的邏輯學推理演算更具有優勢。

1．背景

對人類中樞神經系統的觀察啟發了人工神經網路這個概念。在人工神經網路中，簡單的人工節點稱作神經元，連接在一起形成一個類似生物神經網路的網狀結構。

人工神經網路目前沒有一個統一的正式定義。不過，具有下列特點的統計模型可以被稱作是「神經化」的：具有一組可以被調節的權重（被學習演算法調節的數值參數）；可以預估輸入資料的非線性函式關係。這些可調節的權重可以被看作神經元之間的連結強度。

人工神經網路與生物神經網路的相似之處在於，它可以集體地、並行地計算函式的各部分，而不需要描述每個單元的特定任務。神經網路這個詞一般指統計學、認知心理學和人工智慧領域使用的模型，而控制中央神經系統的神經網路屬於理論神經科學和計算神經科學。在神經網路的現代軟體實務中，被生物學啟發的方法已經相當程度上被拋棄了，取而代之的是基於統計學和訊號處理的更加實用的方法。

2・構成

典型的人工神經網路具有以下 3 部分：

(1) 結構 (Architecture) 指定了網路中的變數和它們的拓撲關係。例如，神經網路中的變數可以是神經元連結的權重 (Weight) 和神經元的激勵值 (Activities of the Neuron)。

(2) 激勵函數 (Activation Function) 使用大部分神經網路模型具有一個短時間尺度的動力學規則，來定義神經元如何根據其他神經元的活動改變自己的啟用值。一般激勵函數依賴於網路中的權重 (該網路的參數)。

(3) 學習規則 (Learning Rule) 指定了網路中的權重如何隨著時間推進而調整，通常被看作一種長時間尺度的動力學規則。一般情況下，學習規則依賴於神經元的啟用值。它也可能依賴於監督者提供的目標值和當前權重的值。例如，用於手寫辨識的神經網路有一組輸入神經元，輸入神經元會被輸入圖像的資料所激發。在啟用值被加權並透過一個函式 (由網路的設計者確定) 後，這些神經元的啟用值被傳遞到其他神經元。這個過程不斷重複，直到輸出神經元被激發。最後，輸出神經元的啟用值決定了辨識出來的是哪個字母。

3・種類

人工神經網路分類為以下兩種：

(1) 根據學習策略 (Algorithm) 主要分為有監督式學習網路 (Supervised Learning Network)、無監督式學習網路 (Unsupervised Learning Network)、混合式學習網路 (Hybrid Learning Network)、聯想式學習網路 (Associate Learning Network) 和最適化應用網路 (Optimization Application Network)。

(2) 根據網路架構 (Connectionism) 主要分為有前饋神經網路 (Feed Forward Neural Network)、循環神經網路 (Recurrent Neural Network) 和強化式網路 (Reinforcement Network)。

4‧ 其他

透過訓練樣本的校正，對各個層的權重進行校正而最佳化神經網路模型的過程稱為自訓練 (Training)。具體的訓練方法因網路結構和模型的不同而不同，常用的反向傳播 (Back Propagation，BP) 演算法透過計算損失函式對每個權重的偏導數更新權重，以最小化損失函式。

A.4　激勵函數

感知器中的 sign 函式以閾值為界，一旦輸入超過閾值，就切換輸出。sign 將輸入訊號的總和轉換為輸出訊號，這種函式一般稱為激勵函數 (Activation Function)。激勵函數是連接感知器和神經網路的橋梁，見表 A-1。

表 A-1　激勵函數

名　稱	函數圖形	方　程　式	導　數	區　間	連續性階數
權重函數	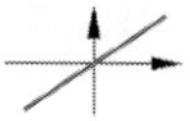	$f(x)=x$	$f'(x)=1$	$(-\infty,\infty)$	C^{∞}
單位階躍函數	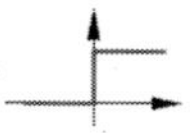	$f(x)=\begin{cases}0, & x<0\\1, & x\geqslant 0\end{cases}$	$f'(x)=\begin{cases}0, & x\neq 0\\0, & x=0\end{cases}$	$\{0,1\}$	C^{-1}

續表

名稱	函數圖形	方程式	導數	區間	連續性階數
邏輯函數(也稱為S函數)	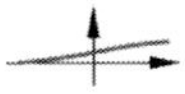	$f(x)=\sigma(\lambda)=\dfrac{1}{1+e^{x}}$	$f'(x)=f(x)(1-f(x))$	$(0,1)$	C^{∞}
雙曲正切函數	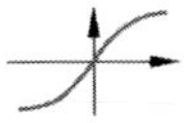	$f(x)=\tanh(x)=\dfrac{e^{x}-e^{-x}}{e^{x}+e^{-x}}$	$f'(x)=1-f(x)^{2}$	$(-1,1)$	C^{∞}
反正切函數	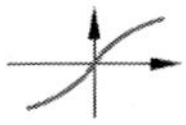	$f(x)=\tan^{-1}(x)$	$f'(x)=\dfrac{1}{x^{2}+1}$	$\left(-\dfrac{\pi}{2},\dfrac{\pi}{2}\right)$	C^{∞}
Softsign函數	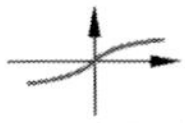	$f(x)=\dfrac{x}{1+\lvert x\rvert}$	$f'(x)=\dfrac{1}{(1+\lvert x\rvert)^{2}}$	$(-1,1)$	C^{1}
反平方根函數(ISRU)	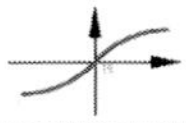	$f(x)=\dfrac{x}{\sqrt{1+\alpha x^{2}}}$	$f'(x)=\left(\dfrac{1}{\sqrt{1+\alpha x^{2}}}\right)^{3}$	$\left(-\dfrac{1}{\sqrt{a}},\dfrac{1}{\sqrt{a}}\right)$	C^{∞}
線性整流函數(ReLU)	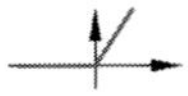	$f(x)=\begin{cases}0, & x<0\\ x, & x\geq 0\end{cases}$	$f'(x)=\begin{cases}0, & x<0\\ 1, & x\geq 0\end{cases}$	$[0,\infty)$	C^{0}
帶洩漏線性整流函數(Leaky ReLU)	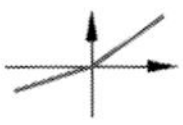	$f(x)=\begin{cases}0.01x, & x<0\\ x, & x\geq 0\end{cases}$	$f'(x)=\begin{cases}0.01, & x<0\\ 1, & x\geq 0\end{cases}$	$(-\infty,\infty)$	C^{0}
參數化線性整流函數(PReLU)	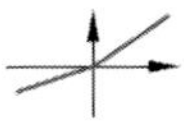	$f(\alpha,x)=\begin{cases}\alpha x, & x<0\\ x, & x\geq 0\end{cases}$	$f'(\alpha,x)=\begin{cases}\alpha, & x<0\\ 1, & x\geq 0\end{cases}$	$(-\infty,\infty)$	C^{0}
帶洩漏隨機線性整流函數(RReLU)	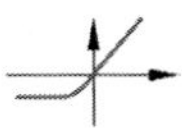	$f(\alpha,x)=\begin{cases}\alpha x, & x<0\\ x, & x\geq 0\end{cases}$	$f'(\alpha,x)=\begin{cases}\alpha, & x<0\\ 1, & x\geq 0\end{cases}$	$(-\alpha,\infty)$	C^{0}
指數線性函數(ELU)	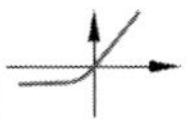	$f(\alpha,x)=\begin{cases}\alpha(e^{x}-1), & x<0\\ x, & x\geq 0\end{cases}$	$f'(\alpha,x)=\begin{cases}f(\alpha,x)+\alpha, & x<0\\ 1, & x\geq 0\end{cases}$	$(-\infty,\infty)$	$\begin{cases}C^{1}, & 當a=1時\\ C^{0}, & 其他\end{cases}$
S型線性整流激勵函數(SReLU)		$f_{t_l,a_l,t_r,a_r}(x)=\begin{cases}t_l+a_l(x-t_l), & x\leq t_l\\ x, & t_l<x<t_r\\ t_r+a_r(x-t_r), & x\geq t_r\end{cases}$	$f'(\alpha,x)=\lambda\begin{cases}\alpha e^{x}, & x<0\\ 1, & x\geq 0\end{cases}$	$(-\lambda\alpha,\infty)$	C^{0}

續表

名稱	函數圖形	方程式	導數	區間	連續性階數
反平方根線性函數(ISRLU)	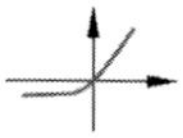	$f(x)=\begin{cases}\dfrac{x}{\sqrt{1+\alpha x^2}}, & x<0\\ x, & x\geqslant 0\end{cases}$	$f'(x)=\begin{cases}\left(\dfrac{1}{\sqrt{1+\alpha x^2}}\right)^3, & x<0\\ 1, & x\geqslant 0\end{cases}$	$\left(-\dfrac{1}{\sqrt{a}},\infty\right)$	C^2
自適應分段線性函數(APL)		$f(x)=\max(0,x)+\sum_{s=1}^{S}(a_i^s\max(0,-x+b_i^s))$	$f'(x)=H_{(x)}-\sum_{s=1}^{S}a_i^s H(-x+b_i^s)$	$(-\infty,\infty)$	C^0
SoftPlus函數	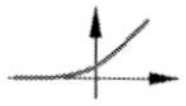	$f(x)=\ln(1+e^x)$	$f'(x)=\dfrac{1}{1+e^{-x}}$	$(0,\infty)$	C^∞
彎曲恆等函數	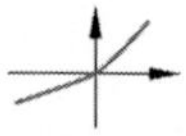	$f(x)=\dfrac{\sqrt{x^2+1}-1}{2}+x$	$f'(x)=\dfrac{x}{2\sqrt{x^2+1}}+1$	$(-\infty,\infty)$	C^∞
Sigmoid-weighted linear unit (SiLU)		$f(x)=x\cdot\sigma(x)$	$f'(x)=f(x)+\sigma_{(x)}(1-f(x))$	$[\approx -0.28,\infty)$	C^∞
Soft Exponential函數		$f(\alpha,x)=\begin{cases}-\dfrac{\ln(1-\alpha(x+\alpha))}{\alpha}, & \alpha<0\\ x, & \alpha=0\\ \dfrac{e^{\alpha x}-1}{\alpha}+\alpha, & \alpha>0\end{cases}$	$f'(\alpha,x)=\begin{cases}\dfrac{1}{1-\alpha(\alpha+x)}, & \alpha<0\\ e^{\alpha x}, & \alpha\geqslant 0\end{cases}$	$(-\infty,\infty)$	C^∞
正弦函數	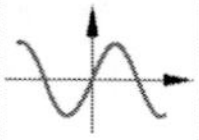	$f(x)=\sin x$	$f'(x)=\cos x$	$[-1,1]$	C^∞
Sinc函數	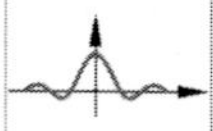	$f(x)=\begin{cases}1, & x=0\\ \dfrac{\sin x}{x}, & x\neq 0\end{cases}$	$f'(x)=\begin{cases}0, & x=0\\ \dfrac{\cos x}{x}-\dfrac{\sin x}{x^2}, & x\neq 0\end{cases}$	$[\approx -0.217\,234,1]$	C^∞
高斯函數	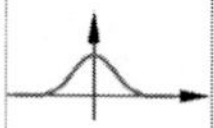	$f(x)=e^{-x^2}$	$f'(x)=-2xe^{-x^2}$		

A.5 損失函式

在最佳化、統計學、計量經濟學、決策論、機器學習和計算神經科學的領域中，損失函式或成本函式是指一種將一個事件（在一個樣本空間中的一個元素）對映到一個表達與其事件相關的經濟成本或機會成本實數上的一種函式，藉此直觀表示成本與事件的關聯。一個最佳化問題的目標是將損失函式最小化。一個目標函式通常為一個損失函式的本身或者其負值。當一個目標函式為損失函式的負值時，目標函式的值尋求最大化。

(1) 0-1 損失函式（Zero-One Loss）：

$$L(Y,f(X))=\begin{cases}1, & Y\neq f(X)\\ 0, & Y=f(X)\end{cases} \tag{A-1}$$

(2) 平方損失函式（Quadratic Loss Function）：

$$L(Y,f(X))=(Y-f(X))^2 \tag{A-2}$$

(3) 絕對損失函式（Absolute Loss Function）：

$$L(Y,f(X))=|Y-f(x)| \tag{A-3}$$

(4) 對數損失函式（Logarithmic Loss Function）：

$$L(Y,P(Y|X))=-\log P(Y|X) \tag{A-4}$$

(5) 二元交叉熵損失函式（Binary Cross-Entropy Loss Function）

$$L=-\frac{1}{N}\left[\sum_{i=1}^{N}t_i\log(P_i)+(1-t_i)\log(1-P_i)\right] \tag{A-5}$$

上述公式中，N 表示樣本總量；t_i 是樣本 i 的標籤（0 或 1）；P_i 是模型預測樣本 i 的 Softmax 機率。

A.6 誤差反向傳播

反向傳播是誤差反向傳播的簡稱，是一種與最佳化方法（如梯度下降法）結合使用，用來訓練人工神經網路的常見方法。該方法對網路中所有權重計算損失函式的梯度。這個梯度會回饋給最佳化方法，用來更新權值以最小化損失函式。

反向傳播要求有對每個輸入值想得到的已知輸出，來計算損失函式梯度，因此，它通常被認為是一種有監督式學習方法，雖然它也用在一些無監督網路（如自動編碼器）中。它是多層前饋網路的 Delta 規則的推廣，可以用鏈式法則對每層迭代計算梯度。反向傳播要求人工神經元（或節點）的激勵函數可微分。

反向傳播演算法（BP 演算法）主要由兩個階段組成：激勵傳播與權重更新。

1・激勵傳播

每次迭代中的傳播環節包含兩步：（前向傳播階段）將訓練輸入送入網路以獲得激勵回應；（反向傳播階段）將激勵回應與訓練輸入對應的目標輸出求差，從而獲得輸出層和隱藏層的回應誤差。

2・權重更新

對於每個突觸上的權重，按照以下步驟進行更新：

(1) 將輸入激勵和回應誤差相乘，從而獲得權重的梯度。

(2) 將這個梯度乘以一個比例並取反後加到權重上。

這個比例（百分比）將會影響訓練過程的速度和效果，因此稱為訓練因子。梯度的方向指明了誤差擴大的方向，因此在更新權重時需要對其取反，從而減小權重引起的誤差。

這兩個階段可以反覆循環迭代，直到網路對輸入的回應達到滿意的預定目標範圍為止。

A.7 參數更新

神經網路學習的目的是找到使損失函式的值盡可能小的參數。這是尋找最佳參數的問題，解決這個問題的過程稱為最佳化（Optimization）。遺憾的是，神經網路的最佳化問題非常難。這是因為參數空間非常複雜，無法輕易找到最佳解（無法使用經由解數學公式就求得最小值的方法），而且，在深度神經網路中，參數的數量非常龐大，從而導致最佳化問題更加複雜。

隨機梯度下降法（SGD）的演算法見表 A-2。

表 A-2　隨機梯度下降法（SGD）的演算法

Require：學習率 η 和初始參數 Θ

repeat

　以訓練集中選擇m個樣本 $\{x^{(1)}, x^{(2)}, \cdots, x^{(m)}\}$；其中 $x^{(i)}$ 所對應的目標為 $y^{(i)}$；

　梯度計算：$g \leftarrow \nabla_{\Theta} \sum_{i} L(f(x^{(i)};\Theta), y^{(i)})/m$；

　參數更新：$\Theta \leftarrow \Theta - \eta g$。

until達到收斂條件

使用動量的隨機梯度下降法的演算法見表 A-3。

表 A-3　使用動量的隨機梯度下降法的演算法

Require：學習率 η，動量參數 α，初始參數 Θ 和初始速度 v

repeat

以訓練集中選擇m個樣本 $\{x^{(1)}, x^{(2)}, \cdots, x^{(m)}\}$，其中 $x^{(i)}$ 所對應的目標為 $y^{(i)}$；

梯度計算：$g \leftarrow \nabla_\Theta \sum_i L(f(x^{(i)};\Theta), y^{(i)})/m$；

速度更新：$\nu \leftarrow \alpha\nu - \eta g$；

參數更新：$\Theta \leftarrow \Theta + \nu$。

until達到收斂條件

AdaGrad 演算法見表 A-4。

表 A-4　AdaGrad 演算法

Require：學習率 η，初始參數 Θ 和小常數 $\delta = 10^{-7}$，初始化梯度累積變量 $r = 0$

repeat

從訓練集中選擇m個樣本 $\{x^{(1)}, x^{(2)}, \cdots, x^{(m)}\}$，其中 $x^{(i)}$ 所對應的目標為 $y^{(i)}$；

梯度計算：$g \leftarrow \nabla_\Theta \sum_i L(f(x^{(i)};\Theta), y^{(i)})/m$；

梯度累計：$r \leftarrow r + g \odot g$（每一個元素逐一相乘）；

參數更新：$\Theta \leftarrow \Theta - \frac{\eta}{\sqrt{\delta + r}} \odot g$（每一個元素應用除法和求平方根）。

until達到收斂條件

RMSProp 演算法見表 A-5。

表 A-5　RMSProp 演算法

Require：學習率 ，初始參數 Θ，小常數 $\delta > 0$ 和衰減速率 $\rho > 0$，初始化累積變量 $r = 0$

repeat

從訓練集中選擇m個樣本 $\{x^{(1)}, x^{(2)}, \cdots, x^{(m)}\}$，其中 $^{(i)}$ 所對應的目標為 $y^{(i)}$；

梯度計算：$g \leftarrow \nabla_\Theta \sum_i L(f(x^{(i)};\Theta), y^{(i)})/m$；

累積平方梯度：$r \leftarrow \rho r + (1 - \rho) g \odot g$（每一個元素逐一操作）；

參數更新：$\Theta \leftarrow \Theta - \frac{\eta}{\sqrt{\delta + r}} \odot g$（每一個元素逐一應用）。

until達到收斂條件

A.8 模型最佳化

機器學習中，過擬合是一個很常見的問題。過擬合只能擬合訓練資料，但不能很好地擬合不包含在訓練資料中的其他資料的狀態。機器學習的目標是提高泛化能力，即使沒有包含在訓練資料裡的未觀測資料，也希望模型可以正確地辨識。雖然機器學習可以製作複雜的、表現力強的模型，但是相應地，抑制過擬合的技巧也很重要。

1・過擬合

在統計學中，過擬合 (Overfitting，或稱擬合過度) 指過於緊密或精確地匹配特定資料集，以至於無法良好地擬合其他資料或預測未來觀察結果的現象。過擬合模型指的是相較於有限的資料而言，參數過多或者結構過於複雜的統計模型。發生過擬合時，模型的偏差小而方差大。過擬合的本質是訓練演算法從統計噪音中不自覺地獲取資訊並表達在模型結構的參數中。相較用於訓練的資料總量而言，一個模型只要結構足夠複雜或參數足夠多，就可以完美地適應資料。過擬合一般可以視為違反奧坎剃刀原則。

與過擬合相對應的概念是欠擬合 (Underfitting，或稱擬合不足)，指相較於資料而言，模型參數過少或者模型結構過於簡單，以至於無法捕捉到資料中有規律的現象。發生欠擬合時，模型的偏差大而方差小。

之所以存在過擬合的可能，是因為選擇模型的標準和評價模型的標準是不一致的。舉例來說，選擇模型時往往選取在訓練資料上表現得最好的模型，但評價模型時則是觀察模型在訓練過程中不可見資料上的表現。當模型嘗試「記住」訓練資料而非從訓練資料中學習規律時，就可能發生過擬合。一般而言，當參數的自由度或模型結構的複雜度超過資料所包含資訊內容時，擬合後的模型可能使用任意多的參數，這會降低或破壞模型泛化的能力。

在統計學習和機器學習中，為了避免或減輕過擬合現象，需要使用額外的技巧，如模型選擇、交叉驗證、提前停止、正則化、剪枝、貝葉斯資訊量準則、赤池資訊量準則或 DropOut。在 Treatment Learning 中，使用最小最佳支持值（Minimum Best Support Value）來避免過擬合。這些方法大致可分為兩類：一類是對模型的複雜度進行懲罰，從而避免產生過於複雜的模型；另一類是在驗證資料上測試模型的效果，從而模擬模型在實際工作環境資料上的表現。

2・正則化

在數學與電腦科學中，尤其是在機器學習和逆問題領域中，正則化（Regularization）指為解決適定性或過擬合問題而加入額外資訊的過程，正則項往往被加在目標函式中。

在機器學習的訓練過程中，要找到一個足夠好的函式 F^* 用於在新的資料上進行推理。為了定義什麼是「好」，人們引入了損失函式的概念。通常，對於樣本 (x, y) 和模型 F，有預測值 $\hat{y}=F(x)$。損失函式是定義在 $R \times R \rightarrow R$ 上的二元函式 $l(y, \hat{y})$，用來描述基準真相和模型預測值之間的差距。一般而言，損失函式是一個有下確界的函式；當基準真相和模型預測值足夠接近時，損失函式的值也會接近該下確界。

因此，機器學習的訓練過程可以被轉換為訓練集 D 上的最小化問題。目標是在泛函空間內，找到使整體損失 $L(F)=\sum_{i \in \mathcal{D}} l(y_i, \hat{y}_i)$ 最小的模型 F^*，F^*：$=\arg\min_F L(F)$。由於損失函式只考慮在訓練集上的經驗風險，這種做法可能會導致過擬合。為了對抗過擬合，需要向損失函式中加入描述模型複雜程度的正則項 Ω（F），將經驗風險最小化問題轉換為結構風險最小化問題，F^{*}：=arg min$_F$Obj（F）=arg min$_F$（L（F）＋ $\gamma\Omega$（F）），其中，Obj（F）稱為目標函式，用於描述模型的結構風險；L（F）是訓練集上的損失函式；Ω（F）是正則項，用於描述模型的複雜程度；γ 是用於控制正則項重要程度的參數，$\gamma > 0$。正則項通常包括對光滑度及向量空間內範數上界的限制，L_p 範數是一種常見的正則項。

從貝葉斯學派的觀點來看，正則項是在模型訓練過程中引入了某種模型參數的先驗分布。

3・DropOut

DropOut 是 Google 公司提出的一種正則化技術，用以在人工神經網路中對抗過擬合，它能夠避免在訓練資料上產生複雜的相互適應。DropOut 這個術語指在神經網路中丟棄的神經元（包括隱藏神經元和可見神經元）。在訓練階段，DropOut 使每次迭代只有部分網路結構得到更新，是一種高效的神經網路模型平均化的方法。

未來算力，量子 AI 技術與應用：

材料結構模擬、癲癇腦波預警、基因表達分析……解決傳統 AI 算力瓶頸，重構未來產業版圖

作　　者：金賢敏，胡俊杰
發 行 人：黃振庭
出 版 者：沐燁文化事業有限公司
發 行 者：崧燁文化事業有限公司
E-mail：sonbookservice@gmail.com
粉 絲 頁：https://www.facebook.com/sonbookss/
網　　址：https://sonbook.net/
地　　址：台北市中正區重慶南路一段 61 號 8 樓
8F., No.61, Sec. 1, Chongqing S. Rd., Zhongzheng Dist., Taipei City 100, Taiwan

電　　話：(02)2370-3310
傳　　真：(02)2388-1990
印　　刷：京峯數位服務有限公司
律師顧問：廣華律師事務所 張珮琦律師

版權聲明

原著書名《量子人工智能》。本作品中文繁體字版由清華大學出版社有限公司授權台灣沐燁文化事業有限公司出版發行。
未經書面許可，不得複製、發行。

定　　價：450 元
發行日期：2025 年 09 月第一版
◎本書以 POD 印製

國家圖書館出版品預行編目資料

未來算力，量子 AI 技術與應用：材料結構模擬、癲癇腦波預警、基因表達分析……解決傳統 AI 算力瓶頸，重構未來產業版圖 / 金賢敏，胡俊杰 著 . -- 第一版 . -- 臺北市 : 沐燁文化事業有限公司 , 2025.09
面；　公分
POD 版
ISBN 978-626-7708-66-8(平裝)
1.CST: 人工智慧 2.CST: 量子力學
312.83　　　114013014

電子書購買

爽讀 APP

臉書